图解空调器维修一本通

张新德　等 编著

化学工业出版社
·北京·

内 容 简 介

本书采用彩色图解的方式，全面系统地介绍了空调器的维修技能及案例，主要内容包括空调维修预备知识，常用器件的识别与监测，空调器的结构原理、维修工具、维修方法与技能，各种主流机型空调器的故障维修案例等。

本书内容遵循从零基础到技能提高的梯级学习模式，注重基础知识与维修实践相结合，彩色图解重点突出，并对重要的知识和技能附视频讲解，以提高学习效率，达到学以致用、举一反三的目的。

本书可供空调维修人员及职业院校、培训学校相关专业师生学习使用。

图书在版编目（CIP）数据

图解空调器维修一本通 / 张新德等编著 .—北京：化学工业出版社，2021.11（2024.10重印）
ISBN 978-7-122-39918-2

Ⅰ. ①图… Ⅱ. ①张… Ⅲ. ①空气调节器－维修－图解 Ⅳ. ① TM925.120.7-64

中国版本图书馆 CIP 数据核字（2021）第 188443 号

责任编辑：徐卿华　李军亮　　文字编辑：吴开亮
责任校对：刘曦阳　　装帧设计：李子姮

出版发行：化学工业出版社（北京市东城区青年湖南街 13 号　邮政编码 100011）
印　　刷：北京云浩印刷有限责任公司
装　　订：三河市振勇印装有限公司
710mm×1000mm　1/16　印张 $14^1/_2$　字数 268 千字　　2024 年 10月北京第 1 版第 3 次印刷

购书咨询：010-64518888　　售后服务：010-64518899
网　　址：http：//www.cip.com.cn
凡购买本书，如有缺损质量问题，本社销售中心负责调换。

定　　价：58.00 元

目前，空调器特别是全直流变频空调器、智能空调器的普及日益广泛，空调器维修、移机和保养的工作量相对比较大，同时，空调器智能化的发展，也对空调维修人员的维修保养技术提出了更高的要求，因此需要大量的维修和保养人员掌握熟练的维修保养技术。为此，我们组织编写了本书，以满足广大空调维保人员的需要。希望该书的出版，能够为空调维修保养技术人员及空调企业的售后和维保人员提供帮助。

全书采用彩色图解和实物操作演练的形式（书中插入了关键安装维修操作的小视频，扫描书中二维码直接在手机上观看），给读者提供一种便捷的学习方式，帮助读者快速掌握空调器的维修保养知识和技能。

全书在内容的安排上，首先介绍空调维修的预备知识、常用元器件的识别与检测以及空调器的结构组成和工作原理，然后重点介绍空调器的维修技能。内容全面系统，着重维修演练，重点突出，形式新颖，图文并茂，配合视频讲解，使读者的学习体验更好，方便学后进行实修和保养操作。

本书所测数据，如未作特殊说明，均为采用 MF47 型指针式万用表和 DT9205A 型数字万用表测得。为方便读者查询对照，本书所用符号遵循厂家实物标注（各厂家标注不完全一样），不作国标统一。

本书由张新德等编著，刘淑华参加了部分内容的编写和文字录入工作，同时张利平、张云坤、张泽宁等在资料收集、实物拍摄、图片处理上提供了支持。

由于水平有限，书中疏漏之处在所难免，恳请广大读者批评指正。

编著者

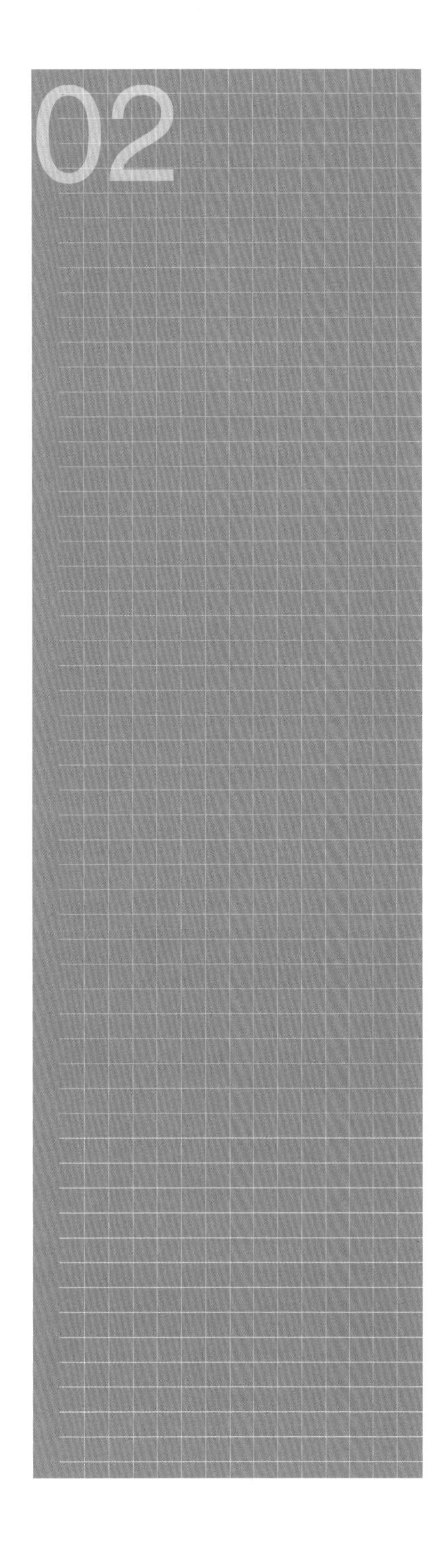
02

02

03
第三章
空调器结构原理

04
第四章
空调器的维修工具

05 第五章 空调器的维修方法与技能

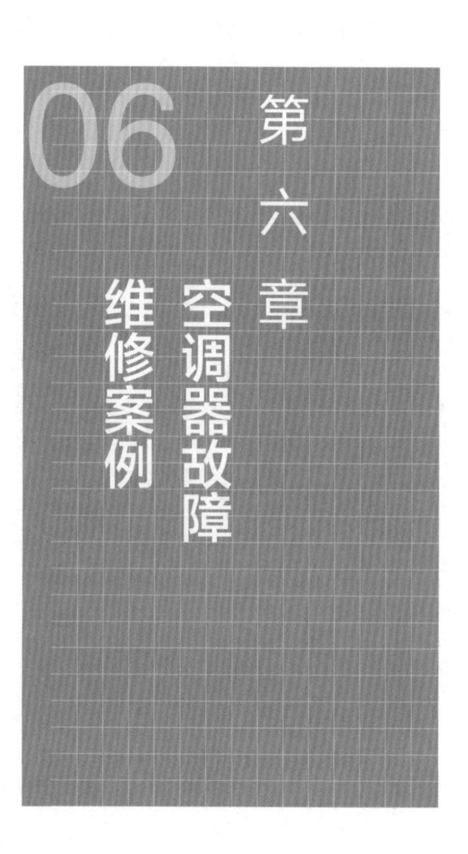

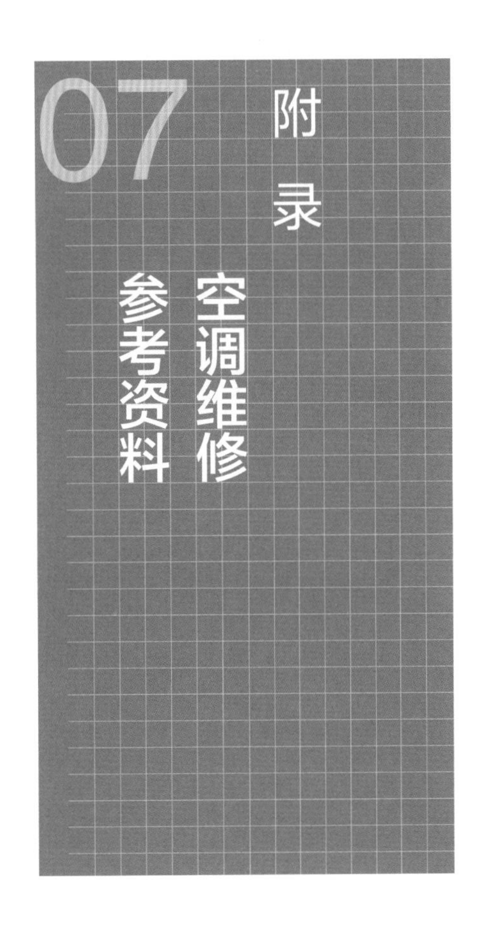
07
附录
空调维修参考资料

第一章 空调维修的预备知识

第一节 空调器参数简介

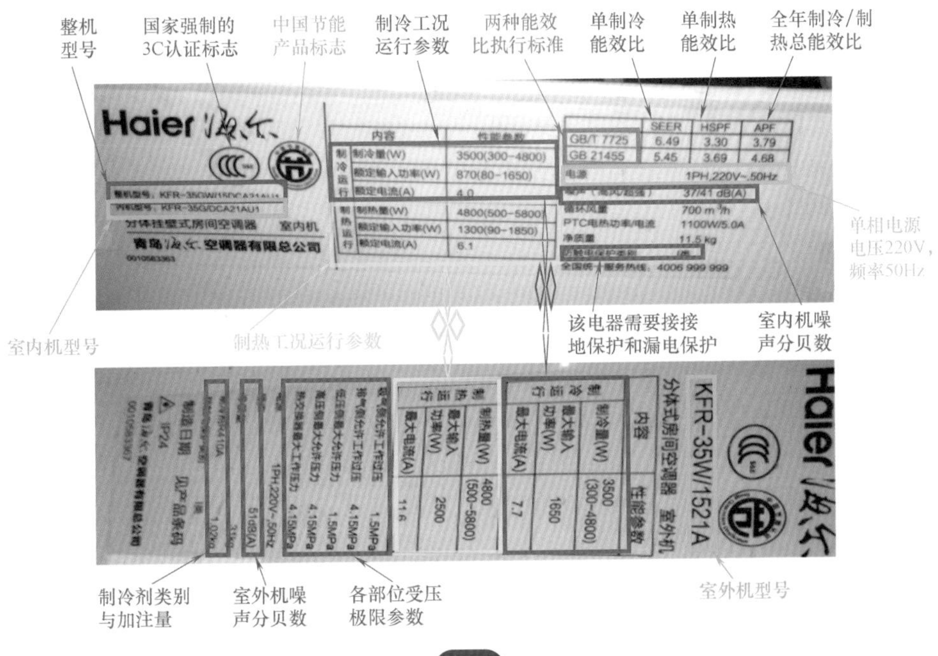

图 1-1

图 1-1 海尔变频空调参数简介

空调器上有很多标签，其标签上有很多信息，对于读者了解空调器很有帮助。如品牌、整机型号、室内机型号、室外机型号、SEER、HSPF、APF、防触电保护类型等，在购买和维修空调时都很重要，一定要熟知其中的含义。图 1-1 所示为海尔变频空调参数简介，其他空调的参数可触类旁通。

定频 / 变频知识

空调器有定频和变频之分，早期的空调大多是定频空调，目前市面上的空调大多是变频空调。定频空调就是压缩机的工作频率（50Hz 或 60Hz）是不变的，其输出的功率几乎是恒定不变，维持温度恒定的方法要么停机，要么工作，空调输出的温度恒定（用户会感觉到时冷时热）。而变频空调是通过改变输入电源的工作频率（10~150Hz），改变压缩机电动机的转速，从而改变输入压缩机功率来调节空调的输出温度的（用户感觉温度比较稳定）。

提示：老型号变频空调铭牌上含有“BP”就是变频的，新型号空调型号倒数第二位是“1”的为定频空调，为“2”的为变频空调，或者整机型号中含 DC 字样的则为全直流变频空调。但不同的厂家因命名不统一，单从型号上有些机型是分辨不出的，最有效的分辨方法是看铭牌上的制冷和制热量，变频空调在产品铭牌上标注的输入功率、制冷量、制热量是一个数值范围，而普通定频空调标注的是单个的数值，如图 1-2 所示。

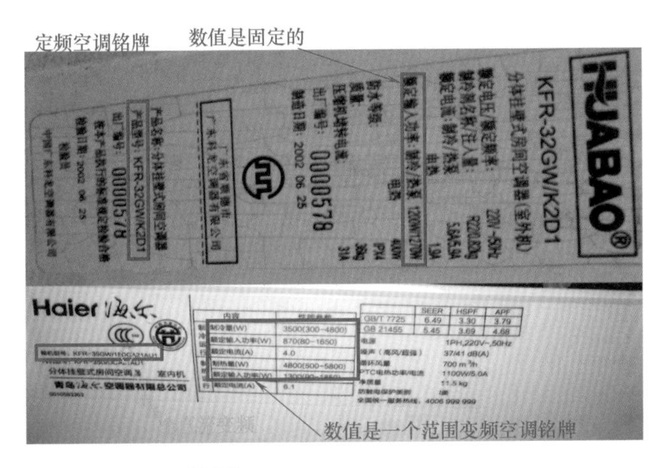

图 1-2　定频与变频空调的区别

定频空调没有变频板，而变频空调增加了变频板。定频空调的压缩机是电容启动式压缩机，压缩机上三个接线柱分别标注为 C（公共）、R（运行）、S（启动），并且空调带有启动电容；而变频空调的压缩机也是三个接线柱，但三个接线柱分别标为 U（U 相）、V（V 相）、W（W 相），分别代表压缩机的三相，没有启动电容。也就是说，变频空调的压缩机电动机是三相电动机（三相异步交流电动机或在三相直流电动机），而定频空调的压缩机电动机是两相电动机。

变频板实质上是由一个整流电路和一个逆变器电路组成的，整流电路将市电电源转化为 300V 左右的直流电，逆变器将 300V 左右的直流电送到逆变模块。对于交流变频空调来说，逆变器是将 300V 左右的直流电通过 PWM 调制（脉冲宽度调制成交流电频率），调制输出频率可变的三相交流电（三相同时输出），使压缩机的转速随频率变化而变化，从而控制压缩机的转速，快速调节压缩机的制冷和制热量，使室温达到恒定。相关原理示意图如图 1-3 所示。对于直流变频空调来说，逆变器是将 300V 左右的直流电送到功率模块后，再通过 PWM 控制（脉冲宽度调节直流大小）直流电的输出大小（40~180V）和输出顺序（而不是转化为交流电），每次导通两个 IGBT 管，输出两相直流电（三相中只有两相同时输出，这是与交流变频的主要区别），根据压缩机电动机的位置传感器（采用无刷直流压缩机的空调）或电刷（采用有刷直流压缩机的空调）改变直流电的方向，使压缩机的转速随电流电压的变化而变化，三相直流电两两循环输出，驱动压缩机不停地旋转，通过控制 PWM 来控制输出直流电的大小和方向，从而控制压缩机的转速变化，快速调节压缩机的制冷和制热量，使室内温度达到恒定。相关原理示意图如图 1-4 所示。

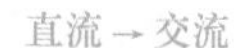

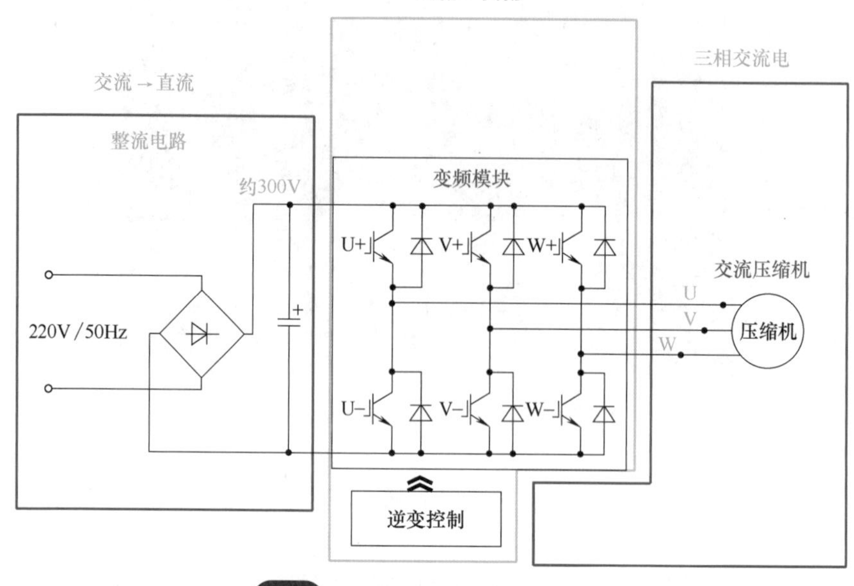

图 1-3　交流变频空调原理示意图

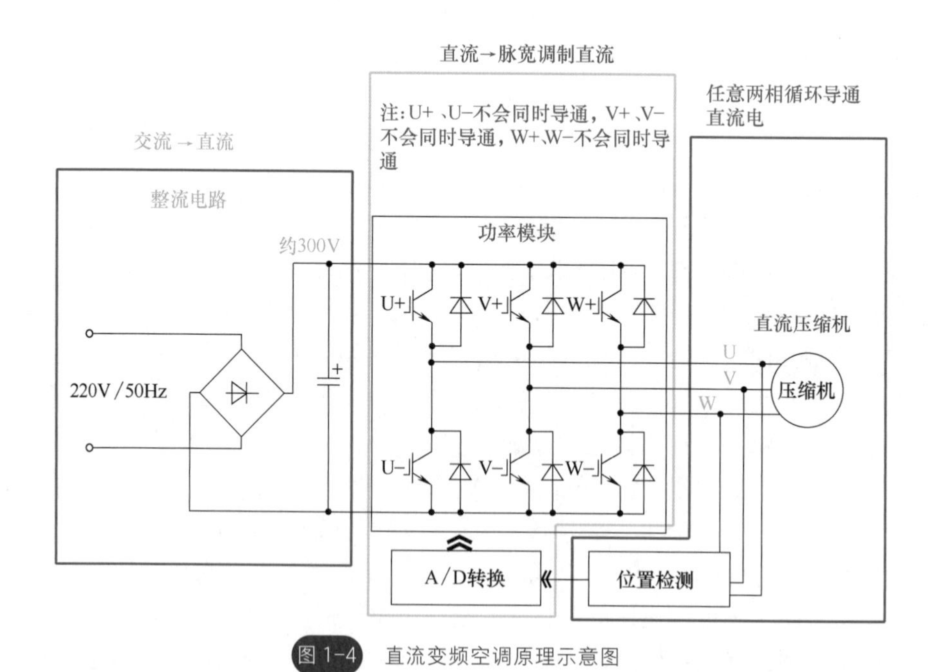

图 1-4　直流变频空调原理示意图

直流变频空调的压缩机控制更精准、更节能，一般情况下，交流变频空调比定频空调要省电 30%，而直流变频空调比交流变频空调要省电 20%。目前市面上能效比较高的空调大多是全直流变频空调（就是指空调压缩机、内外机的风机电动机均是采用直流电动机的空调）。

变频空调比定频空调省电，因为定频空调为了稳定室温，需要不断地启动和停止压缩机的工作，而压缩机启动时的电流一般是正常电流的5~8倍，这要消耗大量的电能；而变频空调的启停次数很少（变频空调不是不停机，而是停机次数很少，当实际需要的能量低于压缩机的最低工作频率时，也会被迫停机，特别是空调匹数远大于房间面积对应的空调标准匹数时），而且空调工作时间越长，后期单位时间消耗的电能会更少。这就像汽车一样，同样的路程，在城市里跑的汽车比在高速公路上跑的汽车耗油多，因为在城市里需要经常启停，要消耗更多的汽油。直流变频空调比变频空调省电，全直流变频空调比直流变频空调省电。因为普通变频空调的压缩机转子利用线圈通电而产生感应磁场，这样需要消耗电能，直流变频空调压缩机则采用永磁体作为转子，不需要消耗电能来产生磁场，相对来说使用的电能更少。而正弦直流变频空调则比直流变频空调更省电，因为正弦直流变频的电流波形是平滑正弦波而不是直流变频空调的方波，扭力更均匀，有效功更多，相对更省电。所以同能效等级下，空调的省电梯级如图1-5所示。当然整机空调是否节能还与空调压缩机、电动机、管路、控制部件、热交换器的制造精度、设计合理性及制冷剂类型等因素有很大关系，这种省电梯级只是在理想状态下的一种省电趋势。

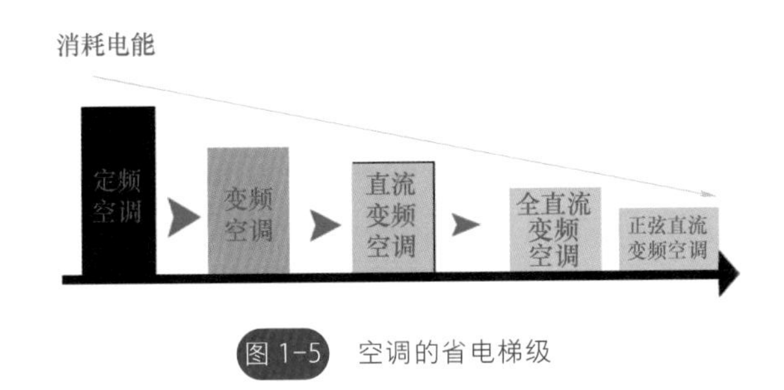

图1-5　空调的省电梯级

变频空调的压缩机分为直流压缩机和交流压缩机，直流压缩机就是压缩机内部的电动机采用直流电动机，而交流压缩机就是压缩机内部的电动机采用交流电动机。

> 提示：直流变频空调并不是指空调压缩机是变频的，而是指整个空调的供电系统是变频的，它是将50Hz的工频交流电变成直流电供直流电动机使用。直流变频空调的风扇和压缩机电动机至少有一个是采用直流电动机。如果都采用直流电动机，则称为全直流变频空调。

第三节 制冷剂

制冷剂，如图 1-6 所示，在空调器 (空调) 中应用广泛。制冷剂的原理是它的物态发生变化时（液态变气态、气态变液态），能够吸收或放出大量的热量。利用这一特性，空调器就能将两处的热量进行快速交换，并且交换的热量比不采用制冷剂的空调热量交换要大得多（因为叠加了制冷剂物态变化的热量），从而达到低功耗快速制冷或制热的目的。

图 1-6 制冷剂

空调常用制冷剂有 R12、R22、R134a、R410A、R600a、R32 等（R 代表制冷剂）。

R12 为二氯二氟甲烷，是氯氟烃类制冷剂，简称 CFC，蒸发温度为 -29.8℃，凝固温度为 -155℃，临界温度为 111.97℃，单位容积标准制冷量约为 288kcal/m^3。R12 能与任意比例的润滑油互溶且能溶解各种有机物，但其吸水性极弱，使用时需要增加干燥过滤器。它是一种无色、透明、无味、几乎无毒、不燃烧、常温下不爆炸的制冷剂，但对大气臭氧层的破坏作用最大，已于 2010 年禁止使用。

R22 一氯二氟甲烷，是氢氯氟烃类产品，简称 HCFC，分子式为 CHF_2Cl，蒸发温度为 -40.8℃，凝固温度为 -160℃，临界温度为 101.1℃，单位容积标准制冷量约为 454kcal/m^3，它是一种无色、气味弱、不燃烧、不爆炸的安全制冷剂，但它与润滑油部分互溶，需采取回油措施才能使用。R22 对大气臭氧层有轻微破坏作用，并产生温室效应。目前在旧式定频空调中使用量较大，我国将在 2040 年 1 月 1 日起禁止生产和使用 R22。

R134a 四氟乙烷，是氢氟烃类产品，简称 HFC，分子式为 CH_2F_4，蒸发温度为 -26.26℃，凝固温度为 -101.6℃，临界温度为 101.1℃，单位容积标准制冷量约为 611kcal/m^3。它是一种无色、无味、不燃烧、不爆炸的安全制冷剂，但溶水性和渗透性较强，对铜管路有轻微腐蚀性，对于系统的密封性、干燥和清洁性要求较高。不破坏臭氧层，有轻微温室效应。在很多空调中，特别是汽车空调中广泛采用。为什么汽车空调多采用 R134a？是因为 R134a 制冷剂也是低压制冷剂，其工作的工况与 R12 类似，老式汽车空调采用的就是 R12，便于汽车空调直接换代制冷剂。而 R22、R410a 等制冷剂均属于中压制冷剂，对设备要求高，在高温的汽车中运行存在不安全的因素。虽然 R134a 对铜管路有轻微腐蚀性，但汽车空调大多采用铝管和铝制热交换器，既降低了成本，又避免了镀铜腐蚀现象的发生。

R410A 五氟乙烷 / 二氟甲烷，分子式为 C_2HF_5/CH_2F_2。它是一种由 HFC-32（二氟甲烷）和 HFC-125（五氟乙烷）各占 50% 混合组成的非共沸混合物制冷剂，是 R22 的替代制冷剂，属于氢氟烃类产品，简称 HFC，蒸发温度为 -51.6℃，凝固温度为 -155℃，临界温度为 72.5℃，单位容积标准制冷量约为 658.3kcal/m^3（比 R22 高）。它是一种无色、气味弱、不燃烧、不爆炸的安全制冷剂，不与矿物油或烷基苯油相溶，工作压力比 R22 高 1.6 倍，对设备的要求更高。R410A 不含氯，对大气臭氧层没有破坏作用，但有温室效应。

R600a 异丁烷，分子式为 C_4H_{10}，结构式为 $(CH_3)_2CHCH_3$，常温下是一种无色、无味、无毒的易燃、易爆气体，与 R12 的润滑油完全兼容，是 R12 的理想替代品，也是一种环保绿色的制冷剂。蒸气压力和排气温度均比 R134a 和 R12 低，临界温度为 135℃，对大气臭氧层没有破坏作用，也没有温室效应。不足之处是单位容积标准制冷量约为 R12 的 50%，故只能用于电冰箱等小制冷量的制冷电器中，在空调设备中较少有应用。

R32 二氟甲烷，分子式为 CH_2F_2，常温下是一种无色、无味、无毒、可燃、不爆的制冷剂。它与 R410a 的热力学性质非常接近，临界温度为 78.25℃，只不过 R32 是单工制制冷剂，填充与追加制冷剂更方便。单位容积标准制冷量约为

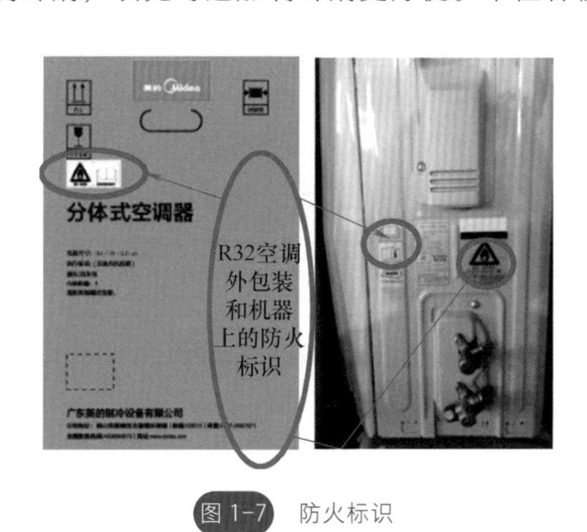

图 1-7　防火标识

R410A 的 1.12 倍，且排气温度较高。R32 对大气臭氧层没有破坏作用，温室效应只有 R410A 的 1/3。在空调中，特别在新型格力空调中广泛采用。由于 R32 具有一定的可燃性，所以采用 R32 的空调无论外包装还是机身上都有防火标识，如图 1-7 所示。空调型号中也可以大致看出，格力 R32 的空调型号中带“Nh”，美的 R32 空调带“N8”，如图 1-8 所示。采用 R32 的空调器，其电路板上的保险管采用不爆的陶瓷保险管（如图 1-9 所示），工芯管封口不采用焊接封口，而是采用无火洛克令封口，如图 1-10 所示，这些都是在提醒安装维修人员，在安装维修 R32 空调时要特别注意防火。

图 1-8 空调型号中识别 R32 空调

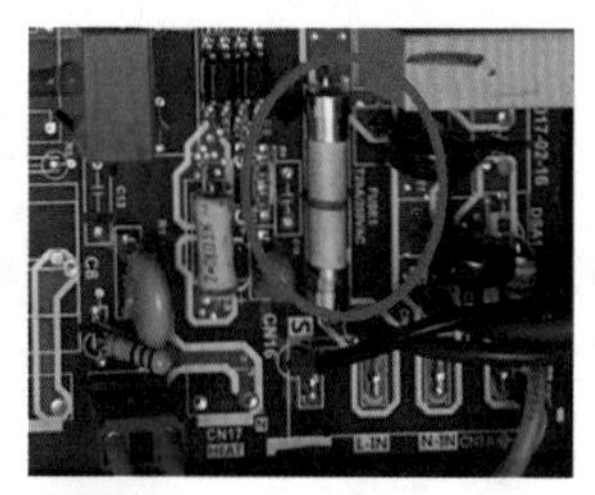
图 1-9 不爆的陶瓷保险管

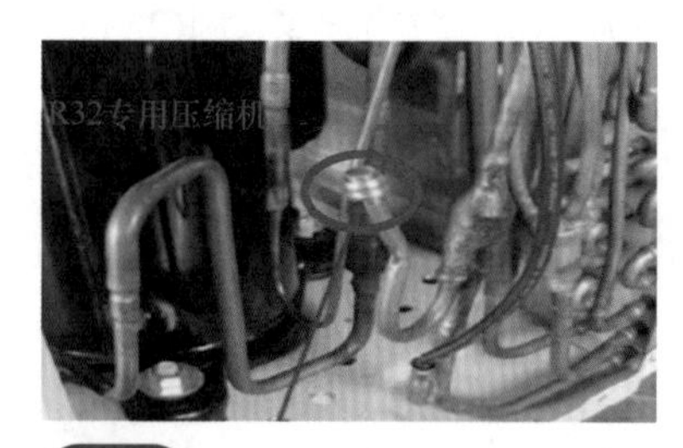

图 1-10 洛克令（LOKRING）封口

提示：空调系统理想的制冷剂应具有以下特性：

① 蒸发压力高，蒸发压力要高于大气压，以防空气进入系统；

② 单位容积标准制冷量要大，使用较少的制冷剂就能吸收大量的热量；

③ 制冷剂凝结温度（称为临界温度，液态变气态的临界温度）要高，便于常温的空气或水就能快速冷却，但凝固温度（液态变固态的温度）要低，否则制冷剂冻结了，则无法循环；

④ 冷凝压力要低，就是用较低的压力就能将制冷剂液化，降低压缩机的功率；

⑤ 气态制冷剂容积越少越好，可降低气管的成本；

⑥ 液态制冷剂的密度越大越好，可降低液管的成本；

⑦ 制冷剂与冷冻油互溶性不能太高，可省去油分离器；

⑧ 化学性质要稳定，制冷剂在管路循环过程中只是发生了物理变化（物态变化），并没有化学变化，也就是说不能发生化学变化；

⑨ 无腐蚀性，以利于保护管路和压缩机，延长设备的使用寿命；

⑩ 无毒、无污染、不燃、不爆，保护环境和人类的健康及人身安全。

现今用的制冷剂都是根据这些特性要求优选出来的，当然，新的制冷剂在推陈出新，技术进步是无止境的。

第四节 焊接

空调管路的焊接是非常重要的操作技能，焊接质量的好坏直接影响到空调制冷（制热）的工作效率。空调管路的焊接通常采用气焊焊接，方法是利用可燃气体在氧气中燃烧时所产生的热量，将母材加热并使焊料（铜与铜的焊接多采用磷铜焊料或低银钎焊料，如图 1-11 所示）熔化进焊缝，从而达到连接管路的目的。可燃气体有乙炔和氧气混合的可燃气体，也有打火机可燃气体。前者是利用小型乙炔 - 氧气焊炬（如图 1-12 所示）进行焊接，大部分空调管路的连接都是采用这种焊接方法；后者是利用打火机喷枪（如图 1-13 所示）进行焊接，这种焊接方法温度最高只能达到 1300℃，只适合小件的连接，大件焊接焊不透，但由于携带方便，特别适合上门维修。

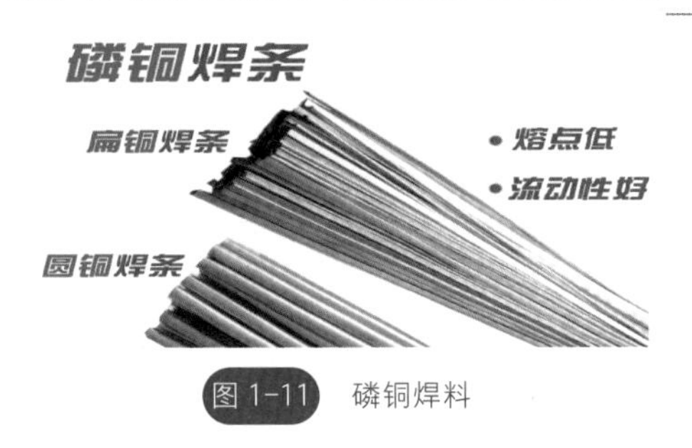

图 1-11 磷铜焊料

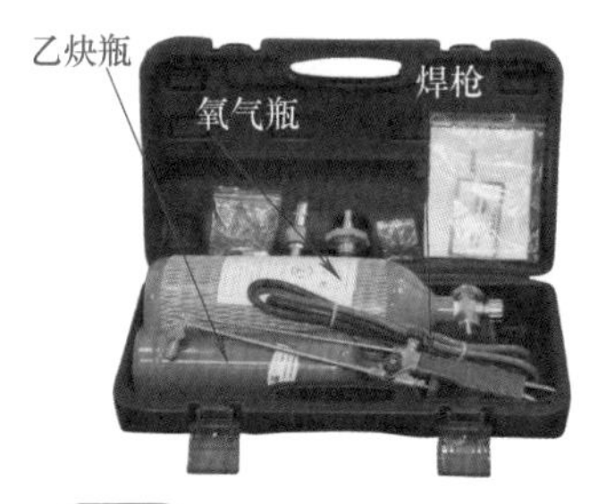

图 1-12 小型乙炔 - 氧气焊炬

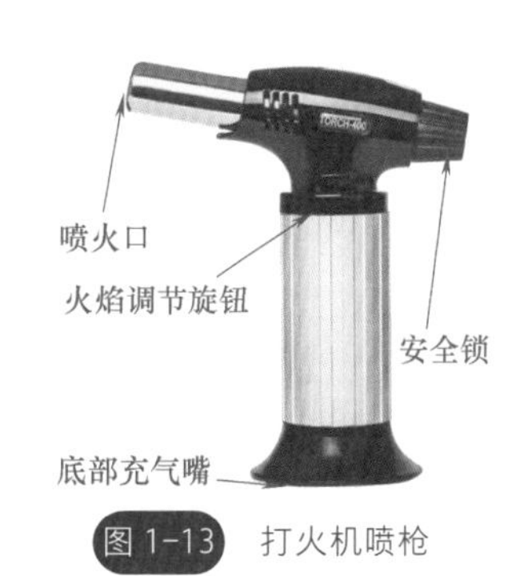

图 1-13 打火机喷枪

焊接时（一般是插入铜管与外套铜管进行焊接），先将插入铜管插入外套铜管，用乙炔 - 氧气焊炬或打火机喷枪的中性火焰加热插入铜管，等插入铜管暗红后将火焰移向外套铜管，等外套铜管暗红时，再同时加热插入铜管和外套铜管的接口，直到管子接头均匀加热成微红色，并用火焰的外焰维持管子接头的温度。此时，在管缝处插入焊料（银焊条或磷铜焊条），依靠管子的温度将焊料熔化（注意：不能用火焰将焊料熔化后滴入焊接接头处），等到焊料将管缝全部流满后，再加热焊接接头，直到焊缝光滑、致密即完成焊接。如图 1-14 所示用焊炬给铜管加热操作示意图。

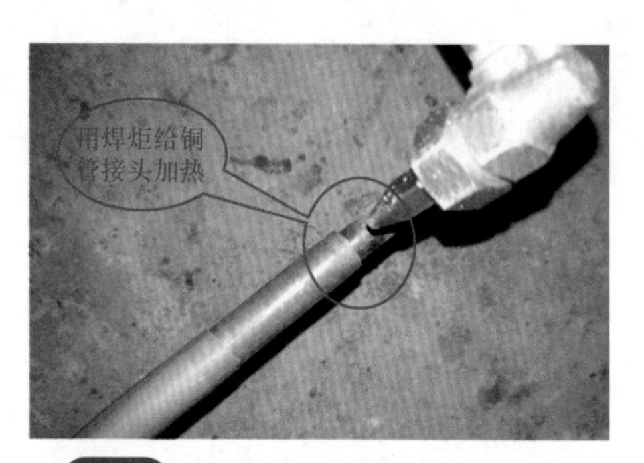

图 1-14 用焊炬给铜管加热操作示意图

第二章 常用元器件的识别与检测

第一节 贴片元件

在空调器中，特别是变频空调器中，室内外机主板大量采用贴片元件，如图 2-1 所示。作为空调器的维保人员来说，主要关心以下几个问题：一是怎样识别无标识贴片元件；二是如何识别贴片元件上的标注代码（也称印字）；三是如何判断和检测贴片元件的好坏；四是损坏的贴片元件如何代换（包括用非贴片元件代换）。

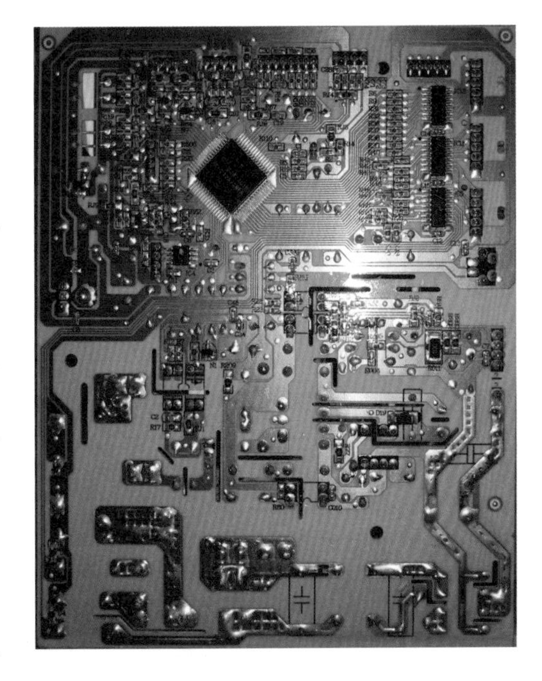

图 2-1 主板大量采用贴片元件

由于贴片元件的体积非常小，实物标注的信息量很小，往往要通过代码或数字去识别，其标注方法

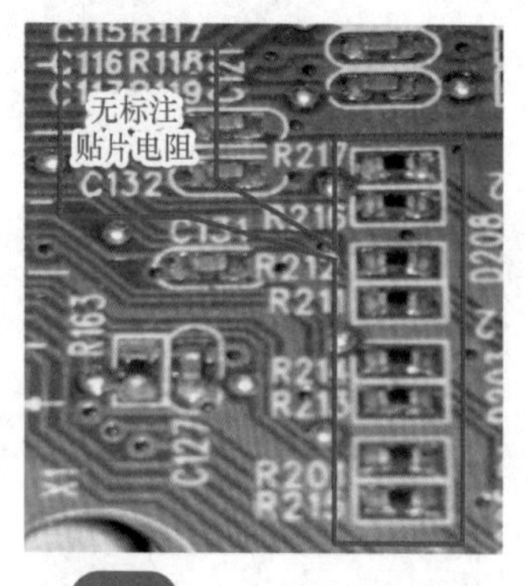

图 2-2　无标注贴片元件

主要有以下三种：一是型号简化标注法，就是将型号简化标注到贴片元件上；二是代码标注法，就是要通过查询贴片元件代码手册才能知道贴片元件的实际型号；三是无标注，无标注就是因贴片元件体积太小，无法标注，因此就成了无标注贴片元件（如图 2-2 所示），这类元件一般为小体积阻容元件。

第二节　贴片电阻的识别与检测

一、贴片电阻的识别

贴片电阻（如图 2-3 所示）的形状为矩形，其颜色为黑色，即电阻体中间为黑色，两头为白色焊点。在电路板上贴片电阻的序列编号一般为“R+ 数字”，如 R1、R2、R3 等。贴片电阻的电参数有标称阻值、最高电压、额定功率、耐温系数、误差级别等，能在贴片电阻上标注的一般只有标称阻值。标称阻值一般采用白色数字或代码标注（小型电阻没有标注，有的还有色环标注），其识别与检测方法如下。

贴片电阻的识别主要是识别其标注方法。贴片电阻的识别方法主要有两种：一种是 E24 标注法，该标注法通常用在精度不太高的贴片电阻的标注上，精度在 ±2%（G）、±5%（J）、±10%（K）、±20%（M）的贴片电阻大多采用这种方法标注；另一种是 E96 标注法，该标注法通常是用来标注精度较高的贴片电阻，精度在 ±1%（F）的贴片电阻大多采用这种方法标注。

图 2-3　贴片电阻

E24 标注法是三位数字标注法，就是贴片电阻的阻值用三个数字来表示，前两位表示有效数字，后一位表示指数，即 10 的多少次方，单位为 Ω。例如图 2-3 中的 330 贴片电阻，其阻值为 $33\times10^0=33$（Ω）。

三位数表示法中，若是采用两个数字带一个字母标注，分为字母在中间和（或）字母在前面两种。字母在中间是表示几点几的电阻，例如4R7表示电阻为4.7Ω；字母在前面是表示零点几的电阻，例如R47表示电阻为0.47Ω。字母表示小数点，注意：不同的字母表示不同的阻值单位，字母为R表示阻值单位为Ω，字母为m表示阻值单位为mΩ，例如4m7表示电阻为4.7mΩ，字母为M表示阻值单位为MΩ，4M7表示电阻为4.7MΩ，字母为k表示阻值单位为kΩ。例如4k7表示电阻为4.7kΩ。

E96标注法是四位数标注法，就是贴片电阻的阻值用四个数字来表示，前三位表示有效数字，后一位表示指数，即10的多少次方，单位为欧姆。例如3300贴片电阻，其阻值为$330\times10^{0}=330$（Ω）。

提示：实际标注中，若未作说明，采用三位数标注的一般表示电阻的误差为±5%，采用四位数标注的一般表示电阻的误差为±1%。

四位数表示法中，若是采用三个数字带一个字母标注，分为字母在中间和（或）字母在前面两种。字母在中间是表示几点几的电阻，例如4R70表示电阻为4.7Ω；字母在前面是表示零点几的电阻，例如R471表示电阻为0.471Ω。字母表示小数点，注意：不同的字母表示不同的阻值单位，字母为R表示阻值单位为欧姆，字母为m表示阻值单位为毫欧，例如4m71表示电阻为4.71mΩ，字母为M表示阻值单位为兆欧，4M71表示电阻为4.71MΩ，字母为k表示阻值单位为千欧。例如4k71表示电阻为4.71kΩ。

E96还有一种扩展的标注法，即E96 Multiplier Code（乘数代码）标注法，也是一种三位数（代码）标注法。这是一种国际通用的标注法，又称国际贴片电阻标注法，主要用来标注误差小于±1%的精密贴片电阻。

采用E96 Multiplier Code（乘数代码）标注法，前两位代码表示贴片电阻底数，后一位代码表示贴片电阻的指数，单位为Ω。

贴片电阻的功率也是其重要参数之一，但由于贴片电阻体积较小，很难在电阻体上标注，一般情况下，贴片电阻的体积越大，功率就越大；相同体积的贴片电阻，颜色越深，贴片电阻的功率也就越大。直接焊在电路板上的贴片电阻的功率一般小于1W，通常为1/16W、1/10W、1/8W、1/4W等。对于需要功率大于1W的贴片电阻，则采用贴片排阻（即多只电阻相同的贴片电阻并联或串联在一起，构成一个贴片电阻体，如图2-4所示）来代替。贴片排阻常见的有4引脚2元件、8引脚4元件、10引脚5元件三种，分别表示内含2只、4只或5只阻值相同且相互独立的电阻，其标注值表示内部单个独立电阻的阻值，如图中8引脚4元件贴片排阻标注为“221”，表示该排阻内部含有4只阻值为220Ω的贴片电阻。所以贴片排阻的阻值不光与标注有关，还与引脚数量有关。

还有一类特殊的贴片电阻，即熔断式贴片电阻（如图 2-5 所示），该类电阻通常在电阻体上有“0”或“000”标注。其阻值一般为 0Ω，一般情况下阻值要小于 50mΩ。

提示：贴片保险管的外形跟贴片电阻一样，但其标注不一样，贴片保险管一般标注为“T+ 数字”，T 后面数字表示该贴片保险管的熔断电流。例如 T05 的贴片保险管，就是熔断电流为 0.5A 的贴片保险管。如图 2-6 所示。

图 2-4 贴片排阻　　图 2-5 熔断式贴片电阻　　图 2-6 贴片保险管

二、贴片电阻的检测

检测贴片电阻，主要是检测其实际阻值与标称阻值是否相符，有没有存在开路或短路现象（短路的情况很少见）。常用检测方法有“在路电阻检测法”和“开路电阻检测法”两种，通常采用数字或指针式万用表的欧姆挡进行检测，欧姆挡的量程应根据贴片电阻的标注值范围对应选择。在不知道贴片电阻的标称阻值是多少的情况下，先选用最大量程的欧姆挡进行测量，若显示阻值很小，则降低挡位进行检测。一般情况下，所选的量程能使万用表的读数方便准确地读出即可。

（一）在路电阻的检测

在路电阻的检测是指用万用表检测焊接在 PCB（印制电路板）上贴片电阻电阻值的方法，它只能大致判断贴片电阻的阻值是否正常，有没有开路现象，因为在路检测的电阻值不是单只贴片电阻的阻值，而是与贴片电阻所在电路的其他元件并联支路上的电阻。

检测方法是选用万用表欧姆挡的适当量程，两支表笔搭在贴片电阻两引脚的焊点上，测出电阻值，红、黑表笔互换一次，再测出电阻值，取两次测得电阻值较大的一次作为参考阻值。如图 2-7 所示。若该阻值接近贴片电阻的标称阻值，则可判断该贴片电阻基本正常；若所测得的电阻值明显大于贴片电阻的标称阻值，则可判断该贴片电阻存在开路或阻值增大现象；若所测得的电阻值远小于贴片电阻的标称阻值，甚至接近 0，则说明该贴片电阻的并联支路存在电感或阻值很小的元器件，这种情况需焊下贴片电阻进一步检测其开路电阻，才能判断其是否正常。

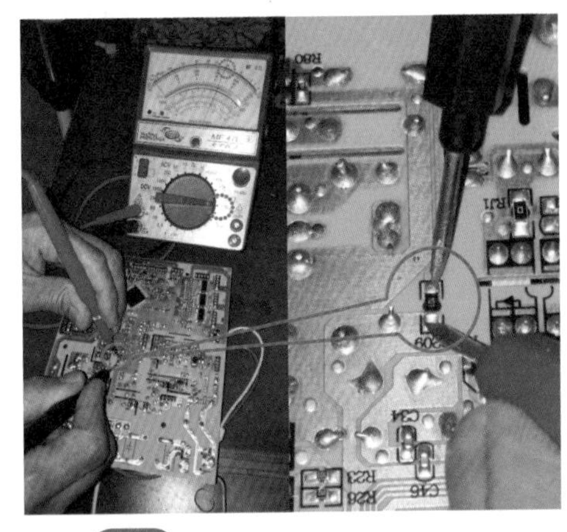

图 2-7　贴片电阻在路电阻的检测

（二）开路电阻的检测

开路电阻的检测是指将贴片电阻从印制电路板上焊下，用万用表检测其阻值的检测方法。开路电阻的检测比在路电阻的检测更准确，但需要焊下贴片电阻。当在路电阻检测有问题时，一定要采用开路电阻检测法进行检测，以准确判断贴片电阻是否损坏。

开路电阻的检测也要事先根据贴片上标注值，采用万用表欧姆挡的适当量程进行测量（若没有标注值，则先用万用表欧姆挡的最高量程进行检测，再根据阻值选用适当的量程准确测量），测量时两支表笔接触电阻器两端的锡点，注意要采用超细的表笔，所测得的阻值为贴片电阻器的实际阻值（如图 2-8 所示）。

若测得的阻值等于或接近所测量贴片电阻的标称阻值，则可判断该贴片电阻是正常的；若测得阻值远大于所测量贴片电阻的标称阻值，则可判断该贴片电阻阻值增大；若测得的阻值趋向∞时，则可判断该贴片电阻器开路损坏。

图 2-8　开路电阻的检测

贴片电容的识别与检测

一、贴片电容的识别

贴片电容（如图 2-9 所示）又称单片陶瓷电容器、片容，英文缩写为 MLCC。贴片电容是高温烧结而成，表面印字较困难，一般没有印字。贴片电容材料通用的有三种，即 NPO、X7R、Y5V。电容器的编号为 C 字母开头，如 C33，就表示编号为 33 的电容器。电容的容量和误差通常用数字和字母表示，贴片电容的标注方法主要有直标法、数字代码法和混合代码法三种。电容的误差用字母 F、G、J、K、L、M 分别表示允许误差为 ±1%、±2%、±5%、±10%、±15%、±20%。电容器的单位换算关系如下：1F（法拉）$=10^3$mF（毫法）$=10^6$μF（微法）$=10^9$nF（纳法）$=10^{12}$pF（皮法）。

图 2-9　贴片电容

贴片电容的型号通常用尺寸（单位为 in[1]或 mm）来表示，如 0402、0603、0805 等。0603 表示贴片电容的长度为 0.06in，宽度为 0.03in。也有用 mm 来表示的，如 1005，即表示长度为 1.0mm、宽度为 0.5mm。

贴片电容的型号通常是一长串数字和字母的组合，如 0805CG102J500NT，0805 表示该贴片电容的长度为 0.08in、宽度为 0.05in，CG 表示电容器的材料，102 表示电容的容量为 $10\times10^2=1000$（pF），J 表示该电容器的容量误差为 ±5%，500 表示耐压为 $50\times10^0=50$（V），N 表示贴片电容的端头材料，T 表示贴片电容的包装方式（T 表示编带包装，B 表示散装）。不过，不同的厂家，其型号的格式和含义不完全一样，如图 2-10 所示为三星贴片电容的型号含义，如图 2-11 所示为村田贴片电容的型号含义，如图 2-12 所示为 TDK 贴片电容的型号含义，如图 2-13 所示为亚戈贴片电容的型号含义，供读者选用时参考。贴片电容的型号没有标注在电容器上，一般是标注在外包装上（如图 2-14 所示）。但有些贴片电容是直接标在电容体上的，其标注方法就是前面介绍的三种标注法。

---

[1] 1in=25.4mm。

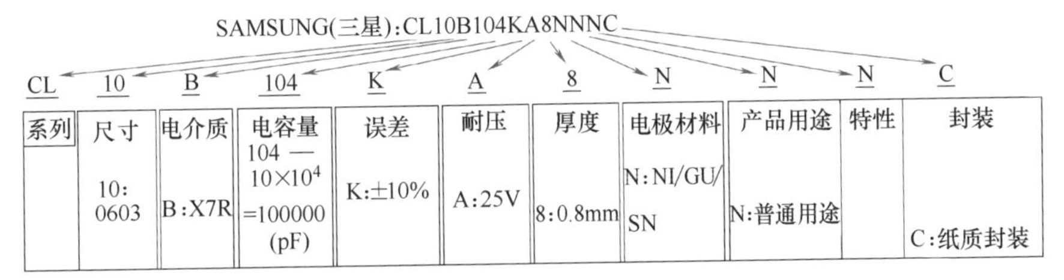

图 2-10　三星贴片电容的型号含义

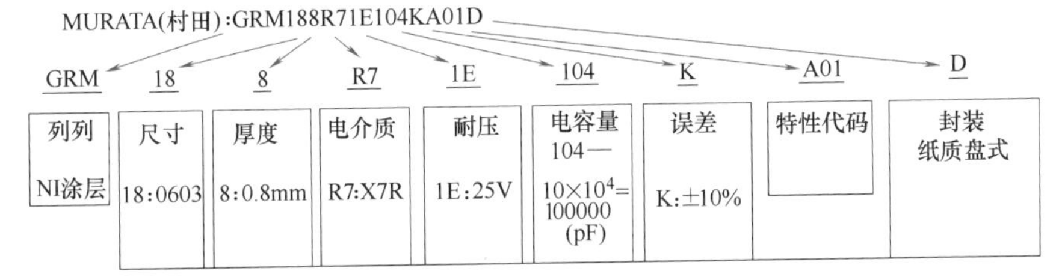

图 2-11　村田贴片电容的型号含义

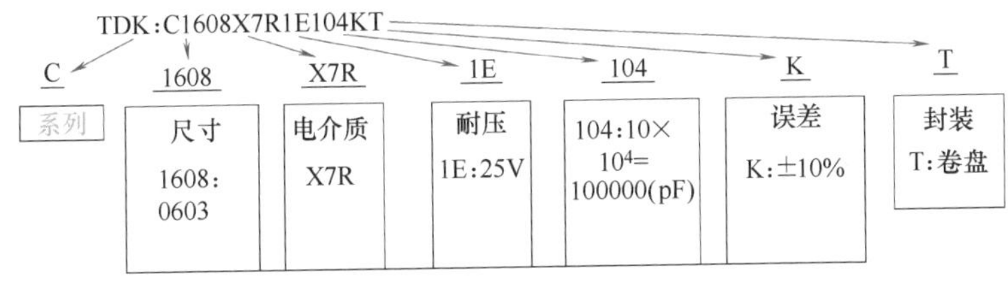

图 2-12　TDK 贴片电容的型号含义

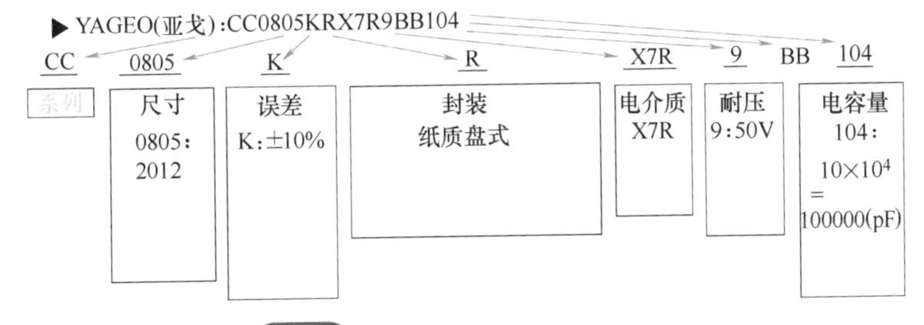

图 2-13　亚戈贴片电容的型号含义

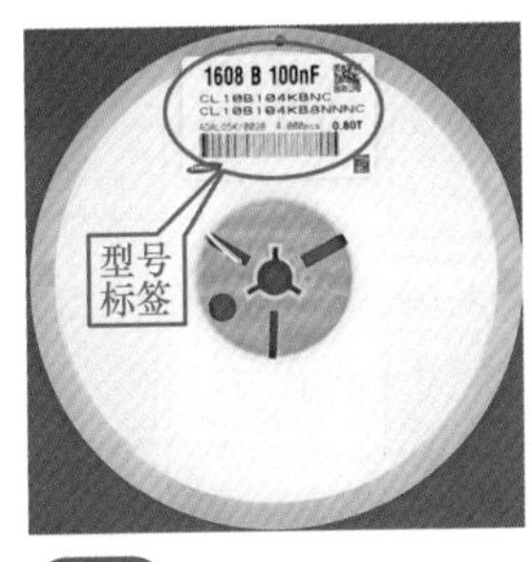

图 2-14　标注在外包装上

图 2-15　贴片电容直标法

1. 直标法

直标法就是在贴片电容体上直接进行标注的方法，主要标注电容的容量和耐压值，如 100 16V VT 表示电解电容的容量为 100μF，耐压为 16V（如图 2-15 所示），VT 表示贴片电解电容系列，RVT 表示铝电解电容系列。

2. 数字代码法

图 2-16　数值代码法标注的贴片电容

数字代码法就是采用三位数进行标注，单位为 pF。前两位为有效数字，后一位为指数，即 10 的多少次方（其中指数是 8 和 9 表示负指数，分别表示 10^{-2} 和 10^{-1}，其他数均是正指数）。如 475 表示 47×10^{5}pF，即 4700000pF。数字后面的字母表示耐压值，也就是说字母是电容的额定电压代码。如图 2-16 所示标注为 475C，表示容量为 4700000pF，额定电压为 C，即额定电压为 16V，额定电压代码可查表得到。632C2 表示产品批号。

贴片电容额定电压代码与具体电压的对应关系如表 2-1 所示。

表 2-1　贴片电容额定电压代码与具体电压的对应关系

电压代码字母	表示额定电压 /V
X	1.8
E、F	2.5
G	4
J	6.3
A	10
C	16
D	20
E	25
V	35
T	50

3. 混合代码法

就是字母与数字代码混合标注法，此标注法主要适用于精密贴片电容的标注。代码由一个字母和一个数字组成。例如 A8 表示贴片电容的容量为 1×10^{8}=100000000（pF）=100（μF）。字母代表不同的底数（1、1.1、1.2、1.3 等），数字（0、1、2、3、4 等）代表乘以 10 的多少次方，其中 9 是负指数，其他的均为 0 或正指数。

二、贴片电容的检测

由于贴片电容的体积较小，用万用表的电容挡测试不方便，可采用贴片电阻/电容/二极管（R/C/D）专用测试夹（如图2-17所示）。通过该测试夹的夹头直接夹住贴片电容的两端，即可直接显示被测电容的容量值，快捷方便。

若没有该测试夹，也可用万用表大致检测，选用 $R\times 1k$ 挡，将表笔接触贴片电容器的两端，接通瞬间，表头指针应向顺时针方向偏转，然后逐渐向逆时针方向回复，调换表笔测量也会出现类似现象。偏转的角度越大，说明该电容的容量越大，如果指针偏转后不能复原，说明该贴片电容存在漏电电阻，漏电电阻值越大表示该贴片电容的绝缘性能越好；若表针不偏转，说明该电容器开路或容量极小，小于1μF；若指针保持在0附近不动，则说明该贴片电容已击穿短路。小于1μF的电容，因容量较小，指针可能不偏转，或偏转极小，所以只能检测其是否击穿短路。万用表指针的偏转角度越大，说明该电容器的容量就越大。

在路检测贴片电容，与在路检测贴片电阻的方法类似，因在路存在并联元件，测不出贴片电容的漏电电阻，所以只能近似判断其是否存在击穿短路现象，若怀疑存在该故障，则需要焊下贴片电容进一步进行开路检测，开路检测贴片电容才能进行准确的判断。如图2-18所示在路检测贴片电容是否击穿短路，显示“1”表示未击穿短路。

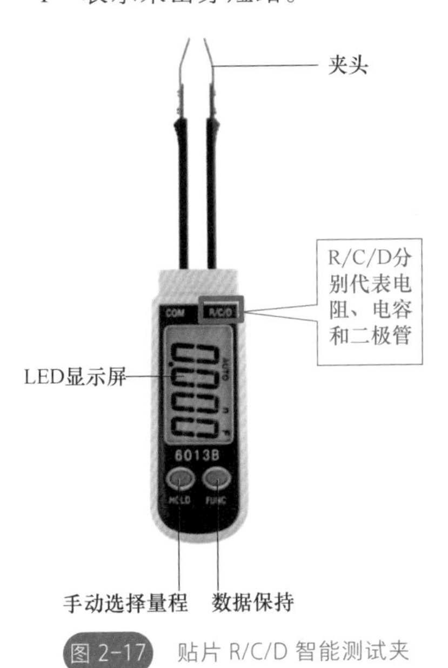

图2-17 贴片R/C/D智能测试夹

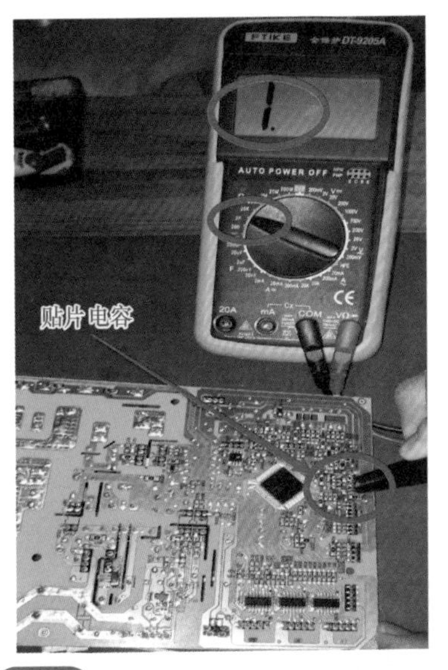

图2-18 在路检测贴片电容是否击穿短路

第四节 贴片电感的识别与检测

一、贴片电感的识别

贴片电感的形状和大小与贴片电容差不多（如图 2-19 所示），两端为银白色焊点，中间为一半灰一半白，或者是两头绿中间黑，或者是两头黑中间有白圈。大部分贴片电感是圆形的，四周可看到线圈。贴片电感的基本单位为 H（亨利，简称亨），常用单位有 mH（毫亨）、μH（微亨）、nH（纳亨）。其换算关系为：$1H=10^3mH=10^6\mu H=10^9nH$。

图 2-19 贴片电感实物图

贴片电感的标注方法有直标法和色标法两种。直标法就是直接在贴片电感上标出电感量。色标法是通过色环标出电感量，即用色环表示电感量，单位为 mH，第一、二位表示有效数字，第三位表示倍率，第四位表示误差，其标注方法与电阻色标法相同，在贴片电感中用得较少。在电感标注中，常用 N（n）和 R 代表电感量中的小数点，用 N（n）表示小数点的电容量，其单位为 nH；用 R 表示小数点的电容量，其单位为 μH。例如 4n7 表示 4.7nH，4R7 表示 4.7μH。大功率贴片电感大多采用直标法，单位为 μH，例如 331 表示 $33\times10^1=330\mu H$，6R8 表示 6.8μH，102 表示 $10\times10^2\mu H=1mH$。有些贴片电感数字标注之后还带有一个字母，这个字母表示电感量的误差值。如 J 表示 ±5%，K 表示 ±10，M 表示 ±20%，N 表示 ±30% 等。

图 2-20 贴片电感型号贴纸

贴片电感的型号很长，大多标记在外包装上，如图 2-20 所示，其型号的含义如图 2-21 所示，不同厂家的贴片电感，其型号标注方法不尽相同。

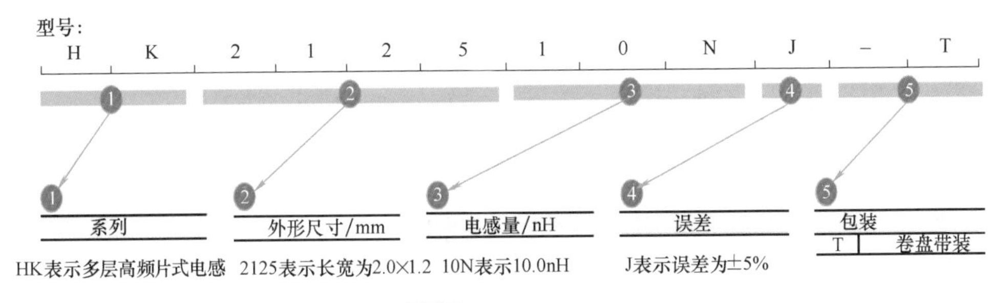

图 2-21 型号的含义

二、贴片电感的检测

贴片电感的检测方法有两种：一种是采用普通万用表检测贴片电感的阻值来大致判断电感是否损坏，其方法是将万用表打到蜂鸣二极管挡，两支表笔分别夹住贴片电感的两端，观察万用表的读数，正常情况下万用表的读数只有几欧姆到几百欧姆，若电阻很大或为无穷大，则表明电感损坏；还有一种方法是用专用的电感测量仪（如图 2-22 所示）来检测电感，该方法不但能检测电感是否损坏，还能精确地检测电感量。

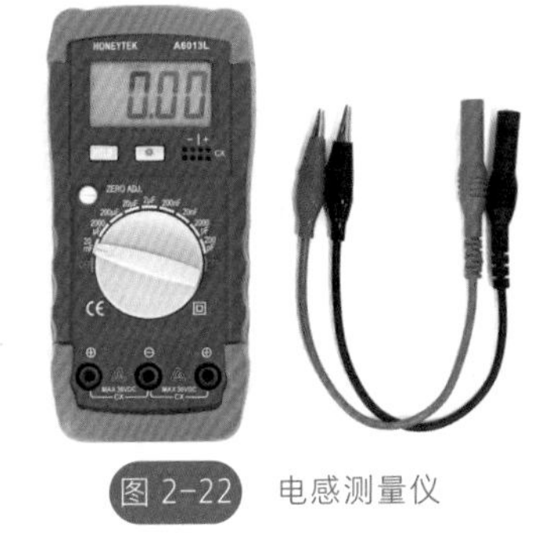

图 2-22 电感测量仪

第五节 贴片蜂鸣器的识别与检测

一、贴片蜂鸣器的识别

贴片蜂鸣器（如图 2-23 所示）又称 SMT 蜂鸣器。贴片蜂鸣器的塑壳外观及尺寸较小，包装为卷带式包装，针脚可平贴至 PCB 上。按结构和原理分为无源电磁式贴片蜂鸣器、有源电磁式贴片蜂鸣器、无源压电式贴片蜂鸣器、有源压电式贴片蜂鸣器。有源和无源的区别就是有供电电源和无供电电源。压电式和电磁式的主要区别在于组成不同，贴片压电式蜂鸣器有压电片、共鸣箱、多谐振荡器、阻抗匹配器、外壳和发光二极管，而贴片电磁式蜂鸣器有振荡器、电磁线圈、磁铁、振动膜片、外壳和发光二极管，两者在组成上有相同部分也有不同的部分。

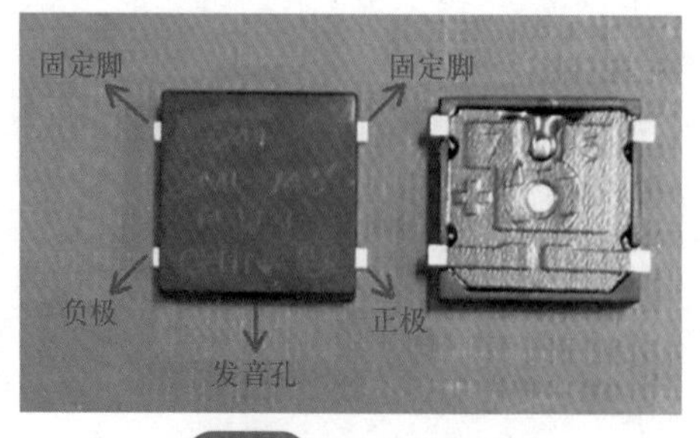

图 2-23 贴片蜂鸣器

贴片蜂鸣器的主要参数有额定电压、工作电压、线圈电阻、额定电流、最小声压（dB）、工作频率、工作温度、储存温度和塑壳材料。主要参数会在蜂鸣器的型号上体现出来。例如 KS-0402H-0304，其中 KS 是品牌代码，0402 表示尺寸为 4mm×4mm×2mm，H 表示正发音孔，0304 表示额定电压为 3V、额定频率为 4000Hz。又如型号为 KS-09018F-05041 的贴片蜂鸣器，KS 是品牌代码，09018 表示尺寸为 9mm×9mm×1.8mm，F 表示侧发音孔，05041 表示额定电压为 5V，额定频率为 4100Hz。

二、贴片蜂鸣器的检测

扫码看视频2-1

有源蜂鸣器与无源蜂鸣器的判别

区分贴片有源蜂鸣器和无源蜂鸣器，用万用表电阻挡 *R*×1 的黑表笔接蜂鸣器一个触脚，红表笔在另一触脚上来回碰触，若能听到蜂鸣器发出“咔咔”声，且电阻只有几欧（4Ω、8Ω 或 16Ω），可判断该贴片蜂鸣器为无源蜂鸣器。按上述方法若测得贴片蜂鸣器能发出连续的声音，且测得的电阻在几百欧以上，则说明该蜂鸣器为有源蜂鸣器。

检测有源蜂鸣器，根据有源蜂鸣器的供电电压，给贴片蜂鸣器加上相应的电压，若蜂鸣器能发出响声，则说明蜂鸣器正常；否则，说明蜂鸣器已损坏。如图 2-24 所示。

检测无源蜂鸣器，将指针式万用表置于 *R*×1 挡，红表笔接在贴片无源蜂鸣器的一个触脚，黑表笔碰触另一个触脚，若蜂鸣器能够发出“咔咔”的声音，并且指针有摆动，则说明蜂鸣器正常；否则，说明蜂鸣器不良。如图 2-25 所示。

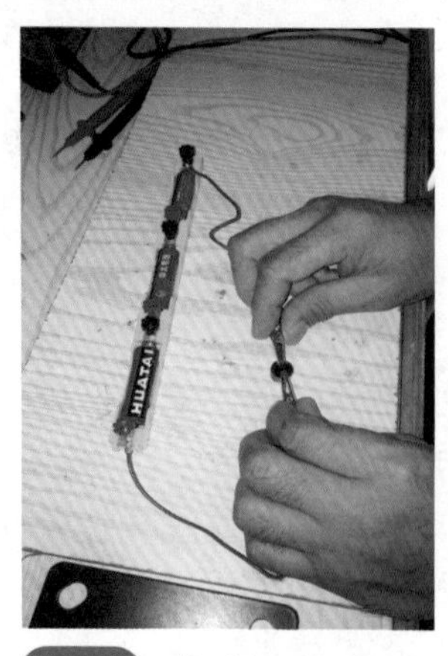
图 2-24 检测有源蜂鸣器

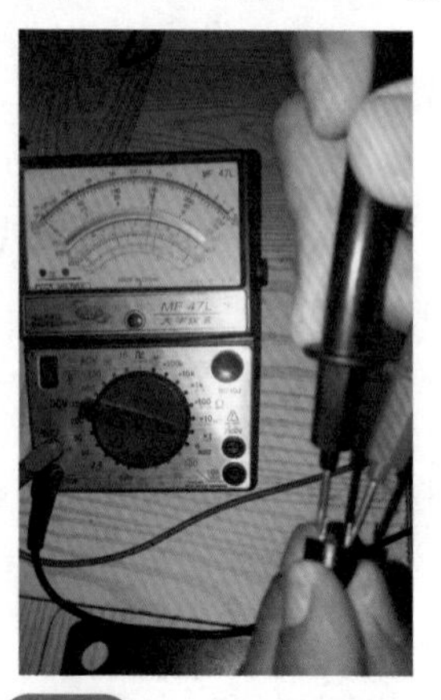
图 2-25 检测无源蜂鸣器

第六节 贴片二极管的识别与检测

一、贴片二极管的识别

贴片二极管（如图 2-26 所示）与贴片电容类似，它们最显著的区别在两端的焊点上。贴片二极管有短小的引脚，而贴片电容的引脚在电容器的下面，看不到引脚。在电路板上贴片二极管一般由 D+ 数字、VD+ 数字、DD+ 数字等表示，ZD+ 数字则表示稳压二极管。玻璃贴片二极管（如图 2-27 所示），其红色的一端为正极，黑色一端为负极；矩形贴片二极管（如图 2-28 所示），有白色横线一端为负极，另一端为正极；贴片发光二极管（如图 2-29 所示），其有白色横线的一端为负极，有白色长框的一端为正极。还有四个脚的贴片二极管，其内部封装一个或多个二极管（如图 2-30 所示），根据其型号不同，其内部的二极管连接方式也不同。

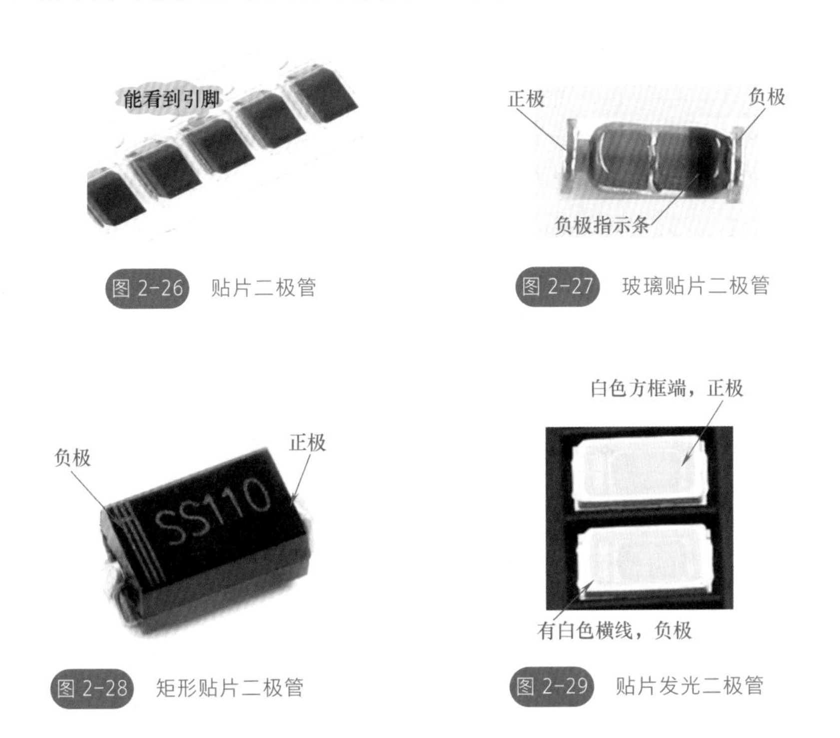

图 2-26 贴片二极管

图 2-27 玻璃贴片二极管

图 2-28 矩形贴片二极管

图 2-29 贴片发光二极管

贴片二极管的标注方法有字母数字代码标注和颜色（代码）标注法两种。代码标注要通过代码查询其代表的型号，如印字“M2”表示其型号为 1N4002，“M7”

图 2-30 贴片四脚发光二极管（共阳极）

图 2-31 代码 T4 贴片二极管

代表 1N4007。不过，同一个二极管的型号可能有不同的代码，如 T4（如图 2-31 所示）和 W1 代码均代表 1N4148。颜色标注法是由二极管的负极指示条的颜色来表示不同的型号，例如，负极指示条的颜色为绿色表示型号 BA585，负极指示条的颜色为红色表示型号 BA620、BB620 等，可通过二极管色标型号表查询。若是稳压二极管，其负极指示条的颜色代表的型号与普通二极管又不相同，负极指示条的颜色为绿色表示型号 BAV105、BB240，负极指示条的颜色为红色表示型号 BA682，同一个色标可能代表不同的型号，但稳压值和功率是一样的，也就是说可以互相代换的，可通过稳压二极管色标型号表来查询。

另外，贴片二极管还有一个封装代码，封装代码与型号代码不是同一个概念，要注意区分。例如封装代码 EM3 就表示 1608 的封装，即长为 1.6mm、宽为 0.8mm。SOT-23 封装表示长为 2.9mm、宽为 1.3mm 或 1.6mm。具体封装代码可通过封装代码表查询。

提示：贴片式二极管封装上一般不丝印型号，而是丝印出型号代码或色标。这种型号代码或色标是由生产工厂自定，并不完全统一。

二、贴片二极管的检测

贴片二极管常采用万用表的欧姆挡进行检测，通过检测二极管的正反向电阻值是否正常来判断二极管是否损坏，通常用万用表的 R×100 挡（最接近数字万用表的二极管挡，不同挡位测出来的阻值是不相同的）进行检测。若用指针式万用表测得电阻只有几百欧，调换表笔后再测量，其电阻为几千欧或接近无穷大，则说明该贴片二极管是正常的，且电阻较小那次黑表笔所接的引脚为正极（如

图 2-32 所示）。若用数字万用表进行检测，则采用二极管挡进行检测，测得数字较小的那次，红表笔所接引脚为正极（如图 2-33 所示）。

图 2-32 贴片二极管的检测（用指针式万用表）

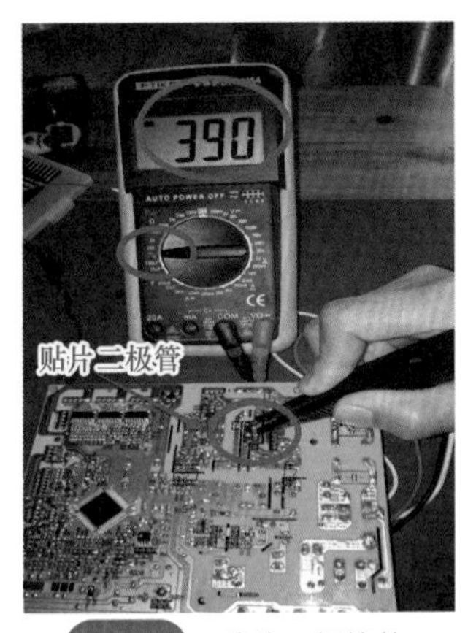

图 2-33 贴片二极管的检测（用数字式万用表）

贴片三极管的识别与检测

一、贴片三极管的识别

贴片三极管又称 SMT 三极管，在电路中的序号编号为“Q+ 数字”“VT+ 数字”，有三个脚的也有四个脚的（如图 2-34 所示）。三个脚的贴片三极管，按丝印字的正方向，上面单个脚的是集电极（C 极），下面两个脚，一个是发射极（E 极），一个是基极（B 极）。四个脚的贴片三极管，其中体积最大的脚为集电极，两个脚相通的均为发射极，另一个为基极。与普通三极管一样，贴片三极管也分为 NPN 贴片三极管（如图 2-35 所示为其电路符号）和 PNP 贴片三极管（如图 2-36 所示为其电路符号）两种。

图 2-34 贴片三极管实物

贴片三极管的标注方法也是采用代码标注法，代码通过贴片三极管代码表可查询到实际型号。例如代码 2TY，表示其型号为 S8550，代码 2T 表示其型号为 SS8550，代码 Y1 表示其型号为 8050，代码 Y2 表示其型号为 8550 等。

与普通三极管一样，使用或代换贴片三极管时，除相同型号可以代换外，只要 V_{ceo}、I_c、P_c、h_{FE}、f_T、封装形式几个重要参数一样但型号不同，此类贴片三极管也是可以代换的。

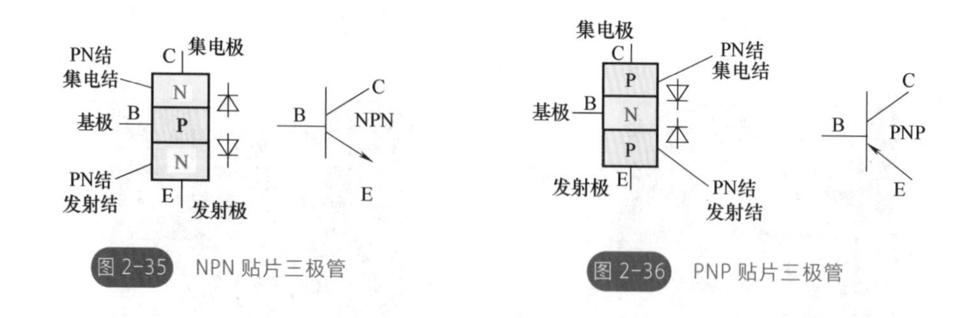

图 2-35　NPN 贴片三极管

图 2-36　PNP 贴片三极管

提示：贴片三极管的型号代码是生产厂家自行设定的，同一型号由不同的生产厂家生产，其型号代码可能会不一样，即使是不同型号，封装不同，但其代码也可能相同。不过，常用贴片三极管的型号代码读者应该要熟悉，看代码就知道是什么型号，这对提高维修效率很有帮助。

二、贴片三极管的检测`

检测贴片三极管主要是判别三极管的引脚和三极管类型。将数字式万用表打到蜂鸣二极管挡，正对贴片三极管的印字面，将红表笔接左下角（一般情况下该脚为 B 极），用黑表笔分别去碰触其他两个引脚，如果两次测得的数值相差不大（一般在 300~800），则表明左下脚就是 B 极，也就是说红表笔接的就是 B 极，且此贴片三极管为 NPN 管。黑表笔的两次测量中，读数较小的为 C 极，读数较大的为 E 极。若两次读数相同，则贴片上边单独一个引脚为 C 极。如图 2-37 所示。

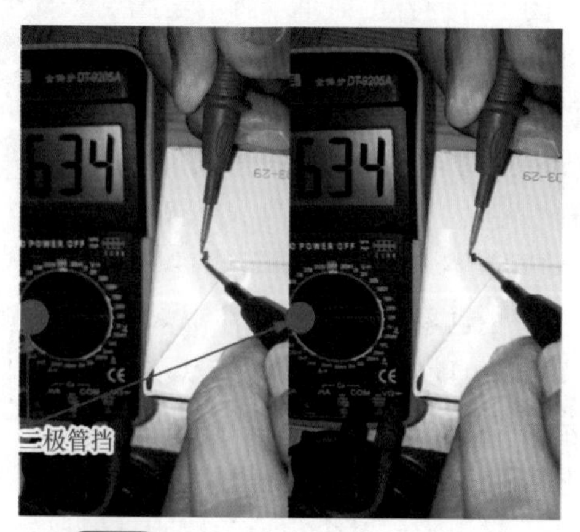

图 2-37　检测贴片三极管引脚及类型

红笔接B极，当测得的两极数值都不在范围内时，则按PNP型管测。PNP型管的判断只需把数字万用表的黑表笔接B极，红表笔接其他两脚，其测量方法同上。

贴片场效应管的识别与检测

一、贴片场效应管的识别

贴片场效应管简称FET（如图2-38所示），分为N沟道和P沟道两种（如图2-39所示），在电路中主要起信号放大和开关作用。其引脚有G（栅极，控制极）、S（源极、输出极）、D（漏极，供电极，散热片一般接D极），如图2-40所示为贴片场效应管引脚图。

扫码看视频2-2 判断三极管和场效应管

二、贴片场效应管的检测

检测贴片场效应管是N沟道还是P沟道，可用数字万用表的二极管挡进行检测。若红表笔接贴片二极管的S极，黑表笔接D极，读数在300~800之间，则说明该贴片场效应管为N沟道，若黑表笔接S极，红表笔接D极，读数也在300~800之间，则说明该贴片场效应管为P沟道场效应管。若在以上检测中，万用表读数为0，则说明场效应管击穿，若读数为1，则说明场效应管开路。

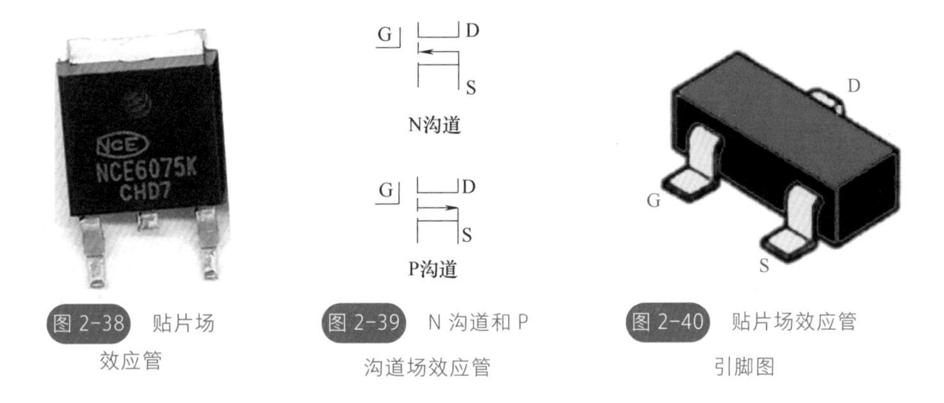

图2-38 贴片场效应管

图2-39 N沟道和P沟道场效应管

图2-40 贴片场效应管引脚图

贴片场效应管和贴片三极管在外形上没什么区别，若贴片上没有丝印了，很难区别是贴片场效应管还是贴片三极管。此时可用以下方法进行区别：将指针式

万用表打到 $R\times1k$ 挡，检测贴片晶体管任意两脚之间的正反向电阻值，若有两次测量的阻值小于数千欧（一般在 3~8kΩ 之间的某个值），且反向电阻值很大或接近无穷大，则表明此晶体管为晶体三极管，若不相符则说明是场效应管。

提示：场效应管检测正常，但输出不受 G 极控制，也就是场效应管的源极无输出，则说明该场效应管软击穿，也应更换场效应管。

第九节 贴片晶闸管的识别与检测

一、贴片晶闸管的识别

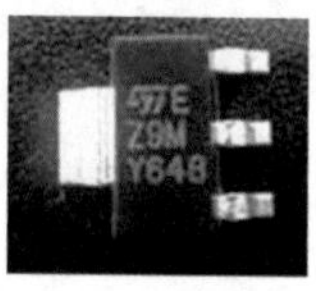

图 2-41 贴片晶闸管

贴片晶闸管（Silicon Controlled Rectifier，SCR），如图 2-41 所示，是一种新型的晶闸管系列，其内部晶圆是一样的，只是封装不同。晶闸管主要有单向晶闸管、双向晶闸管、光控晶闸管、快速晶闸管、逆导晶闸管、逆阻晶闸管和可关断晶闸管。

贴片单向晶闸管有阴极（K）、阳极（A）、控制极（G）。贴片双向晶闸管也是三个电极，但没有阴、阳极之分，三个电极分别是 T1 或 A1（第一端子或第一阳极）、T2 或 A2（第二端子或第二阳极）、G（控制极）。双向晶闸管 G 极上触发脉冲的极性发生改变时，其导通方向也会随着极性的变化而改变，而单向晶闸管触发后只能从阳极向阴极单方向导通，不能改变方向。

贴片晶闸管的型号标注也是采用代码标注法，采用三个代码表示：第一个字符是字母，表示晶闸管系列；第二个字符是数字，表示触发电流的级别，如“3”表示触发电流为 3mA，“7”表示触发电流为 5mA，“9”表示触发电流为 10mA；最后一个字符是字母，表示额定电压的等级，如“M”表示 600V，“S”表示 700V，“N”表示 800V 等。

图 2-42 全型号标注贴片晶闸管

贴片晶闸管也有采用全型号标注的。全型号标注就是将晶闸管的型号全部标注在贴片晶闸管上。在型号中可以看出晶闸管的主要参数，如产品系列、额定电流、触发电流、额定电压等。例如 T810600B（如

图 2-42 所示），“T”为系列代码或品牌代码，“8”为额定电流（单位为 A），10 为触发电流（单位为 mA），600 为额定电压（单位为 V）；“B”表示散热片非绝缘，A 是表示散热片绝缘。

二、贴片晶闸管的检测

贴片晶闸管的检测

贴片晶闸管与插孔晶闸管管芯基本相同，仅封装不同，故检测贴片晶闸管的方法与检测普通晶闸管的方法基本相同。

判别单、双向晶闸管最简单的方法就是根据贴片晶闸管的丝印查询是单向晶闸管还是双向晶闸管。若贴片晶闸管的丝印不清楚了，则采用以下方法进行判别：用指针式万用表 $R×1$ 挡进行检测，先任意测被测贴片晶闸管的两个极，若发现红黑表笔正、反测量时，其指针均不动，则可能是 A、K 或 A、G 极（对于单向晶闸管而言），也可能是 T2、T1 或 T2、G 极（对于双向晶闸管），此时还不能判别是单向还是双向贴片晶闸管。再进一步测量晶闸管任意两脚之间的电阻值，若发现有一次测量中阻值为十至几百欧，调换表笔指针不动，则可判断该贴片晶闸管为单向晶闸管。若发现有一次测量中，红黑表笔正、反向测量指示均为十至几百欧，则可判断该贴片晶闸管为双向晶闸管。具体判别方法如图 2-43、图 2-44 所示。

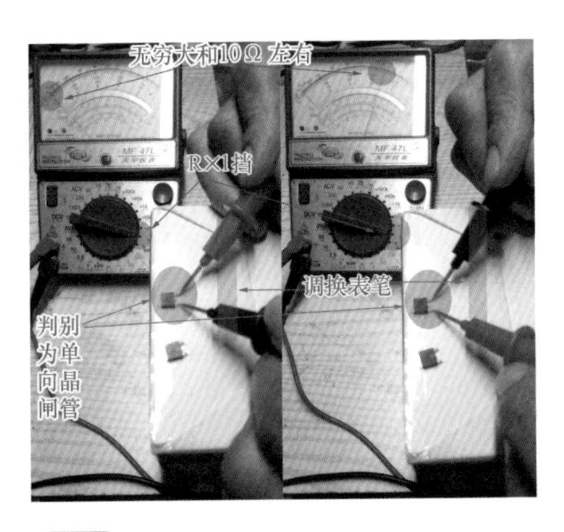

图 2-43　判别单、双向晶闸管的方法（一）

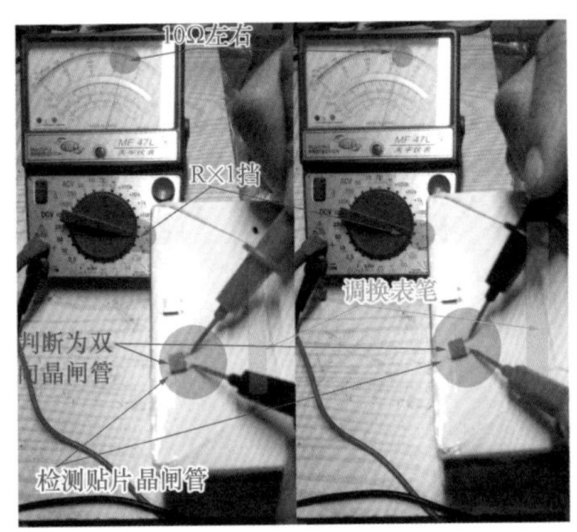

图 2-44　判别单、双向晶闸管的方法（二）

判别贴片单向晶闸管引脚的方法：采用指针式万用表的 $R×1$ 挡，用红、黑表笔分别测任意两引脚间正、反向电阻值，若发现哪两个脚之间的读数为十多欧姆，则黑表笔所测的引脚为控制极（G），红表笔所测的引脚为阴极（K），剩下的一脚为阳极（A）。

判别贴片双向晶闸管引脚的方法：采用指针式万用表的 $R\times1$ 挡，用红、黑两表笔分别测任意两引脚间正、反向电阻，若发现哪两个脚之间的读数为十多欧姆，则黑表笔所接的引脚为控制极 G，红表笔所接的引脚为第一阳极（A1），剩下的一脚为第二阳极（A2）。

判断单向晶闸管是否损坏的方法：将黑表笔接晶闸管的阳极（A），红表笔接晶闸管的阴极（K），读数应该为无穷大，若不为无穷大，则说明晶闸管已击穿。保持万用表的表笔接贴片晶闸管的引脚和表选择挡位不动，用导线瞬间短接阳极 A 和控制极 G，此时万用表的指针应向右偏转，读数为几欧姆，且断开短接导线后，万用表的读数仍然保持不变；若不偏转或偏转角度不大，则说明单向晶闸管性能不良。

判断双向晶闸管是否损坏的方法：将黑表笔接双向晶闸管的第一阳极（A1），红表笔接晶闸管的第二阳极（A2），读数应该为无穷大，若不为无穷大，则说明晶闸管已击穿。保持万用表的表笔接贴片晶闸管的引脚和表选择挡位不动，用导线瞬间短接第二阳极 A2 和控制极 G，此时万用表的指针应向右偏转，读数为几欧姆，且断开阳极 A2 和控制极 G 的导线后，万用表的读数仍然保持不变；反过来，用红表笔接 A2 极，黑表笔接 A1 极，用导线瞬间短接 A2 和 G 极，万用表的读数仍然为几欧姆，且断开 A2 和 G 极之间的导线后，读数仍然保持不变，则说明该双向晶闸管是正常的。上述连接中万用表的指针不偏转或偏转角度不大，则说明双向晶闸管性能不良。

提示：检测较大功率的贴片晶闸管时，可在万用表黑表笔上串接一节 1.5V 的干电池，以提高控制极的触发电压。

单片机的识别与检测

图 2-45 单片机

一、单片机的识别

单片机，又称微控制器，如图 2-45 所示，由运算器、控制器、存储器、输入输出设备等构成，主要分为通用单片机和专用单片机两种。单片机是把计算机系统集成在一个芯片上，实质上就是一台微型计算机。它也有像PC一样的类似模块，如CPU、内存、总线、存储器等。单片机体积小巧、价格低廉，在智能家电中广泛应用。

变频空调室内外机主板上的单片机如图2-46所示，它是整个空调的核心，用来处理整个空调室内外机的工作指令和工作流程。老式定频空调只在室内机主板上安装有单片机，而新型变频空调则在室内机和室外机上都安装有单片机，室内机与室外机单独由单片机控制工作状态，但室内机和室外机之间相互通信。

图2-46 变频空调室内外机主板上的单片机

变频空调单片机比定频空调的单片机更复杂，单片机里面包含CPU（单片机的核心）、程序存储器（ROM）、数据存储器（RAM）、看门狗定时器。例如，海尔某变频空调室外机单片机如图2-47所示，其型号为R5F562T7DDFM，为32位单片机，内含RX62TCPU、128KB程序存储器和8K数字存储器，采用LQFP64封装，工作电压为4.0~5.5V，37个输入/输出端（I/O）。

二、单片机的检测

检测单片机最简单的方法就是给单片机加电或烧写程序，让单片机工作。若加电后单片机发热异常，或是程序根本烧不进单片机，只要不是外部电路（例如单片

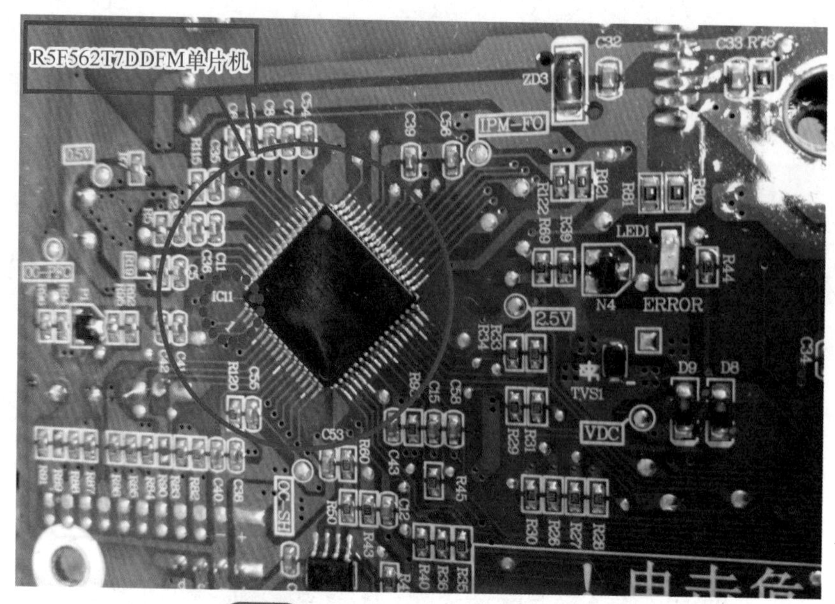

图 2-47　海尔某变频空调室外机单片机

机外部存储器、晶振电路、复位电路等）故障，则可以判定单片机存在故障。

也可用万用表测量单片机 VCC 与 GND 之间的电压是否正常，空调使用的单片机电压一般为 5V 或者 3.3V，若电压不正常，则检查供电电路；再检测单片机的复位电路，检测复位电路电容、电阻是否正常；然后检测时钟电路，检测单片机外围晶振及两个电容是否正常，测量单片机晶振的两个引脚电压是否正常。以上电源、复位、晶振是单片机正常工作的基本条件，缺一不可。例如 R5F212A7SNFA 单片机，其 10、62 脚为电源引脚、6 脚为复位引脚、4 脚与 7 脚为时钟引脚，如图 2-48 所示。重点检查这些引脚的电压和对地电阻是否正常，这是单片机工作的基本条件。

若检测单片机工作的基本条件正常，则用万用表检测单片机各端口的对地电阻，具体阻值与好的芯片进行对比，看有无明显差别，若有差别，则说明单片机内部损坏。

提示：空调加电后，单片机上电复位，时钟电路起振，单片机进行内部自检，自检正常后，芯片开始工作。之后进行键盘扫描，检测空调是否处于开机状态，若检测处于开机状态，则按上次空调的设置参数执行；若是新上电，则按自动模式运行；若是处于关机状态，则风量、工作模式、定时、温度等参数依然有效，等待用户的开机指令。

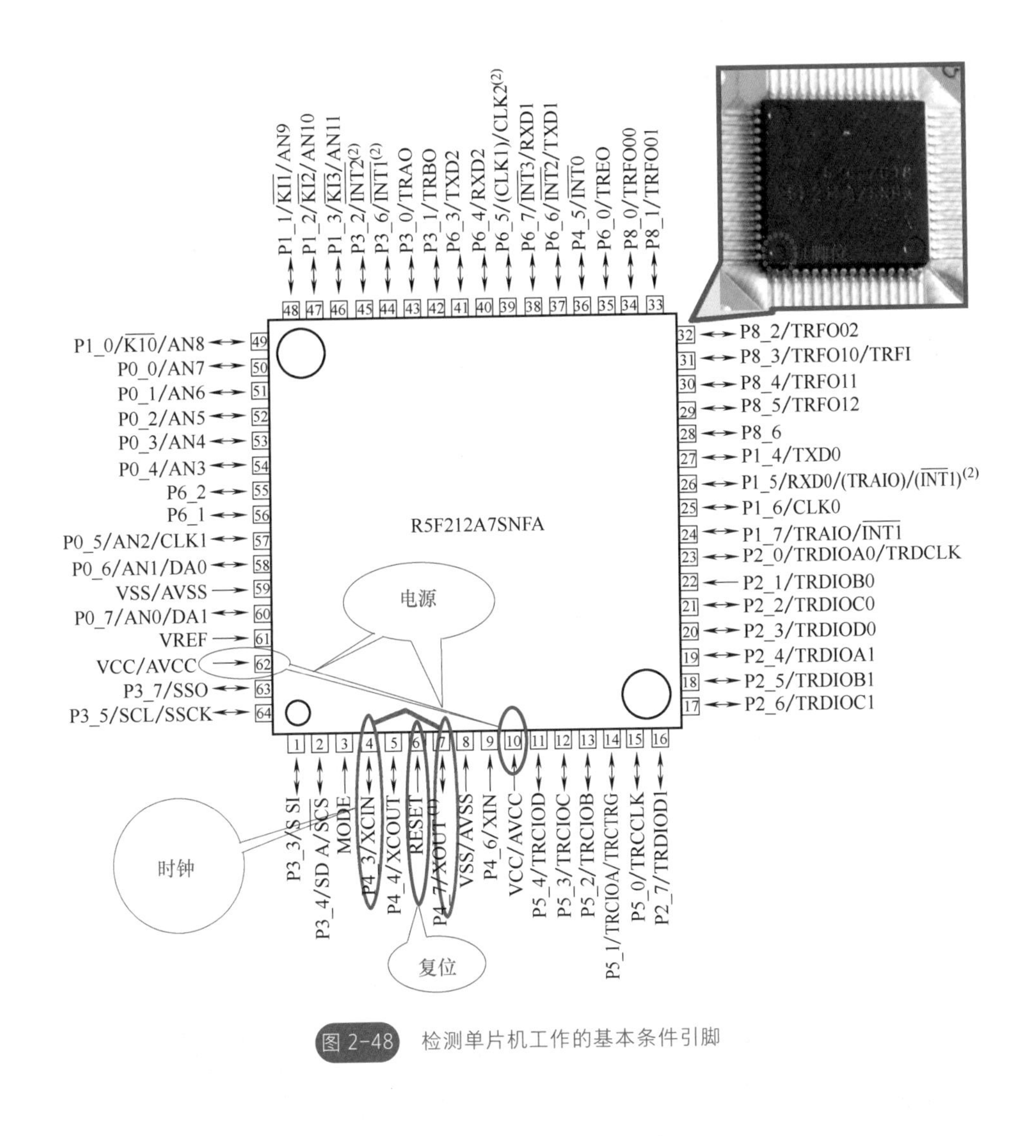

图 2-48 检测单片机工作的基本条件引脚

第十一节 开关变压器的识别与检测

一、开关变压器的识别

开关电源在空调中应用得较多，特别是变频空调，其室内外机主板上均采用了开关电源。开关变压器是开关电源的核心器件。开关变压器的作用是将初级的方波交流电在次级感生出可控交流电输出，同时开关变压器的初、次级还有多个副绕组，能提供电流、电压的反馈信号。如图 2-49 所示为空调主板上的开关变压器。

图 2-49 空调主板上的开关变压器

开关变压器与电源变压器的区别：一是看变压器的安装位置，电源变压器安装在电源的输入端，而开关变压器安装在整流电路之后；二是看变压器的输入电源，电源变压器输入的为交流电，而开关变压器输入的为脉动直流电；三是开关变压器体积小、效率高，应用在高频电路，电源变压器体积大、效率低，应用在低频电路。

二、开关变压器的检测

开关变压器是否损坏主要从以下几个方面进行检测。

一是检查开关变压器的线圈引线是否断裂、脱焊、烧焦，检查变压器的铁芯、绕组、硅钢片是否正常。

二是用万用表高阻挡检测开关变压器的铁芯与初级、初级与各次级、铁芯与各次级、静电屏蔽层与初次级之间的电阻值，正常情况下，万用表指针均应指在无穷大位置不动。否则，说明变压器绝缘性能不良。

三是检测开关变压器绕组通断，这是最基本的检测。用万用表的低阻挡检测各绕组首尾端之间的电阻值，正常为电阻较小或有一定的电阻值。若测得某个绕组的电阻值为无穷大，则说明此绕组存在开路故障。图 2-50 所示为开关变压器初级绕组通断检测。

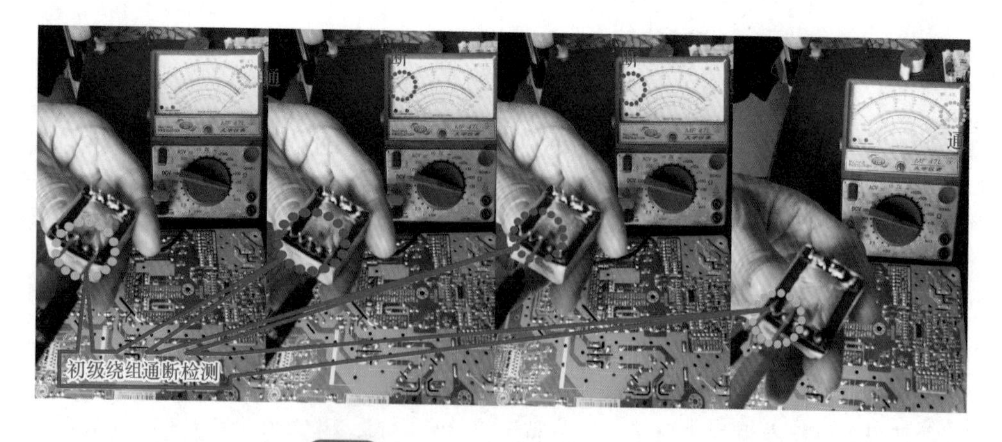

图 2-50 开关变压器初级绕组通断检测

第十二节 整流桥的识别与检测

一、整流桥的识别

整流桥就是将多个整流管集成在一个封装内构成一个整体（又称桥堆、扁桥），分为整流全桥和整流半桥。整流全桥是将连接好的桥式整流电路的四个整流管（两正和两反）封装在一起构成的，如图 2-51 所示。这种全桥在变频空调的功率电路中用得较多。整流半桥是将两个整流管（两正或两反）组成半桥式整流电路元件封装在一起构成的，如图 2-52 所示，用两个半桥可组成一个整流全桥。

图 2-51 整流全桥

在变频空调器中，有两个整流桥：一个是驱动板上的大功率整流桥，它将 220V 交流电变为 310V 的直流电（通常叫 300V 直流电），如 T25VB60、T15VB60；一个是室外机电控盒内与电抗器配合的整流桥，它不作整流用，而是作一对二极管用，配合电抗器，用来提高整机的功率因数。

图 2-52 整流半桥

二、整流桥的检测

检测整流桥就是用万用表的电阻挡检测整流桥的引脚通断和正反向情况，从而判断整流桥的好坏。检测整流全桥时，由于整流全桥上标有“+”“-”“~”符号（其中“+”为整流后输出电压的正极，“-”为整流后输出电压的负极，“~”为交流电压输入端），可直观看出各电极，若字标磨损，则面向商标面凭经验判断，中间两个脚为交流进线脚，左右两个脚分别为负极和正极。

判断整流全桥是否损坏的方法是：可用万用表分别测量“+”极与两个“~”极、“-”极与两个“~”极及“+”极之间的电阻值，如图 2-53 所示表示整流桥正常，若检测结果与图中相差较大，则可能是全桥损坏。

整流半桥的检测方法是：半桥是由两只整流管组成，通过用万用表分别测量半桥内部的两只整流管的正、反电阻值是否正常，即可判断出该半桥是否正常。半桥有两个引脚的，也有三个引脚的。两个引脚的，两个引脚为输入脚，中间的短脚或散热片为输出脚；三个引脚的，两边的两个引脚为输入脚，中间的引脚为输出脚。只要检测两个输入脚与输出脚之间的正、反向电阻，即可判断半桥是否正常。如图 2-54 所示用万用表测量 SRF1050 半桥，若检测结果与图中相差较大，则可能是半桥损坏。

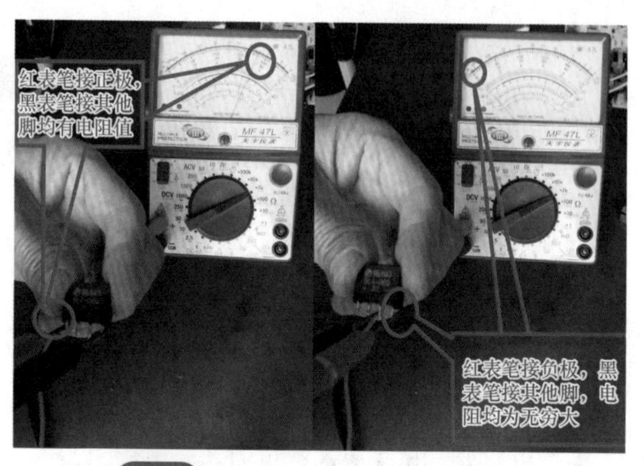

图 2-53　判断整流全桥是否损坏的方法

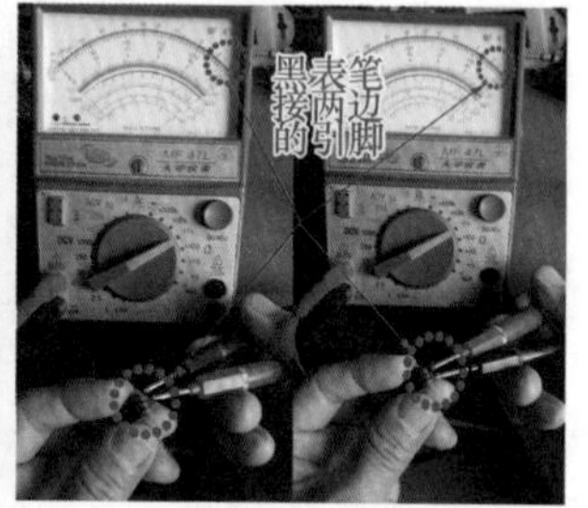

图 2-54　检测半桥是否损坏的方法

第十三节　交流变频压缩机的识别与检测

一、交流变频压缩机的识别

交流变频空调的变频模块采用 SPWM 调制方式，就是将市电 220V 交流电转换成300V左右的直流电并送到变频功率模块（IGBT开关组合），同时功率模块受单片机送来的控制信号的控制，输出频率可变的可控电压（合成波形近似正弦波），使压缩机电动机的输入电压随频率的变化而变化，转速也随之发生变化，从而控制变频压缩机（如图2-55所示）的运转，快速地调节空调制冷和制热量。变频器在改变频率的同时也改变了电压，如果仅改变频率，电动机将被烧坏，特别是当频率降到特别低时，该问题就非常突出。为了防止电动机烧毁事故的发生，变频器在改变频率的同时必须要同时改变电压。

交流变频空调一定要用到逆变器（如图2-56所示）。逆变器跟整流器相反，它是将直流功率变换为所要求频率和电压的交流功率，通过单片机控制六个开关器件的导通、关断来得到三相交流电。单片机内有频率和电压的运算电路，它将外部送来的速度、转矩等指令信号同检测电路的电流、电压信号进行比较运算，发出指令到逆变器，控制其输出电压和频率，并输出到三相变频电动机组成的压缩机，驱动压缩机运转，使压缩机的运转速度和时间受单片机的精准控制。

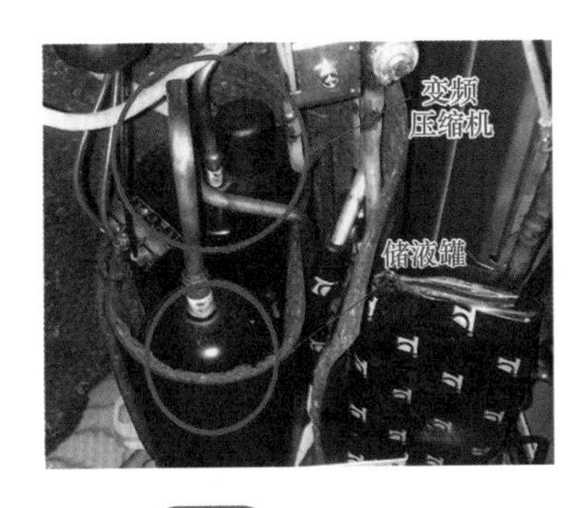

图2-55　变频压缩机

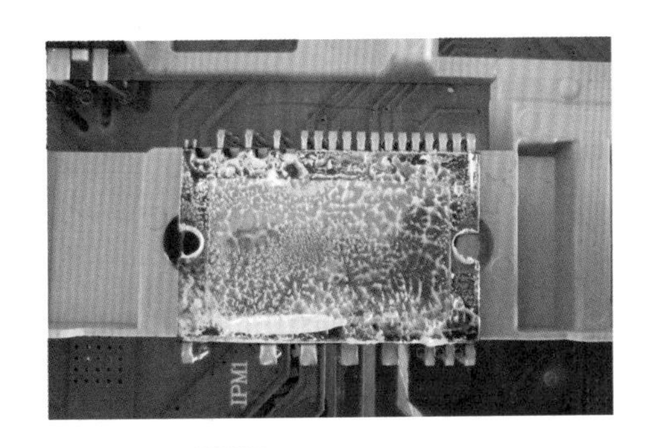

图2-56　逆变器模块

普通定频空调的压缩机一般采用交流异步电动机，属二相电动机，需要启动电容，如图2-57所示。它的转速是不变的，频率是固定的50Hz，大多数压缩机的转速是2880r/min。而变频压缩机采用的是三相变频交流电动机，其工作频率可在20~120Hz之间，工作电压可在15~220V之间，此为两相变频空调的频率和电压范围。不同类别的空调，其变频模块输出的频率和电压范围不同。由于该压缩机电动机可根据频率和电压改变转速，反过来通过控制供电频率和电压就能调节压缩机的转速，从而调节空调的制冷（制热）量以适应

图2-57　定频空调压缩机电容

空调的负荷，达到不停机连续调节制冷（制热）量的目的。

交流变频压缩机与变频模块连接方式如图 2-58 所示。交流变频压缩机实物如图 2-59 所示，其接线柱也是三个（U、V、W），与定频空调压缩机接线柱不同，定频空调的三个接线柱是 C、S、R（R 同时接 220V 电源和电容端，C 接电源端，S 接电容端）。

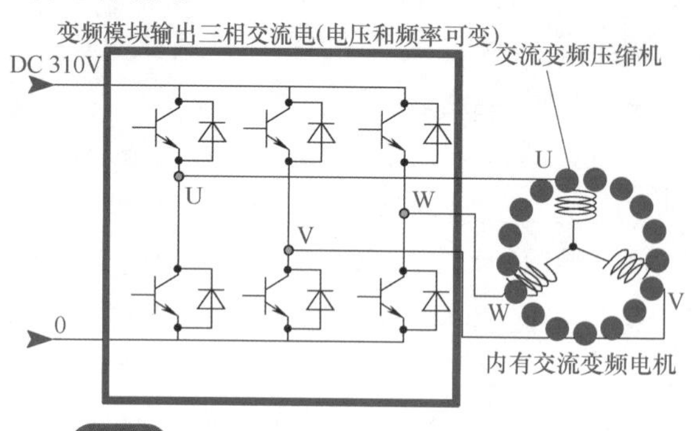

图 2-58 交流变频压缩机与变频模块连接方式

图 2-59 交流变频压缩机实物图

提示：交流变频压缩机转子和定子均有线圈，转子上采用自封闭线圈，线圈不供电，定子线圈供电。定子线圈产生旋转磁场，转子线圈产生感应磁场。转子线圈在定子旋转磁场的作用下产生感应电流，感应电流产生感应磁场，感应磁场与旋转磁场相互作用驱动转子旋转。交流变频压缩机旋转的动力来自定子与转子之间的相互电磁力，因此电磁感应的噪声与转子线圈功率损耗较大，对能效比有一定的影响，但制造成本相对较低。

二、交流变频压缩机的检测

检测交流变频压缩机的线圈阻值很难判断压缩机是否损坏，因为交流变频压缩机的线圈电阻值很小，就算是绕组匝间短路后，其线圈的电阻值还是很小，加上测量工具存在误差，所以很难单从测量压缩机绕组电阻来判断压缩机是否损坏。检测方法是测量压缩机的工作电流，如果开机后电流远大于标称值，不久就保护停机，并且出现故障代码，拔掉压缩机线后（也可接上三个灯泡作为假负载），故障代码消失，但外风机运行正常，一般可判断为压缩机线圈烧坏。由于变频空调的压缩机保护电路比较多，所以压缩机线圈烧坏的程度不会特别大，匝间短路较为多见，不像定频空调压缩机线圈那样，有时会烧得面目全非。

当然检测压缩机三相进线的电阻也是一种检测方法，但因为压缩机电动机绕组的电阻很小，且绕组是互通的，采用这种方法很难判断绕组之间是否存在短路。而转子绕组之间的匝间短路则更是无法检测，但检测绕组与压缩机外壳之间的绝缘电阻则是可行的，正常应为无穷大，若检测有一定的阻值，则说明压缩机绕组绝缘性能变差，不能使用。相关测量方法如图 2-60 所示。检测压缩机运行电流是最简便快捷的检测方法。

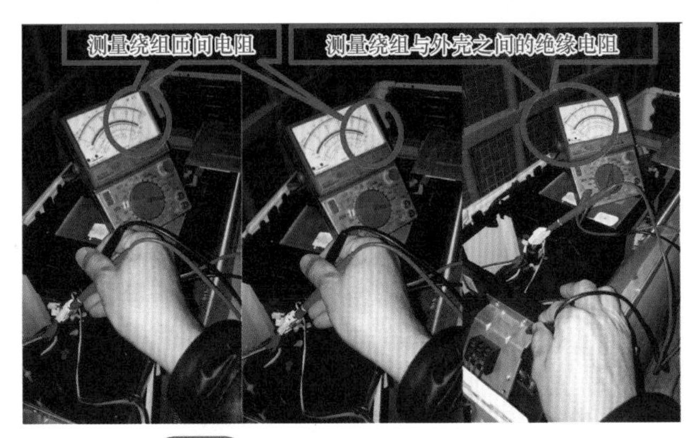

图 2-60　测量交流变频空调的压缩机

提示：用钳形电流表测量变频空调压缩机的电流时，应将钳头夹住功率板交流电源输入端的引线，不能夹住压缩机的三根引线，否则显示的电流值不准。

直流变频压缩机的识别与检测

一、直流变频压缩机的识别

直流变频压缩机电动机实质上是自控式永磁同步电动机，属于交流电动机范畴。这种电动机根据定子绕组的不同（集中式和分散式）分为方波型（120°方波）永磁同步电动机和正弦波型（180°正弦波）永磁同步电动机，其中方波型永磁同步电动机又称直流电动机，而正弦波型永磁同步电动机则是交流电动机，在直流变频空调中大多采用方波型永磁同步电动机。所以说，直流变频压缩机并不是普通的直流电供电，给压缩机供电的是方波直流电压。变频模块通过调节方波的占空比和方波的幅值来控制压缩机的转速。

也就是说，直流变频空调的变频模块将直流电压转换成一定频率的类似三相交流电的方波直流电压，供直流电动机使用。直流变频空调同样是将市电 220V 转换成 310V 左右的直流电送到功率模块。变频模块每次导通两个 IGBT（A+、A- 不能同时导通，B+、B- 不能同时导通，C+、C- 也不能同时导通），给两相绕组通直流电（实质上是方波直流电压，通过方波的占空频率决定直流电压的高低，从而控制直流电动机的转速），驱动转子运转。同时模块受单片机的控制，输出电压可变的直流电，直流变频空调没有逆变过程。直流变频相比交流变频多一个位置检测电路，使得直流变频的控制更加精确，其变频模块与交流变频模块电路类似。直流变频压缩机与变频模块连接方式如图 2-61 所示。

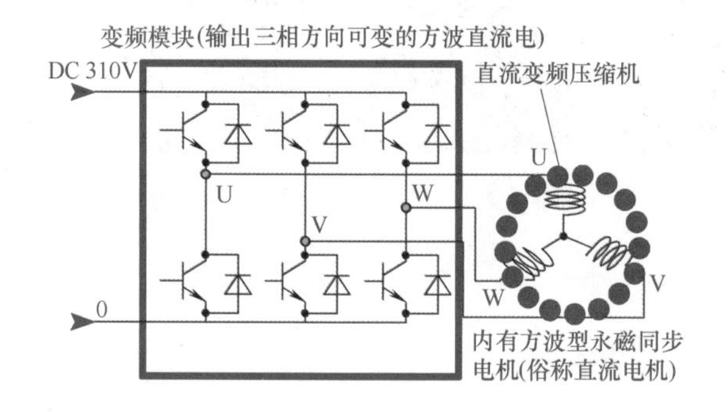

图 2-61　直流变频压缩机与变频模块连接方式

直流无刷电动机位置检测通常有两种方式。一种是利用电动机内部的位置传感器（通常为霍尔元件）提供的信号，这种检测方式在直流风扇电动机上比较常见，因压缩机是封闭的，一旦霍尔位置传感器损坏就非常麻烦，所以在压缩机中不采用这种霍尔信号位置传感器。另一种是检测直流无刷电动机的相电压，利用相电压的采样信号进行运算后得到位置信号。由于在直流无刷电动机中随时都有两相绕组通电，另一相不通电，但磁铁在线圈中转动，线圈里就能产生电压，所以不通电的这组线圈就有了感应电压，由于该电压的相位与磁铁的位置有一定关系，因此根据感应电压就可以判断出转子的位置，进而控制绕组通电顺序。以不通电的一相作为转子位置检测信号用于捕获感应电压，通过专门设计的电路，反过来控制给定子绕组的方波电压。由于这种方法省掉了位置传感器，使得电动机构造更为简单可靠，很难出现位置传感器故障，所以空调压缩机电动机一般都采用这种检测方式。

直流变频空调的控制电路的调制方式主要有脉冲宽度调制方式（PWM）和脉冲幅度调制方式（PAM）两种。在直流变频空调中是通过变频模块进行换相的，所以采用的直流电动机是无刷直流电动机，而不是有刷直流电动机。同时因有刷直流电动机具有接触火花，而制冷剂是易燃物品，也不适合在压缩机上使用，所以直流变频空调中都是采用无刷直流电动机，也就是永磁同步电动机，不同于普通的直流电动机。直流变频压缩机实物如图2-62所示。两相家用空调直流变频压缩机的工作电压范围一般在15~310V之间，工作频率在20~120Hz之间，可以看出，直流变频压缩机的工作电压范围比交流变频压缩机的工作电压范围要宽，更加便于大范围精细控制压缩机的转速，所以比交流变频空调更节能。广告中通常讲1Hz变频空调，它是针对10Hz变频空调来讲的，就是变频的梯级可实现每1Hz的递变，控制更加精细，调节幅度更小，不容易停机，使用者根本感觉不到空调温差变化，使用起来更加舒适。

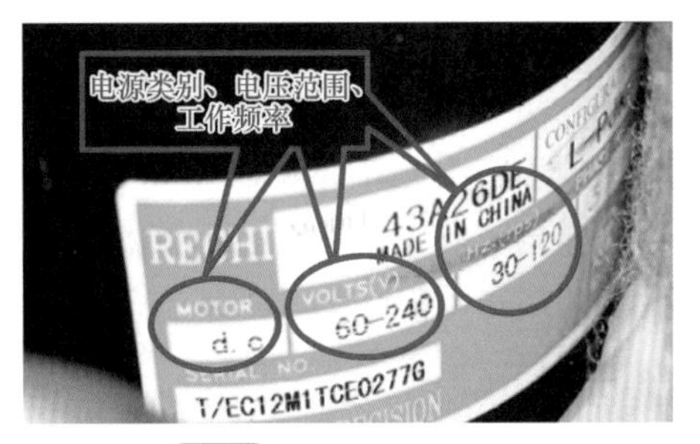

图2-62 直流变频压缩机

在变频空调中，室外机主板上310V电路需要大容量滤波电容进行滤波，但大容量滤波电容的成本较高、体积较大，不便于安装，很多变频空调采用多个小容量滤波电容并联，以降低成本和减小电容的体积。

提示：直流变频压缩机转子采用稀土永磁材料制作而成，其工作原理为：定子产生旋转磁场与转子永磁磁场直接作用，实现压缩机运转。可以通过改变送给电动机的直流电压来改变电动机的转速，直流变频压缩机不存在定子旋转磁场对转子的电磁感应作用，克服了交流变频压缩机的电磁噪声与转子损耗，具有比交流变频压缩机效率高与噪声低的特点，直流变频压缩机效率比交流变频压缩机效率高10%~30%，噪声低5~10dB。但是，直流变频空调的成本要高于交流变频空调。

二、直流变频压缩机的检测

检测直流变频压缩机与检测交流变频压缩机类似，检测绕组电阻只是一种参考，不能准确地判断压缩机是否损坏。最常用的检测方法是测量压缩机U、V、W端子之间的阻值是否平衡，若出现明显不平衡现象，则进一步检测压缩机的供电电流。另外，检测U、V、W三端子与外壳之间的绝缘电阻是否足够大，正常应大于3MΩ。可用手摇式绝缘电阻表进

扫码看视频2-4

测量直流变频压缩机绕组与外壳之间的绝缘电阻

行检测，如果绝缘电阻均远远超过 3MΩ，说明压缩机的绝缘电阻值正常。

测量压缩机供电电流不是直接测量供给压缩机三相 U、V、W 的电流，而是用钳形表测量外机板 L 或 N 端的在线电流（如图 2-63 所示），正常情况下压缩机工作电流应在压缩机上标注的额定电流范围之内，不会相差太多，在排除室外风机和制冷（热）系统正常的情况下，如果电流明显偏大的话，一般是压缩机线圈之间存在短路故障。

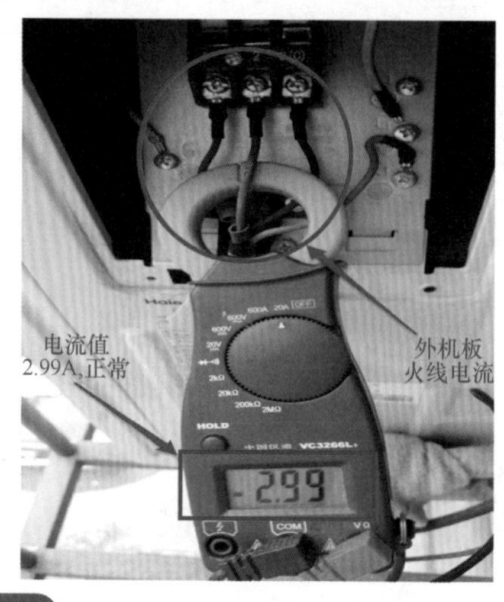

图 2-63　用钳形表测量外机板 L 或 N 端的在线电流

提示：交流变频压缩机可以用三相电启动，但电压不能高于 250V。直流变频压缩机因转子是永磁体制成，需要一个换向器才能正常工作。对于直流变频压缩机，模块就是换向器，所以直流变频压缩机不可以用三相电启动。

第十五节　IPM 模块的识别与检测

一、IPM 模块的识别

IPM（Intelligent Power Module，智能功率模块，如图 2-64 所示）是变频空调的一个主要部件。IPM 内部一般集成了多个 IGBT 管和半桥驱动电路（如图 2-65

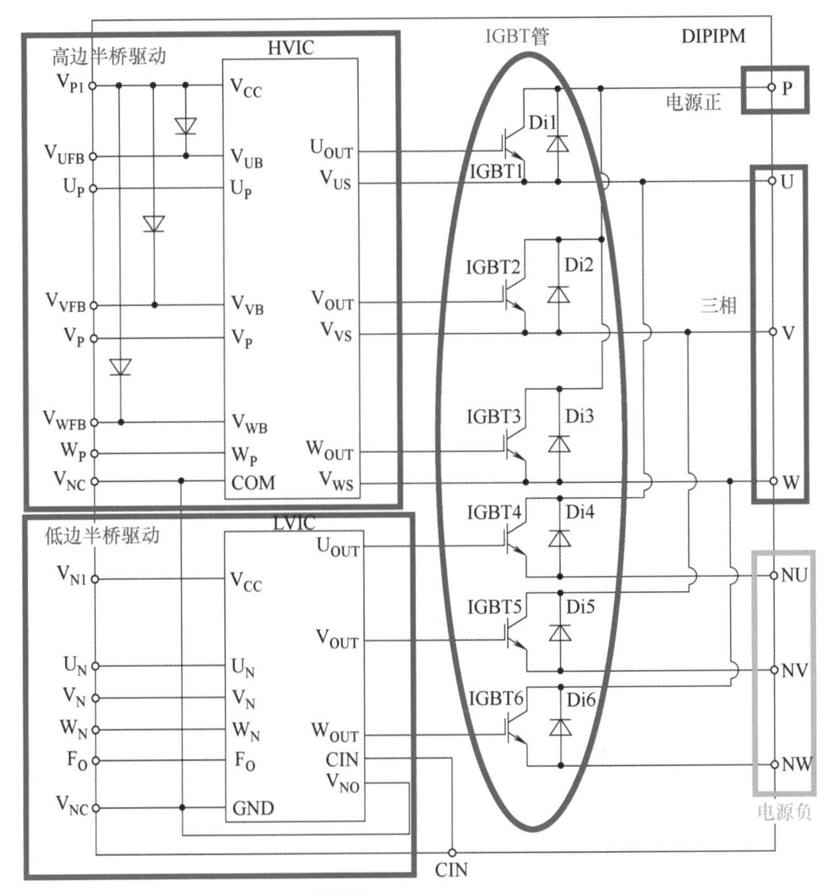

图 2-64　IPM 内部框图

所示），通常安装在大的散热片之下，所以不拆开散热片一般是较难看到的。变频压缩机运转的频率高低，完全由功率模块所输出的工作电压的高低来控制，功率模块输出的电压越高，压缩机运转频率及输出功率也就越大，反之，功率模块输出的电压越低，压缩机运转频率及输出功率也就越低。

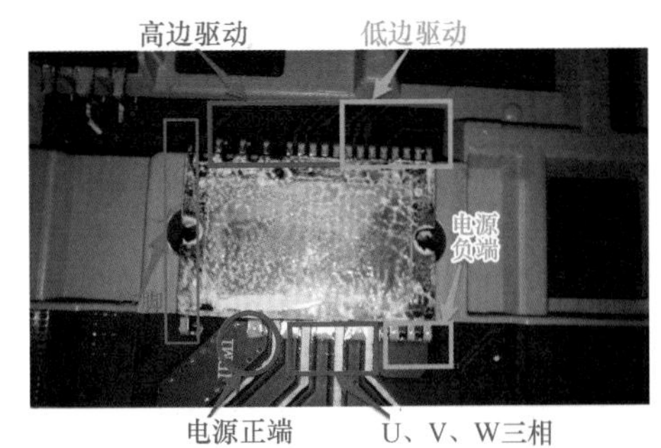

图 2-65　智能功率模块

功率模块内部是由三组（每组两只）大功率的开关管组成，其作用是将输入模块的直流电压通过三极管的开关作用，转变为驱动压缩机的三相电源。功率模块输入的直流电压（P、N 之间）一般为 310V 左右，而输出的交流电压一般不会高于 220V，如果是输出直流电，则输出的直流电一般不会高于 310V，因为功率模块没有升压的功能。

IPM 的引脚一般包含四个部分，即 310V 直流供电电源，U、V、W 三相输出，IPM 驱动，IPM 控制。如果功率模块与外机板是分离安装的，其 IPM 控制脚采用 10 芯或 11 芯连线进行连接。维修人员在拆装模块前，务必拍照记下不同线色对应于哪一个名称的连接点，以便再次连接时可以一一对应。不同的 IPM 模块，其连接点的位置会有很大的差异，切不可记错连线位置和对应点位置，造成二次故障。当然功率模块与外机板是一体板的就方便多了，连线直接印制在电路板上，无须记忆连线的位置。

二、IPM 模块的检测

IPM 的检测主要是检测其输入和输出电压是否正常，如果 IPM 功率模块的输入端无 310 V 直流电压，则表明该机的整流滤波电路有问题，而与功率模块无关；如果有 310 V 直流电压输入，而 U、V、W 三相间无电压输出，或 U、V、W 三相输出的电压不平衡，则基本上可判断功率模块有问题。当然这些检测是在电脑板输出的控制信号正常的情况下，若电脑板输出的控制信号不正常，也就是出现了故障代码，也会导致功率模块无输出电压。还有一种情况就是因为 IPM 自身保护。IPM 具有过压、过流、过载、过热等保护功能，一旦出现过压、过流、过载、过热故障，IPM 就会无电压输出，当然这时一般会出现故障代码，此时，将空调电源插头拔掉，等半个小时后再插上开机，一般 IPM 会恢复正常。

电压法检测 IPM 只是确定怀疑对象，但不能完全判断 IPM 一定损坏了，此时可采用电阻法检测 IPM。在未插电情况下，在路测量室外机功率板上的 U、V、W 三相与 P、N 两相之间的阻值（U、V、W 分别与 P 和 N 之间正向电阻值约为数欧，反向电阻值应无穷大，如图 2-66 所示）来判断功率模块的好坏。测量方法如下：用指针万用表的红表笔接 P 端，用黑表笔分别接 U、V、W 端，其正向阻值应相同。如其中任何一相阻值与其他两相阻值不同，则可判定该功率模块损坏；用黑表笔接N端，红表笔分别接U 、V 、W三端，其每相阻值也应相等。如不相等，也可判断功率模块损坏。同时还要检测功率模块 U、V、W 三相之间有无击穿、断路现象，若有击穿或断路，则说明 IPM 损坏，需要更换。

在判断模块是否正常之前，不得采用代换法去代换模块（也就是用正常的模块去代换原模块，以判断原模块是否损坏），因为模块驱动电路损坏也会产生同样的故障，当驱动电路损坏时，用正常模块去代换，又会二次损坏正常的功率模块，造成更大的损失。功率模块怕磁，不得接触磁性物体，也不得接触信号端子的插口，以防其内部击穿损坏。

提示：功率模块上的 P、N、U、V、W 五线，其任意两条线接错，只需要一次开机上电就会使模块损坏，造成较大的损失。

图 2-66　在路测量室外机功率板上的 U、V、W 与 P 之间的正反向电阻

第十六节　电抗器的识别与检测

一、电抗器的识别

电抗器（如图 2-67 所示）实质上就一个电感器，它是一个无导磁材料的空心线圈。电抗器的种类有很多，有空心电抗器、铁芯电抗器等，按其在电路上的连接方式分为串联电抗器和并联电抗器。在变频空调中使用的电抗器是一个直流电抗器，它位于整流和功率电路之间，主要用途是将叠加在直流电流上的交流分量限定在某一规定值之内，保持整流电流的连续，减小电流脉冲值，使功率输出环节运行更稳定并改善变频器的功率因数，提高变频空调的能效比。也就是说它是一个进行无功补偿的功率因数校正电抗器。

在变频空调中，电抗器应用在 PFC 电路（由 IGBT 开关管、整续流二极管、电抗器等组成）中，目的就是为了提高整机的功率因数，同时检测谐波电流。由于

PFC 电路应用在功率板，具有大电流、高电压的特点，所以变频空调一般采用独立式大电抗器（如图 2-68 所示），通过接插线连接功率板上的插座。

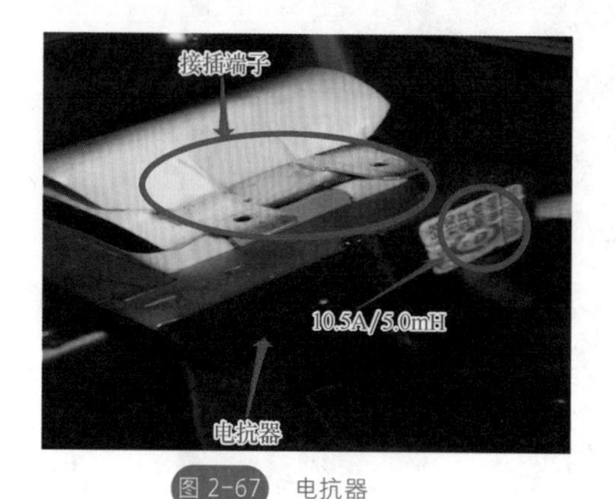

图 2-67　电抗器

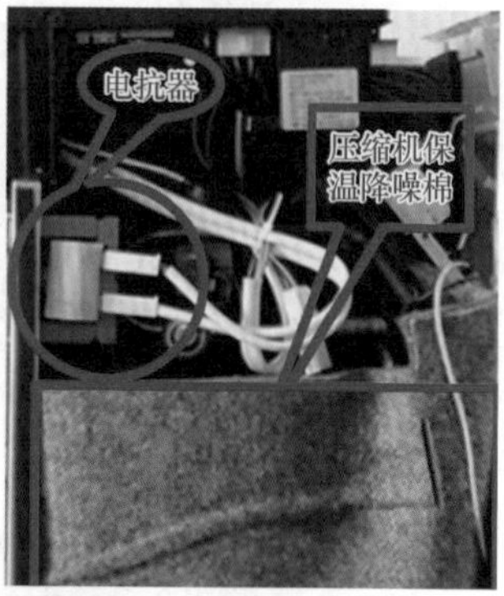

图 2-68　变频空调独立式大电抗器

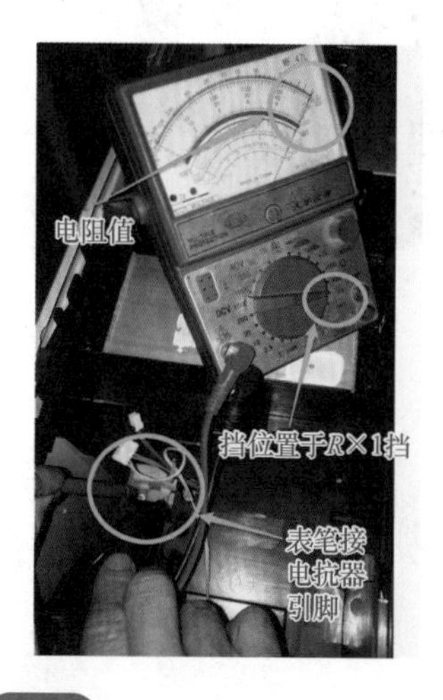

图 2-69　测电抗器线圈通断

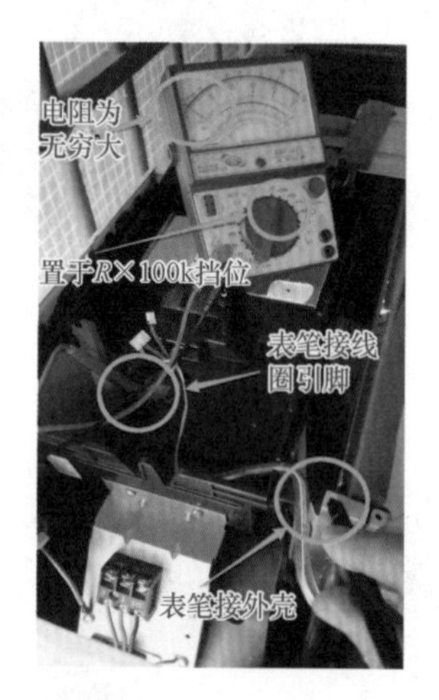

图 2-70　测量电抗器线圈与外壳之间的绝缘电阻

二、电抗器的检测

测量电抗器的好坏比较简单，用万用表检测其线圈的通断及其与外壳的绝缘电阻即可。将万用表调到 $R\times1$ 挡，两表笔连接电抗器的输入和输出端子，如果显示导通或者有低电阻值，说明电抗器是好的（如图 2-69 所示）；如果出现不导通，说明电抗器线圈已开路损坏。再检测其线圈与外壳之间的绝缘电阻应在 3MΩ 以上（如图 2-70 所示），若偏低或有电阻，则说明该电抗器线圈与外壳之间绝缘不良。

PG 电动机的识别与检测

一、PG 电动机的识别

PG 电动机（如图 2-71 所示）是指电动机的转速是由晶闸管的导通角来控制的，而不是由继电器来控制的电动机。PG 电动机只有两个绕组。PG 电动机使用电容感应式启动，内部含有启动和运行两个绕组。PG 电动机工作时通入单相交流电，由于电容的作用，启动绕组比运行绕组电流超前 90°产生磁场，于是在定子与转子之间产生旋转磁场，电动机便转动起来。在空调器中，PG 电动机常用作室内风扇的驱动电动机。

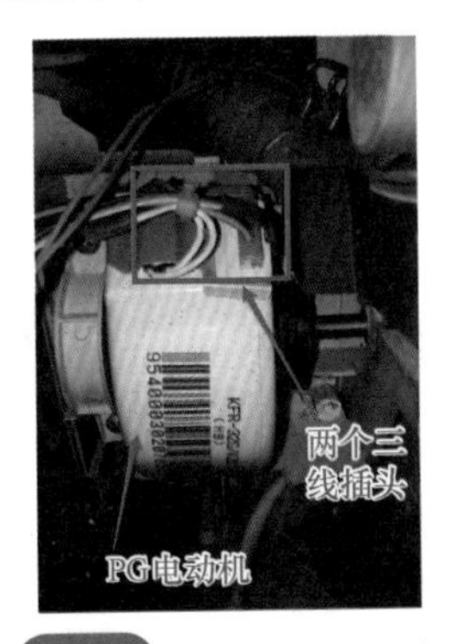

图 2-71 室内风扇 PG 电动机

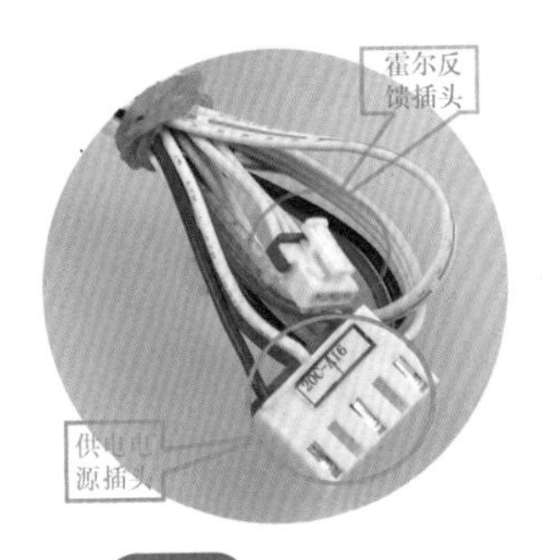

图 2-72 PG 电动机的两个插头

PG 电动机共有两个插头（如图 2-72 所示），六个接线端子：大插头是交流供电电源插头；小插头是霍尔反馈插头（电动机内部有三个霍尔元件），也有三根线，分别为 +5V、OUT 和 GND，它是用来反馈电动机转子的位置信息，该接头将电动机实际位置（代表转速）反馈到 CPU，CPU 根据霍尔信号来调整晶闸管的导通角，从而调整电动机的转速。

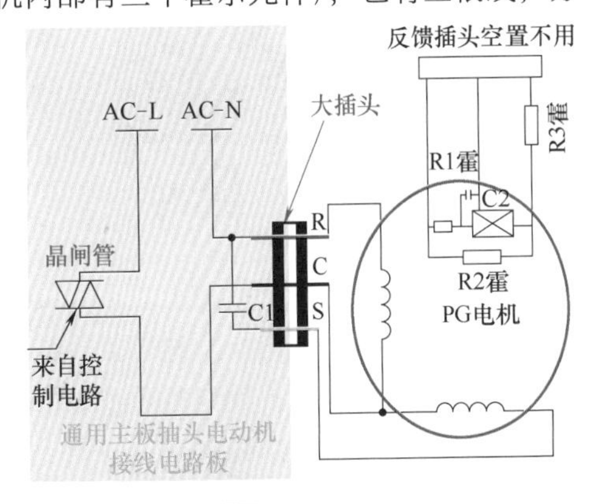

图 2-73 接线原理图

很多标有可带 PG 电动机的通用主板，实质上不是完整的 PG 电动机主板，一般只有大插头的接线座，没有小插头的接线座（图 2-73 所示为其接线原理图，图 2-74 所示为其实物图），也就是说没有电动机内部霍尔信号反馈接插件，不能调节电动机的转速，实质上就是把PG电动机以普通单相电容启动方式连接，这也是很多空调用通用板代换后室内风机运行风速过大的原因。因为没有将电动机霍尔反馈信号传送到CPU，电动机只是按照遥控指令的高、中、低风速来调节晶闸管的导通角，从而大致调整风速的大小，其实风速调节范围很小，基本都是以最大的转速在运转，所以会出现风速过大的现象。

提示：当S线与R线接反时，PG电动机就会反转，这也是很多维修人员换通用板后，发现风机反转的原因。将风机大插头上的S线、R线插针调换即可。

PG电动机与抽头电动机有点类似，但PG电动机有霍尔信号反馈线，所有PG电动机是六线，电压为90～170V；而抽头电动机则是五线的，电压是220V，它有三个抽头，分别接高、中、低三个抽头，还有两根220V的电源线，通过抽头改变电压，从而改变风速。图2-75所示为抽头电动机接线插座。抽头电动机保留一个抽头可改接PG电动机主板，但风速不可控。

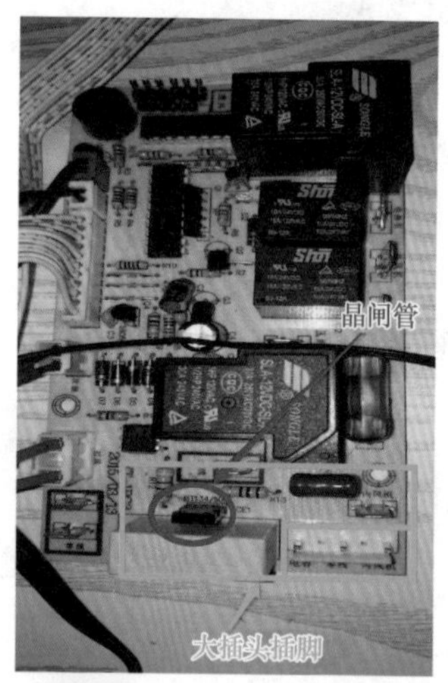

图2-74 万用板风机大插头

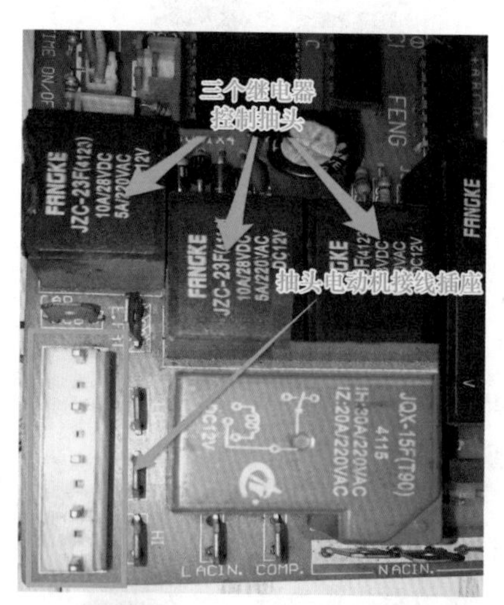

图2-75 抽头电动机接线插座

二、PG电动机的检测

检测PG电动机主要是检测大插头内部的绕组类别、绕组通断和小插头内部霍尔元件是否损坏。

检测大插头（通常为90～170V）内部的绕组类别，首先要分清S、R、C

三个绕组，这在进行PG电动机通用板代换时特别实用。大插头接的三个绕组S（启动端）、R（运行端）和C（公共端），其中S与R之间阻值最大，S与C之间的电阻次之，R与C之间的电阻最小。也可用万用表欧姆挡检测大插头内部三线中两两之间的阻值，阻值最大的是S与R端子，剩下的是C端子，再测量C端子与S、R之间的阻值，阻值大的是S与C，阻值小的是R与C。有些PG电动机的S、C之间与R、C之间的阻值相等，这时就要观察电容接线，直接跟启动电容串联的是S端子（如图2-76所示），从而可判断出S、R、C三个端子。

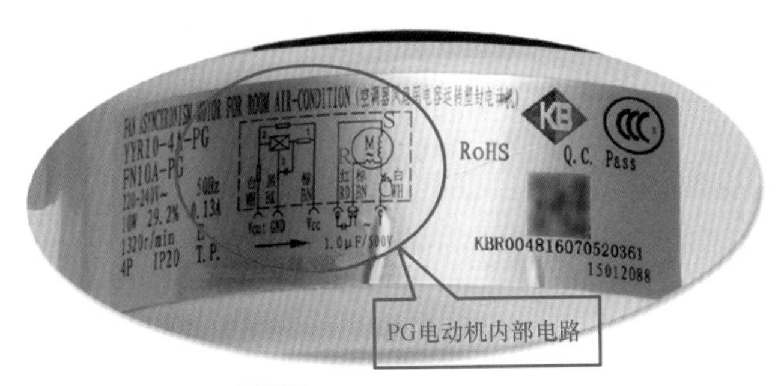

图2-76 PG电动机内部电路

检测小插头，可通过检测其三根引线的电阻和脉动信号来进行判断。小插头的三根线即三根霍尔线，分别为VCC（+5）、VOUT和GND，可测量这三根线之间的电阻来进行判断。正常情况下，VCC、GND、VOUT之间正反向均有数千欧的电阻，若电阻为0或无穷大，则说明霍尔元件可能已损坏。另外，正常的PG电动机每转动一周，会有脉冲信号，可用万用表的电阻挡检测到（指针会摆动），若指针不摆动，则说明霍尔元件已损坏。

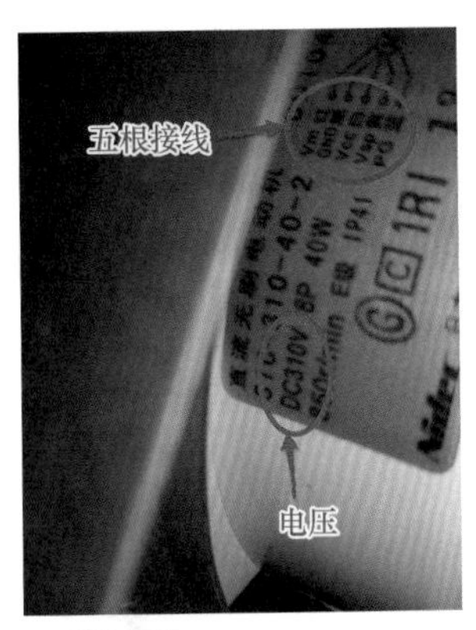

图2-77 五线无刷直流调速电动机

提示：全直流变频空调的室内外风机不是采用PG电动机，而是采用五线无刷直流调速电动机（一般为直流310V，接线如图2-77所示），将指针式万用表的直流电压（例如20V挡）挡接到Vm和GND直流电源线上，转动风机，万用表的指针会摆动。该风扇电动机内部滞有控制电路，主板通过调节Vsp的供电电压来调节风机的转速。五线分别为Vm（U、V、W三相绕组的直流励磁电压，一般为310V）、GND（负极）、V_{CC}（内部控制电路的工作电压，一般为15V）、Vsp速度控制电压（0～6V）、PG（电动机反馈输出电压，送回单片机的信号电压）。

提示：PG 风机与直流风机的区别如图 2-78 所示。

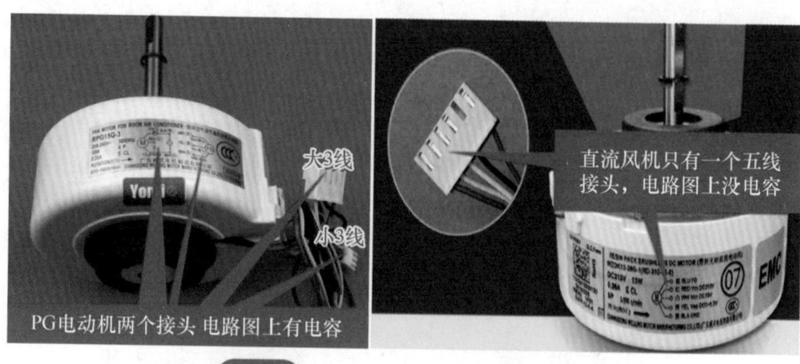

图 2-78 PG 风机与直流风机的区别

第十八节 二 / 三通维修阀的识别与检测

一、二 / 三通维修阀的识别

二 / 三通维修阀（如图 2-79 所示）是连接空调器室内外机的阀门，其中二通阀连接高压管（细管、吐气管），三通阀连接低压管（粗管、吸气管）和维修口，这个维修口是用来抽真空、加注或放出制冷剂的。每个维修阀内部都有一个可开关的阀门，用来打开或关断管道。用内六角扳手插入开关阀，顺时针旋转是打开阀门，逆时针旋转是关断阀门。

图 2-79 二 / 三通维修阀

二、二 / 三通维修阀的检测

二 / 三通维修阀的检测主要是检测阀门是否漏气。取下标有 GS 和 HJ 的阀盖，露出管口，用肥皂水涂在管口上（如图 2-80 所示），看肥皂泡是否破，若存在破灭现象，则说明阀门存在漏气。用内六角扳手将阀门旋松（开）或旋紧（关），如图 2-81 所示，用肥皂水涂在管口上，看肥皂泡还是否破灭，若存在破灭现象，则可判断阀门存在漏气故障。同样，取下制冷剂加注阀的阀帽，其内部为制冷剂加注气门嘴（如图 2-82 所示），采用同样的方法可检查气门嘴是否漏气。若气门嘴存在漏气，则需要更换阀内的气门嘴。

图 2-80　检查是否漏气

图 2-81　用内六角扳手将阀门旋松或旋紧

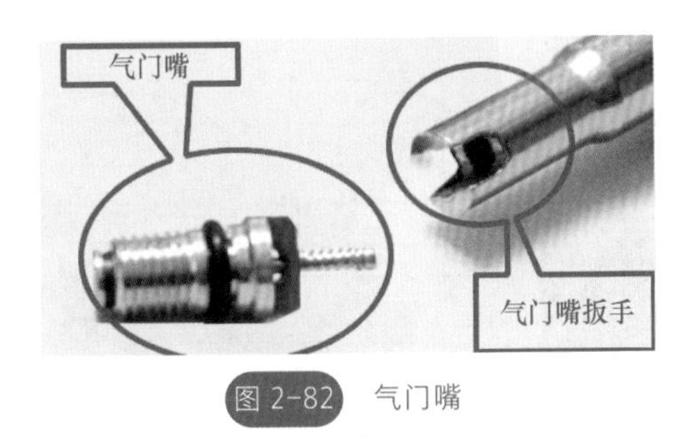

图 2-82　气门嘴

提示：空调开机正常运行之前，一定要将二通阀和三通阀的内部开关逆时针旋转到全开的位置，否则，若忘记打开阀门就开机，不但不会制冷或制热，反而会导致管路压力过高而发生爆破故障，造成伤亡事故。

第十九节　电磁四通阀的识别与检测

一、电磁四通阀的识别

电磁阀（图 2-83 所示为空调常用电磁四通阀）是空调器的一个重要部件，它是用来进行电磁控制或调整介质的方向、流量、速度及其他参数的一个自动化基础元件，属于执行器件。常用的电磁阀有开关阀、单向阀、安全阀、方向控制阀、速度调节阀等。空调器中的电磁阀主要是方向控制阀，如电磁四通阀。

空调器的电磁四通阀（在室外机主板上的插线接口上有 VALVE 标记），如图 2-84 所示，它是由先导阀的毛细管气流控制主阀的活塞运行，由主阀控制高压管与哪根管子相通，先导阀的弹簧推动先导阀的凸形阀体运行，凸形阀体挡住两根毛细管（2、3 号）的出口，让高压毛细管（图中为 1 号管）与 4 号毛细管相通，主阀内部的拱桥形活塞往 2 号毛细管的方向运行，于是主阀内部的拱桥形活塞挡住了 B、C 管子，A 管与 D 管相通（B、C 管内部自通），也就是压缩机的出气管与室外机冷凝器相通，此为空调的制冷模式；当用户将工作模式转换为制热模式时，四通电磁阀的电磁线圈得电，电磁力克服先导阀的弹簧推动力向右运行，先导阀的凸形阀体挡住另两根毛细管（3、4 号）的出口，让高压毛细管（图中为 1 号管）与 2 号毛细管相通，主阀内部的拱桥形活塞往 4 号毛细管的方向运行，于是主阀内部的拱桥形活塞挡住了 C、D 管子，A 管与 B 管相通（C、D 管内部自通），也就是压缩机的出气管与室内机蒸发器相通，此为空调器的制热模式。

图 2-83　电磁四通阀

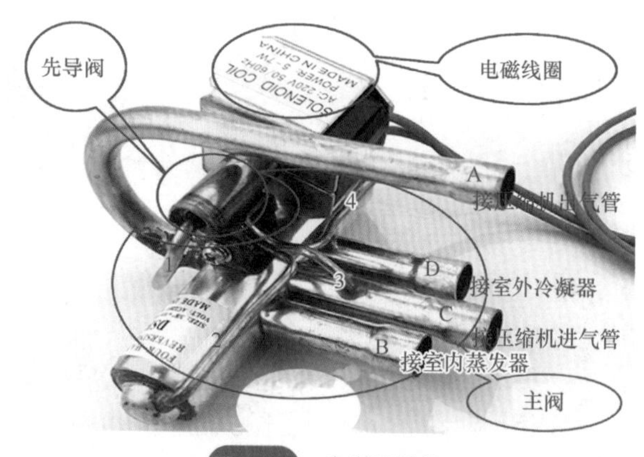

图 2-84　电磁四通阀

提示：空调器为什么采用四通阀而不采用三通阀？其实只要三通阀就可以改变制冷和制热模式，那是因为要方便管路的连接。压缩机出气口和进气口各需要一个管口，蒸发器和冷凝器各需要连接一个管口，于是就需要四个管口，因而采用四通阀。但四通阀其实还是三通阀的功能，有两个管口是自通的。同时，电磁四通阀的主阀采用流体压力推动，而先导阀则采用弹力和电磁力推动。

二、电磁四通阀的检测

检测电磁四通阀时，首先切断电源，用万用表 $R\times100$ 挡测量电磁线圈接线

（该插头插在主板的 VALVE 上，如图 2-85 所示）的直流电阻值和通断情况。图 2-86 所示为测量某变频空调的电磁四通阀线圈电阻，其电阻值为 2200Ω，正常。当测量的直流电阻值远小于规定值或为无穷大时，说明电磁线圈内部存在局部短路，应更换同型号的电磁线圈，阀体不用更换。

提示：在更换电磁阀时，应注意在没有将电磁线圈套入中心磁芯前，不能做通电检查，否则易烧毁电磁线圈。

图 2-85 电磁阀线圈插座

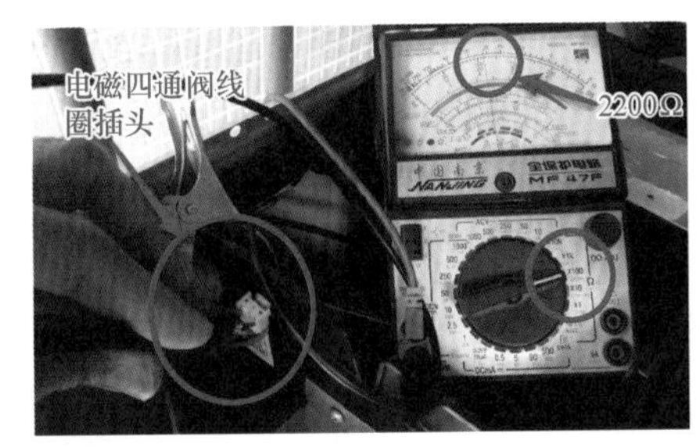

图 2-86 测量某变频空调的电磁四通阀线圈电阻

第二十节 电子膨胀阀的识别与检测

一、电子膨胀阀的识别

电子膨胀阀（图 2-87 所示为其实物图）是毛细管和热力膨胀阀的升级产品，在旧式空调器中大多采用毛细管来完成节流的工作，在新式空调器中则大多采用电子膨胀阀来完成节流的工作。电子膨胀阀比传统的毛细管调节供液量更精准，它能按照预设程序调节热交换器的供液量，是一种电子式调节模式。空调器采用电子膨胀阀后，为空调智能化自动控制提供了条件，即通过电子膨胀阀自身调节的方式来控制压缩机对空调冷媒的输出量，从而改变空调蒸发器最后输出的冷（热）风的流量和温度，达到自动控制室温的目的。

图 2-88 所示为电子膨胀阀的工作原理。电子膨胀阀有电磁式的也有电动机式的，由于电动机式的控制精度更高、更方便自动控制，目前在空调器中的电子膨胀阀大多采用电动机式，也就是由步进电动机控制螺纹阀针行程，从而控制阀口的出液量。

图 2-87 电子膨胀阀

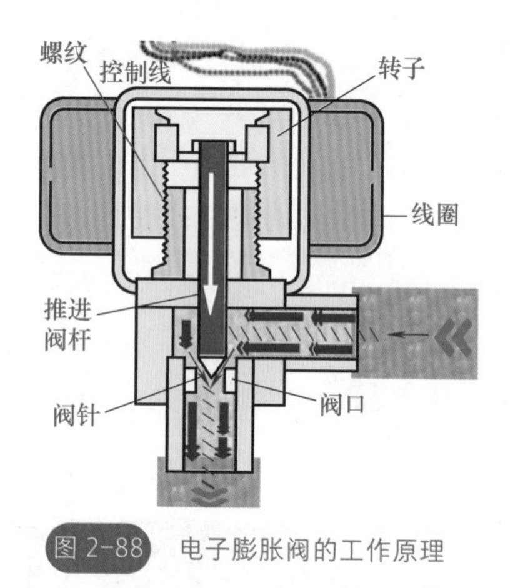

图 2-88 电子膨胀阀的工作原理

电子膨胀阀线圈的引线一般为六线式（也有五线式的，就是公共端合成了一根线），两个公共端，四个相线端。其中，两根相线是正向相线，另两根相线是反向相线，用来控制步进电动机的正转和反转，如图 2-89 所示。

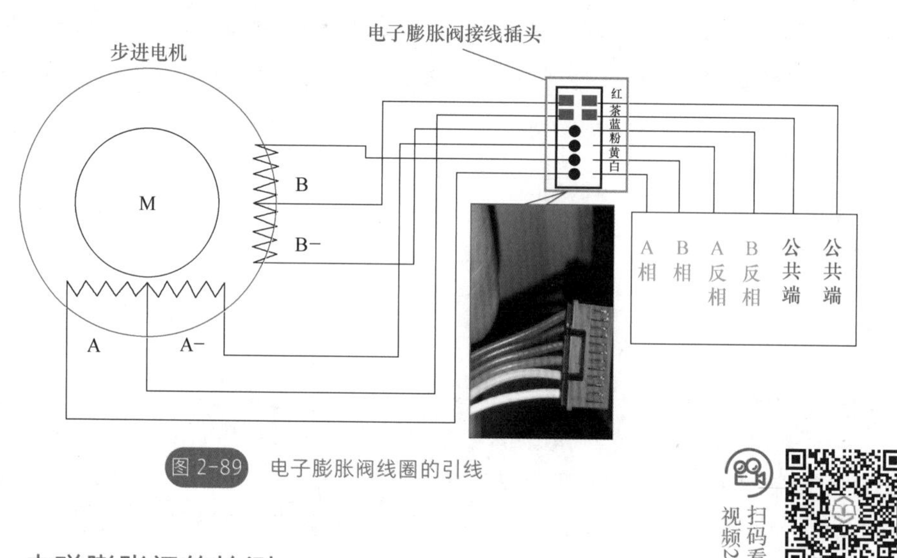

图 2-89 电子膨胀阀线圈的引线

扫码看视频2-6

测量电子膨胀阀引线

二、电磁膨胀阀的检测

电子膨胀阀的检测分两个部分。一是检测电子膨胀阀的线圈是否正常。首先观察电子膨胀阀的线圈是否固定在阀体上，若移位了则要将其校正。再用万用表 $R\times200$ 挡测量电子膨胀阀线圈两公共端与对应两个绕组的阻值是否正常（因接插头较小不好测量，建议采用尖头表笔插入线缝进行测量）。正常时红线与茶色线不通，红线与蓝线、黄线之间有电阻且阻值相同（约为 46Ω），红线与其他线电阻为无穷大，茶色线与粉线、白线之间有电阻且阻值相同（约为 46Ω），茶线与其他线电阻为无穷大。当应当相通的引线之间测得的阻值为无穷大或与正常值相差较大时，则说明线圈已损坏，需要更换同规格电子膨胀阀的线圈。

二是检测电子膨胀阀的阀针是否卡死。正常情况下，在关机状态下，阀针处于最大开度。此时可断开电子膨胀阀的引线插头，再开机，手摸管道是否有制冷剂流动感，如果没有，则说明阀针卡死。通过敲击电子膨胀阀，观察故障能否消除，如还不能消除，则说明电子膨胀阀损坏，只能更换同规格电子膨胀阀。

过载保护器的识别与检测

一、过载保护器的识别

空调压缩机过载保护器（如图 2-90 所示）是应用在压缩机上的过电流和过热保护器。过载保护器的外壳与空调压缩机壳体或绕组表面紧贴，通过感知压缩机外壳或绕组的温度进行过热传感，而电流则是直接通过过载保护器内部限流的，当电流过流时，过载保护器动作。

图 2-90 空调压缩机不同功率的过载保护器

过载保护器包括内置式过载保护器和外置式过载保护器。内置式过载保护器安装在压缩机里面的绕组上，直接感受压缩机电动机绕组的温度，检测灵敏度较高。外置式过载保护器装在压缩机的接线盒内，紧贴在压缩机的外壳上，随时感受机壳温度。当电源接通时，如果电动机不能正常运转，而出现电流过大的现象，过载保护器因电流过大而升温，达到一定温度后自动切断电源回路，从而起到保护的作用。当温度降低时，过载保护器复位，又可继续起到保护作用。所以过载保护器具有过载、过热双重保护作用。

过载保护器用于单相空调压缩机时，保护器串接在全电流通过的共用线上；当过载保护器应用在三相空调压缩机时，保护器串接在三相线中的任意两条线上。当过载保护器断开时，压缩机缺了两相，会立即启动缺相保护而断电。

二、过载保护器的检测

检测过载保护器，可用万用表的 $R\times1$ 电阻挡进行检测，它的两个接线柱在正常温度下是导通的，若检测其电阻为无穷大，则说明过载保护器已经损坏。对于单相空调压缩机，只要检测 R、S、C 引线的通断即可判断；对于三相压缩机只要检测 U、V、W 引线之间的通断即可判断（如图 2-91 所示）过载保护器是否正常。

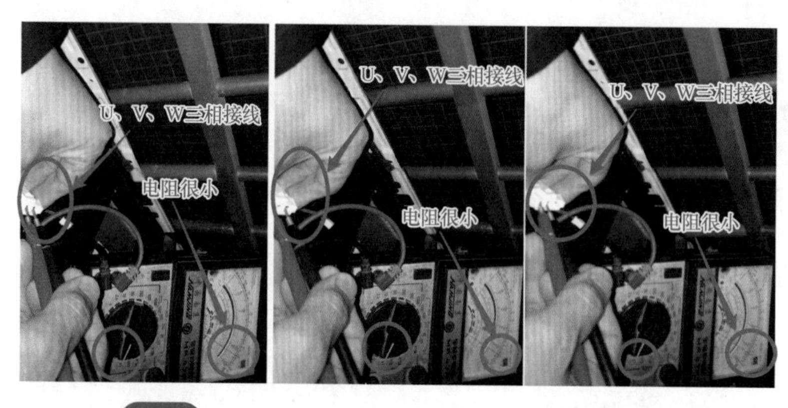

图 2-91 检测 U、V、W 引线之间的通断判断过载保护器

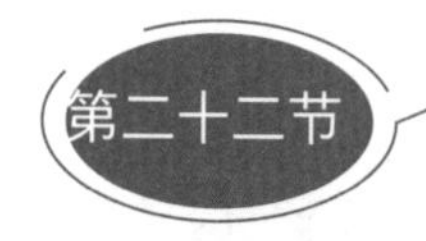

温度传感器的识别与检测

一、温度传感器的识别

空调温度传感器（如图 2-92 所示）是空调器的主要传感元件，用来检测空调器的室内、室外、盘管、环境、压缩机吐气口和吸气口等处的温度。空调温度传感器一般是负温度系数热敏电阻制成，也就是说，温度越高，电阻越小。按封装分为环氧树脂探头和金属探头两种，环氧树脂探头温度传感器用来检测环境温度，金属探头温度传感器用来检测盘管或压缩机温度。温度传感器的标称电阻一般是指 25℃时的电阻，国内外空调选用的室内外温度传感器在 25℃时的阻值约为 5kΩ、10kΩ、15kΩ、23kΩ、400kΩ 等，不同温度下，其阻值是不用的。

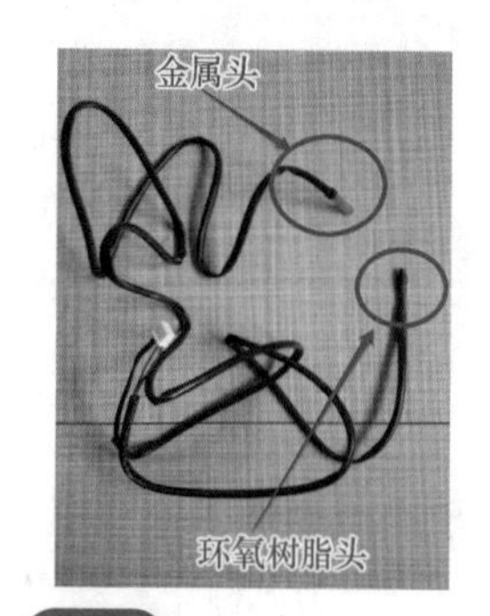

图 2-92 空调温度传感器

二、温度传感器的检测

温度传感器的检测

检测温度传感器主要是检测其在25℃下的开路电阻值与标称值是否一致，并且随着温度不断变化，其阻值是否相应发生变化。若阻值与标称值基本一致，且阻值能随温度变化而变化，则说明温度传感器是正常的。

提示：温度传感器接插件在主板上用不同的英文表示：HW或TO表示室外环温传感器、CS或TS表示除霜温度传感器、XQ或TE表示吸气（进气）温度传感器、TQ或TD表示吐气（排气）温度传感器、ROOM表示室内环温传感器、PIPE表示室内管温传感器。

第二十三节 接插件的识别与检拆

一、接插件的识别

空调器上的接插件较多，更换主板时，很多接插件较难拆下，其实不同的接插件有不同的拆卸方法。空调器常用的接插件有：信号线接插件（如图2-93所示）、田宫接插件（如图2-94所示）、插簧（如图2-95所示）、公母连接器（如图2-96所示）、接线端子排（如图2-97所示）、插片式接线端子排（如图2-98所示）。

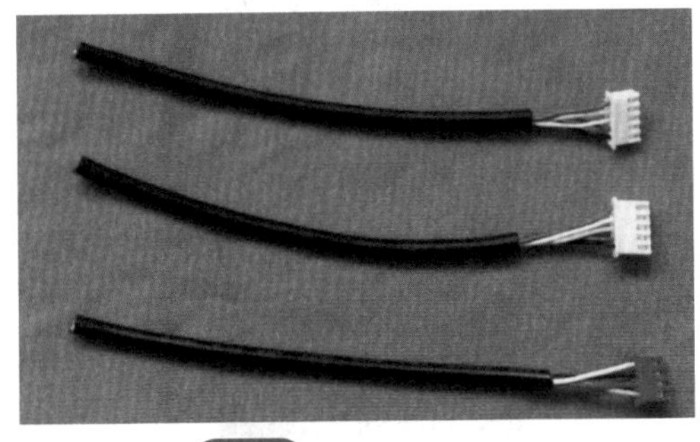

图2-93 信号线接插件

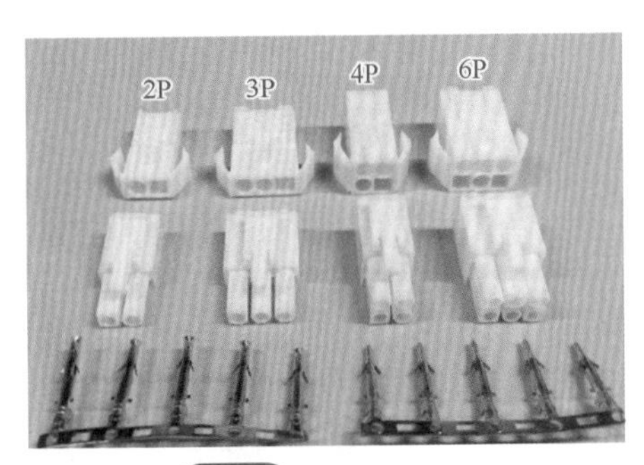

图2-94 田宫接插件

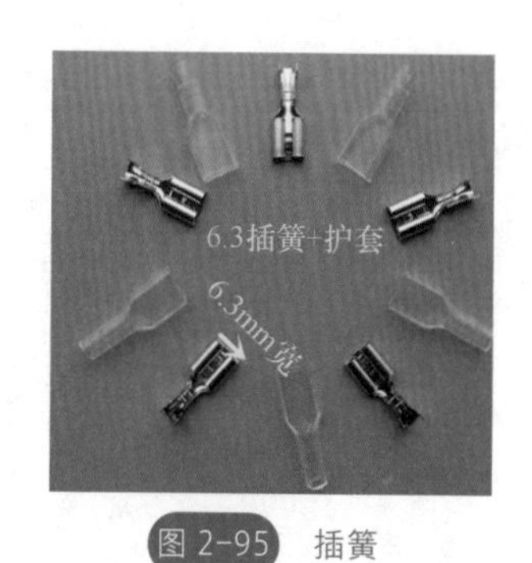

图 2-95　插簧

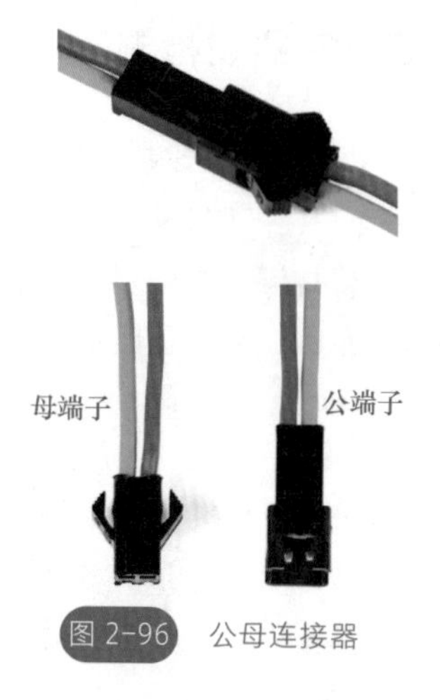

图 2-96　公母连接器

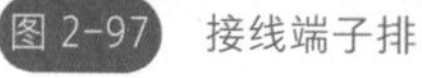

图 2-97　接线端子排

图 2-98　插片式接线端子排

二、接插件的检拆

扫码看视频2-8

接插件拆卸方法

空调接插件较多，不同的接插件，其拆装方法不同，掌握拆装方法就很容易拆开，用力拔拉容易损坏接插件。一般的信号线接插件，用手按住插头上的套钩（如图2-99所示）用力往外拉即可拉出。但有的接插件带有防脱倒销（如图2-100所示）或锁片（如

图 2-99　按住插头上的套钩

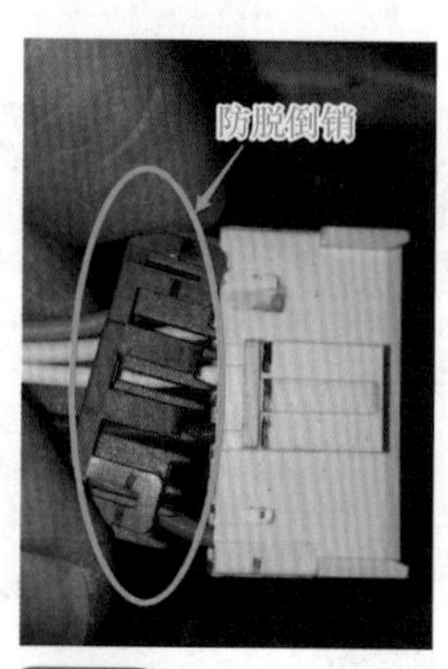

图 2-100　带有防脱倒销

图 2-101 所示），必须先将其拆除才能将插头拔出。插簧则有防脱卡，必须按下防脱卡销（如图 2-102 所示）才能将插簧拔出。还有些接插件是用热熔胶固定的，必须先将热熔胶去掉（如图 2-103 所示）才能拔信号线。接插件只要用万用表的通断挡检测各插线之间的通断情况（如图 2-104 所示）就可判断接插件是否正常，但要注意接插件之间的接触电阻，接触电阻过大也是不行的，应更换接插件。

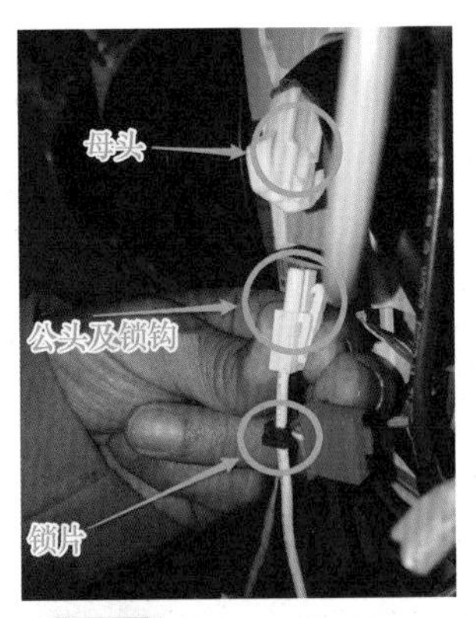

图 2-101　带锁片的公母头

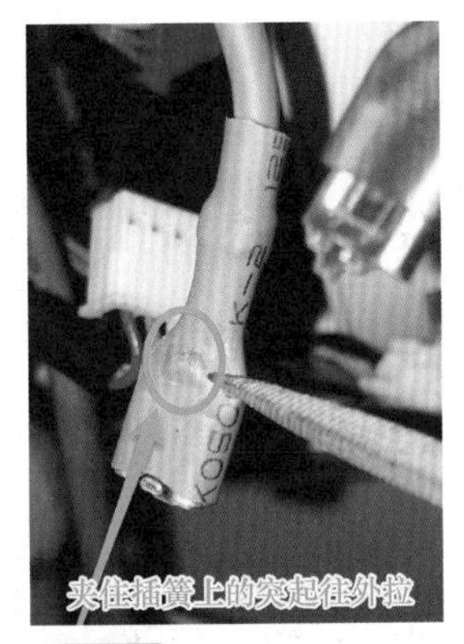

图 2-102　按下防脱卡销

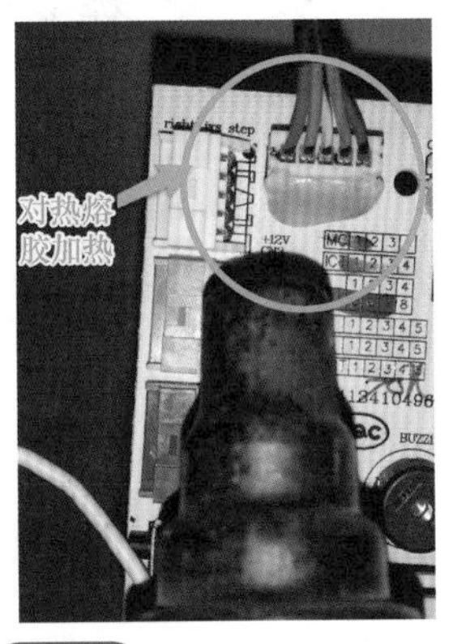

图 2-103　将热熔胶加热去掉

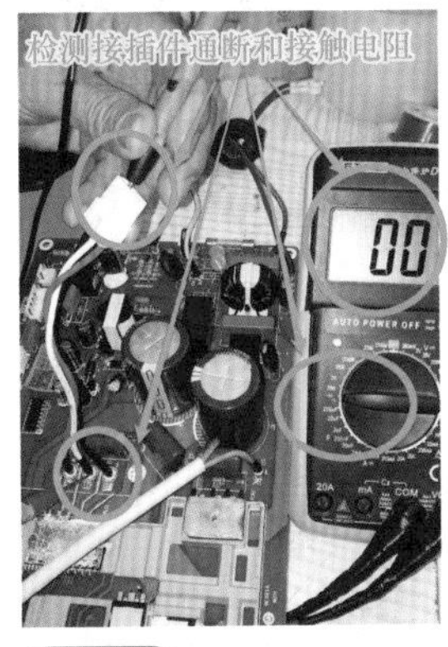

图 2-104　检测接插件通断和接触电阻

第二十四节　加液套装的识别与连接

一、加液套装的识别

在空调制冷系统安装维修中，检测制冷系统的压力和加注制冷剂是维修的基本功，经常要用到定频/变频空调加液套装（如图2-105所示）。加液套装包括加液表头、空调（R410或R32）加液接头、加液阀门、万能开瓶器、英转公转换头（公制的比英制的外径大1mm左右，公制头与英制头最直观的识别方法如图2-106所示）等。空调上的三通维修阀的接口有公制外丝、英制外丝的就要用到英转公或公转英的转换头（如图2-107所示）。定频空调和变频空调的接头也是不同的，所以加液接头要根据维修空调类型来配备。当然作为一名专职的维修人员，管线和接头应配齐全套，以防出现上门维修时加液管道接口配不上的情况。

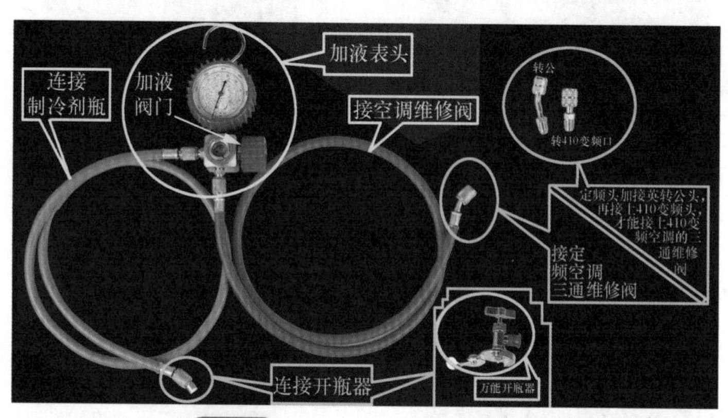

图2-105 定频/变频空调加液套装

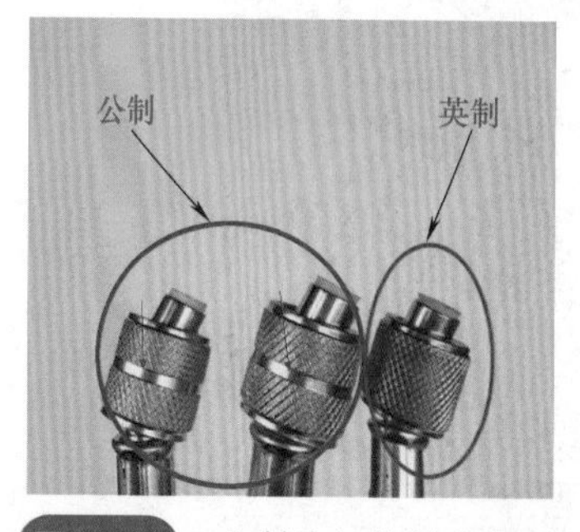

图2-106 公制头与英制头最直观的识别方法

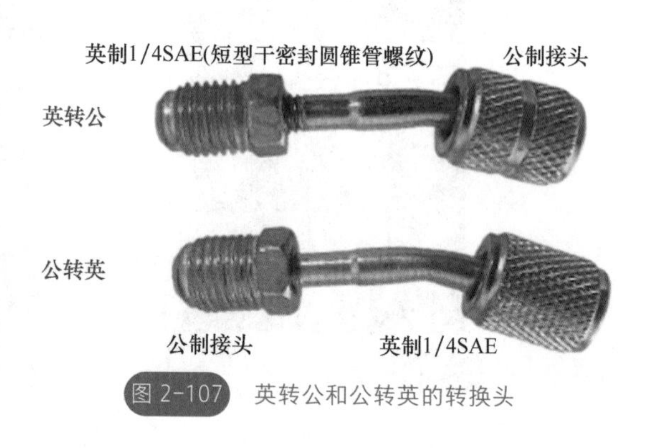

图2-107 英转公和公转英的转换头

二、加液套装的连接

要将制冷剂瓶、加液管、加液表头与空调维修阀连接起来，不同的空调会稍有差别，因为维修阀接口有公制接口和英制接口，定频空调与变频空调维修阀的接口也不一样。以下用图片直观展示其连接方法，R22定频空调加液套管的连接方法如图2-108所示；R410变频空调加液管连接方法如图2-109所示。

维修人员应熟知连接方法和25℃时大致应加注到的表压值。实际加液连接如图2-110所示。R32制冷剂一般采用标有R32刻度的压力表加液套装进行加注（如图2-111所示），其连接方法与R410a一样，但加注方法不同，后续会介绍其加注方法。

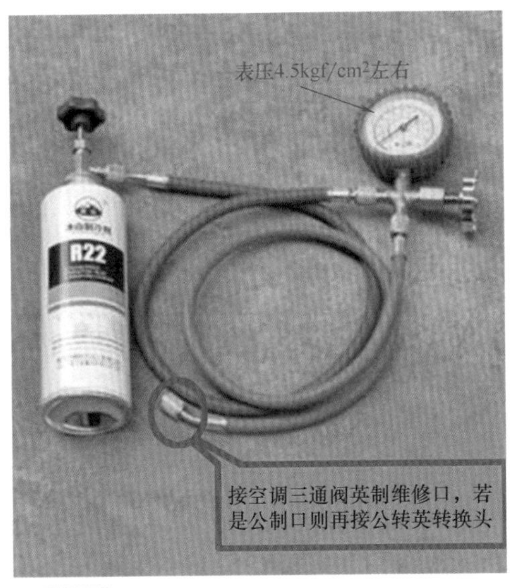

图2-108 R22定频空调加液套管的连接方法

（$1kgf/cm^2$=98.0665kPa，下同）

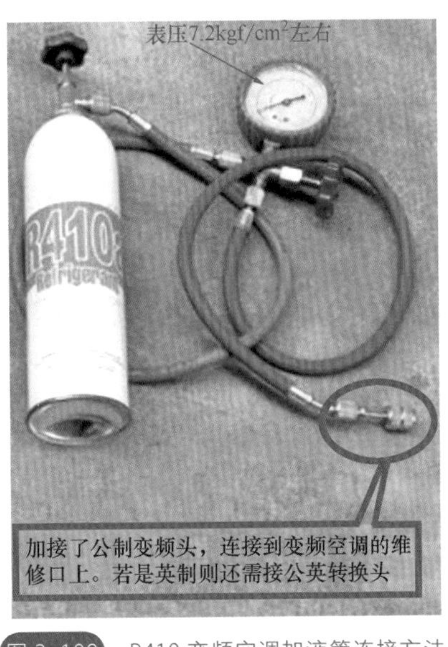

图2-109 R410变频空调加液管连接方法

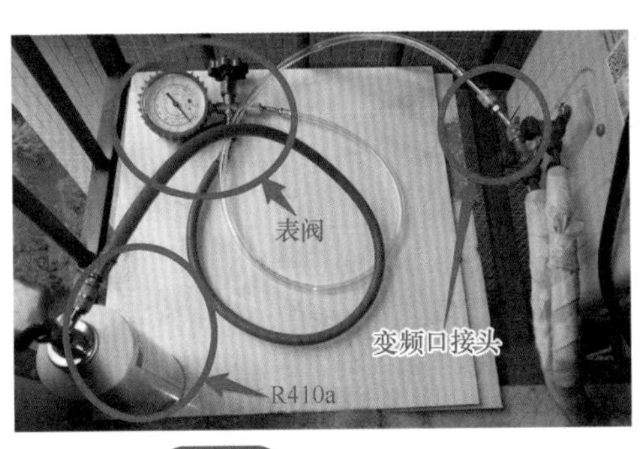

图2-110 实际加液连接

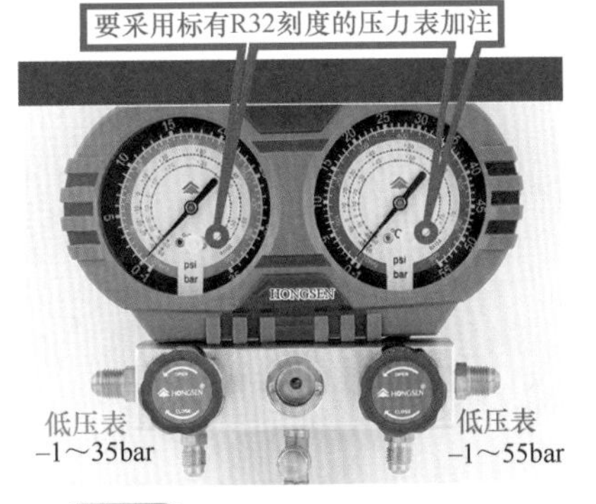

图2-111 标有R32刻度的压力表

（1bar=10^5Pa）

第三章 空调器结构原理

第一节 外观及功能

空调器因使用环境不同，外观有多种，如窗式空调（如图 3-1 所示）、挂式空调（如图 3-2 所示）、柜式空调（如图 3-3 所示），还有中央空调（如图 3-4 所示）。

图 3-1 窗式空调

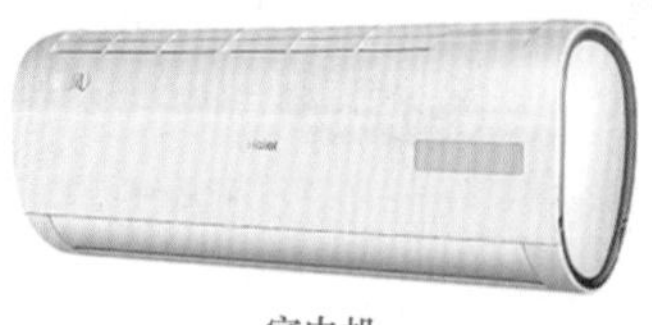

室内机

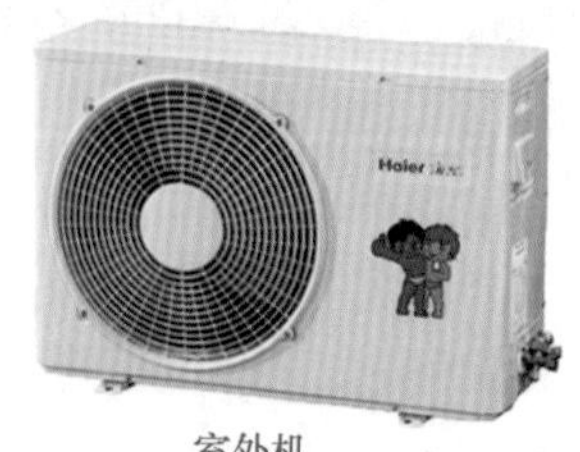

室外机

图 3-2 挂式空调

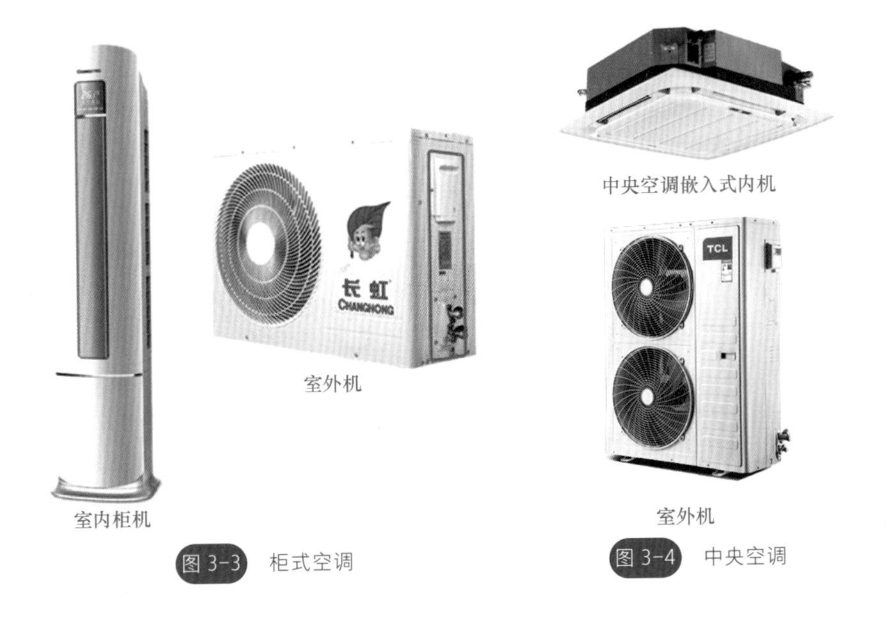

图 3-3　柜式空调

图 3-4　中央空调

以上空调器的外观不尽相同，但其功能是基本相同的，主要功能是制冷、制热、除湿、送风，当然还有一些新功能，如杀菌、除 PM2.5、除甲醛、负离子净化（图 3-5 所示为负离子净化功能）、换新风、WIFI 等功能（图 3-6 所示为利用 WIFI 连接实现手机远程控制），目的就是为使用者提供一个舒适、洁净、环保的环境，同时为搭建智能家居提供基础支持。

图 3-5　负离子净化功能

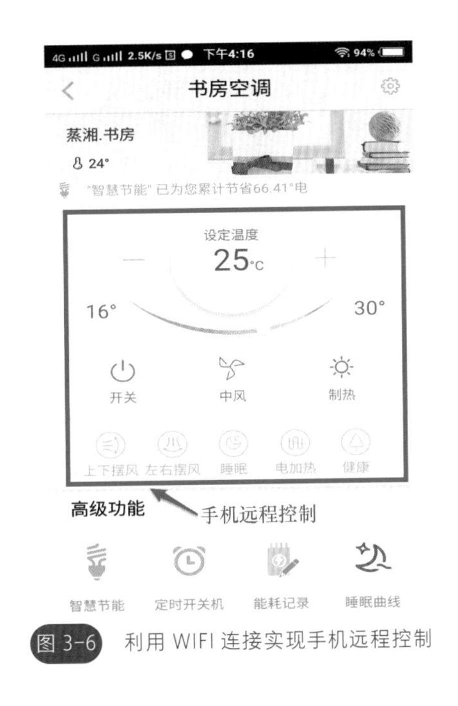

图 3-6　利用 WIFI 连接实现手机远程控制

第二节 结构组成

空调器的结构组成中既有电路组成又有管路组成，还有动力设备和外壳组成（如图 3-7 所示）。电路、管路、设备、外壳组成一个完整的空调整体。电路组成中包括按键显示板、电源板、室内机主板、室外机主板和变频板，有些变频空调器将上述电路进行了整合，整合成了室内机主板、室外机主板和显示板；而定频空调电路组成则更为简单，只有室内机主板和显示板，没有室外机主板，室外机直接受控于室内机主板。下面分别介绍空调器的结构组成。

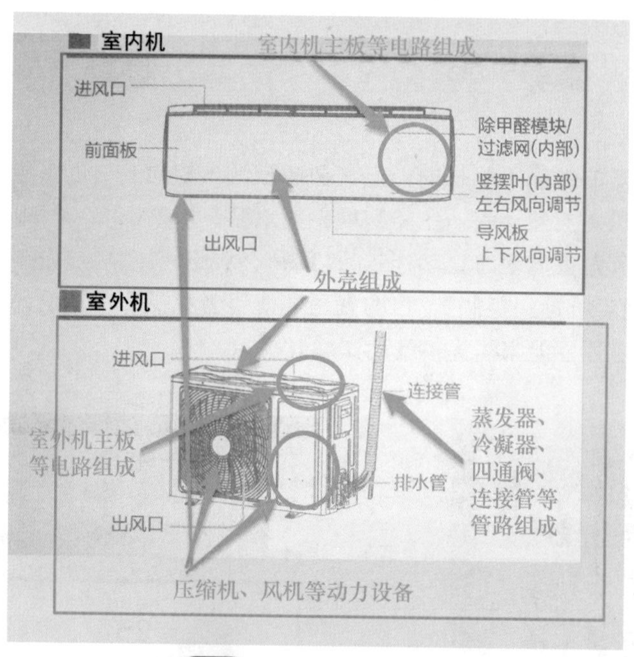

图 3-7 空调器的结构组成

第三节 电路组成

一、室内机电路板

定频空调室内机电路板是室内机和室外机的主控板，一般定频空调只有一块室内机主板（图 3-8 所示为定频空调典型电路组成实物标识图），有的定频空调室内机主板有两块，一块是电源和继电器主板（如图 3-9 所示），一块是单片机控制板（如图 3-10 所示），也就是说一块板强电较多，一块板以弱电为主。不管是一块板还是两块板，其组成是一样的，只是将一块板分成了两块板，两种类型的板子一般均外接遥控按键板（如图 3-11 所示）。定频空调室内机主板损坏时，可用

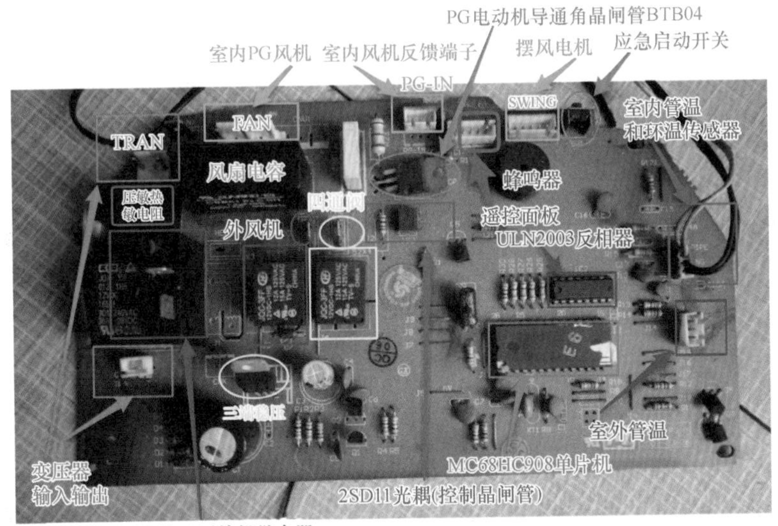

图 3-8　定频空调典型电路组成实物标识图

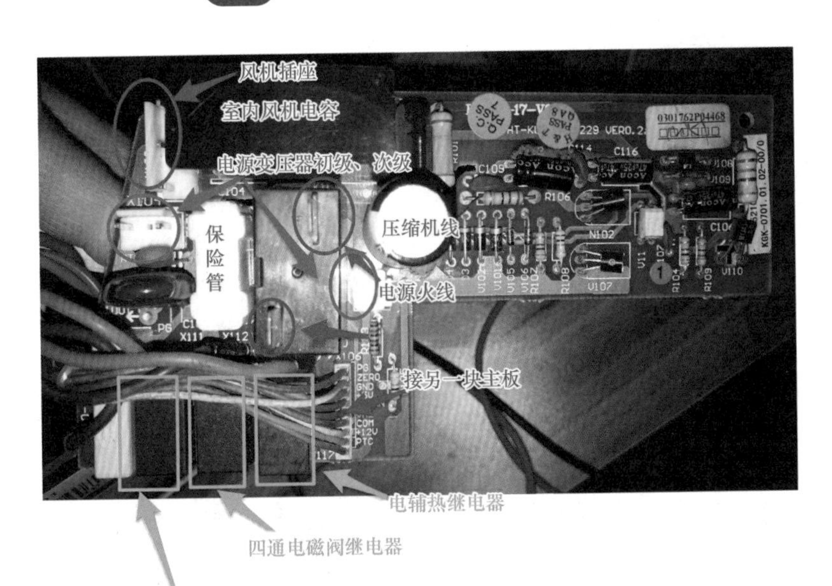

图 3-9　电源和继电器主板

定频空调万能主板（如图 3-12 所示，万能主板上是中文标识，容易分辨接插件）进行代换，万能主板则大多是一块板。不管是哪种类型的电路板，维修人员必须弄清楚板上主要芯片和接线端子及其功能，这是维修的基本功。

变频空调室内机电路板比定频空调复杂得多，其主要功能是控制室内机的工作状态，并能与室外机主板进行通信，将整机的工作状态通过显示板显示出来。变频空调室内机与室外机相对独立，室外机也有独立的控制主板。室内机主板通过通信线（一般是一根 COM 线）与室外机相连，没有了控制室外机的电磁阀线、压缩机线、传感器线，其外部接口只是连接室内机的。图 3-13 所示为直流变频空调室内机电路板正面组成，图 3-14 所示为直流变频空调室内机电路板背面组成，图 3-15 所示为室内机主板与室外机主板之间的连线端子。

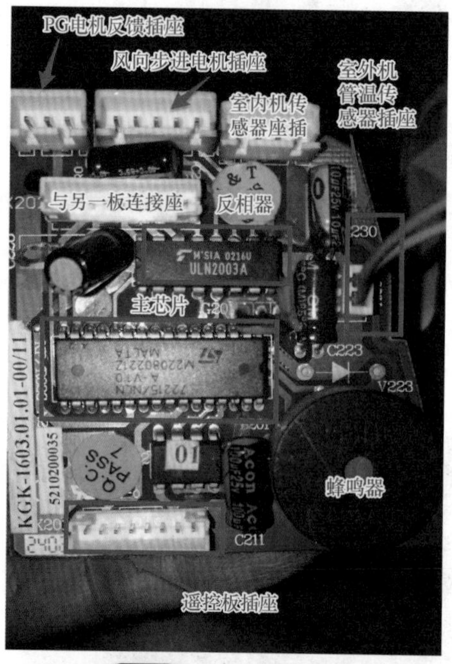

图 3-10 单片机控制板

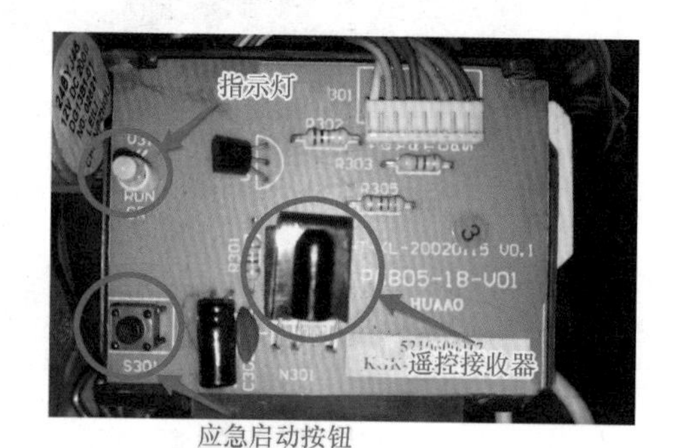

图 3-11 遥控按键板

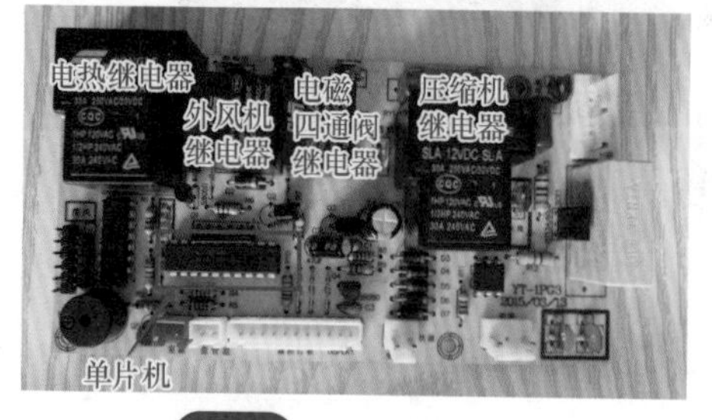

图 3-12 空调万能主板

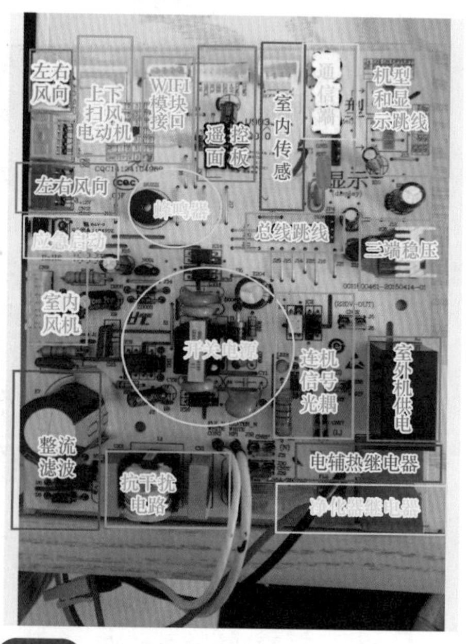

图 3-13 直流变频空调室内机电路板正面组成

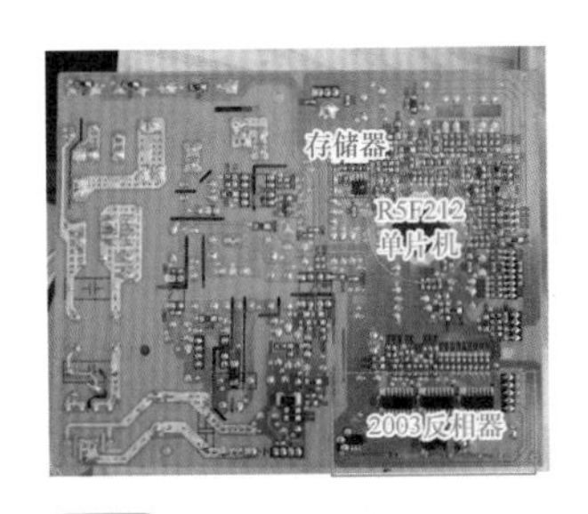

图 3-14　直流变频空调室内机电路板背面组成

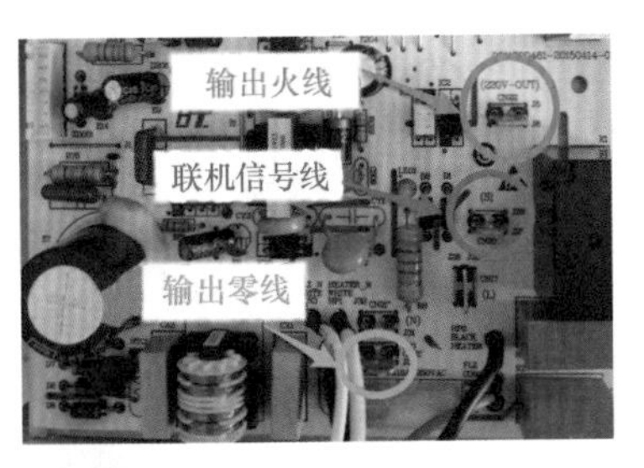

图 3-15　室内机主板与室外机主板之间的连线端子

二、室外机电路板

变频空调室外机电路板比定频空调要复杂得多，定频空调室外机一般没有电路板，而变频空调则有独立的电路板。其主要功能是控制室外机的工作状态，并能与室内机主板进行通信，将整机的工作状态通过外机板的指示灯显示出来，同时送到室内机，通过面板进行状态显示。变频空调室外机与室内机相对独立。室外机主板通过通信线（一般是一根 COM 线）与室内机相连，控制室外机的电磁阀线、压缩机线、传感器线均在室外机的主板上。图 3-16 所示为室外机电路板正面电路组成，图 3-17 所示为室外机电路背面电路组成，图 3-18 所示为室外机与室内机之间的三个连线端子。

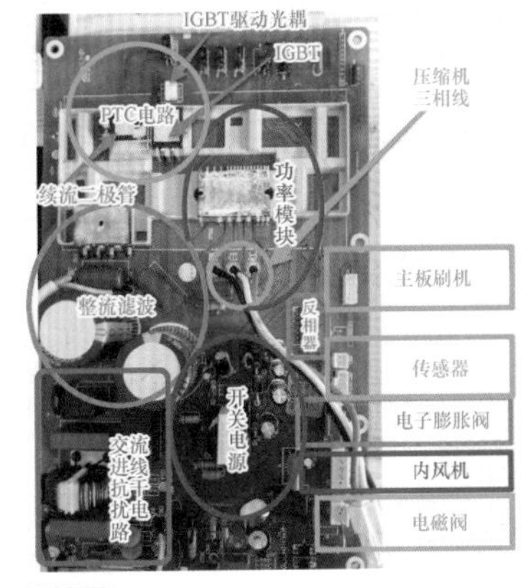

图 3-16　室外机电路板正面电路组成

图 3-17　室外机电路背面电路组成

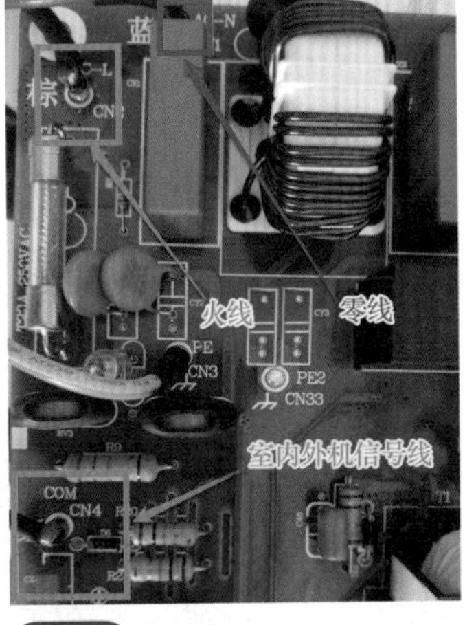

图 3-18　室外机与室内机之间的三个连线端子

提示：为了搞清楚空调的电路组成，维修人员要熟悉空调主板上的常见英文缩写及其含义：FUSE（空调电路板保险丝）、GND（接地线）、FG（直流电路接机壳）、PE（接地）、4V 或 4W 或 4WV 或 VALVE 或 FMO（电磁四通换向阀）、20S（普通电磁阀，不是电磁四通阀，用来转换毛细管，控制系统流量和工作压力的）FAN（风机）、HTR 或 HEATA 或 HEATER 或 E.H（空调辅助电加热）、ODF 或 E.FAT 或 DCF（空调室外风机）、FAN（空调室内风机）、LP（空调低压保护开关）、HP（空调高压保护开关）、LF（空调风机低速）、MF（空调风机中速）、HF（空调风机高速）、L 或者 AC-L（火线）、N 或者 AC-N（零线）、PRJ（空调电路板电源变压器初级）、SEC（空调电路板电源变压器次级）、CON（空调线控器端子）、TRAN/IN（空调电路板电源变压器初级）、TRAN/OUT（空调电路板电源变压器次级）、RM 或 ROOM（空调室内温度传感器）、OD 或 REV（空调室外盘管温度传感器）、ID 或 PIPE（空调室内盘管温度传感器）、AIR SWING 或 SWING（摆风或风向）、PG-IN 或 FAN FEEDBACK（PG 电动机霍尔反馈输入）、PG（PG 电动机）、COMP（压缩机）、CAP（电容）、LO（低风）、MO（中风）、HI（高风）、IR（遥控板）、SLEE（睡眠）、AUTO（自动）、TIME（定时）、ON/OFF（开关）、SPK（蜂鸣器）、NA（空脚）、COIL（步进电动机）、DSPLAY（遥控显示板）、SW（开关）、RY（继电器）、净化器（FLZ）。

第四节 工作原理

定频空调一般只有室内机电路板，没有室外机电路板，室内机电路板上的电源电路、单片机控制电路，通过各种继电器控制室内风机、室外风机、摆风步进电动机、室外机压缩机和电磁阀的动作，该板上还连接了单独的显示板，用来显示空调器的工作状态。显示板上有应急按键，用来应急开启空调器。单片机电路通过各种传感器和遥控指令控制执行机构动作，并将控制状态通过显示板显示出来。

图 3-19 摆风步进电动机

变频空调既有室内机电路板也有室外机电路板，室内机电路板上的电源电路、单片机控制电路，通过各种继电器控制室外供电、室内辅助加热器（可选）、室内新风电动机（可选）动作；通过反相器驱动控制室内左右摆风步进电动机、上下摆风步进电动机动作（如图 3-19 所示）；通过单片机及其外围电路连接显示板、WIFI 板、温度传感器、净化器和室内直流贯流风机等。显示板用来显示空调器的工作状态，显示板上有应急按键，用来应急开启空调器。单片机电路通过各种传感器和遥控指令控制继电器和其他执行机构的动作，并将控制状态通过显示板显示出来。

室外机电路板上有独立的开关电源电路，单片机控制电路通过各种继电器控制压缩机供电、四通电磁阀，通过反相器驱动控制电子膨胀阀电动机动作，通过单片机及其外围电路连接环境、化霜、压缩机吸气，吐气等温度传感器。单片机通过光耦控制室外轴流风扇的运行速度，主板上的 LED 故障灯显示室外机主板的工作状态。单片机电路通过各种传感器和遥控指令控制继电器和其他执行机构的动作，并将控制状态通过室外机主板指示灯和室内机显示板呈现出来。

一、电源电路

定频空调电源电路一般采用普通的变压器降压整流稳压电路，如图 3-20 所示，图中保险管 FUSE、压敏电阻 ZE1、电容 C11、高频电感 LX 组成交流进线和抗干扰电路。变压器 T1、整流桥 D1 ～ D4 组成降压整流电路。三端稳压块 IC7、滤波电容 C3 和 C14 组成 DC-DC 变换电路，输出 +5V 直流电供主控电路使用。电阻 R38、R9、Q5、C25、R8、R11、C29 组成取样反馈电路，将取样电电压送到主控芯片，由主控芯片控制保护电路工作。

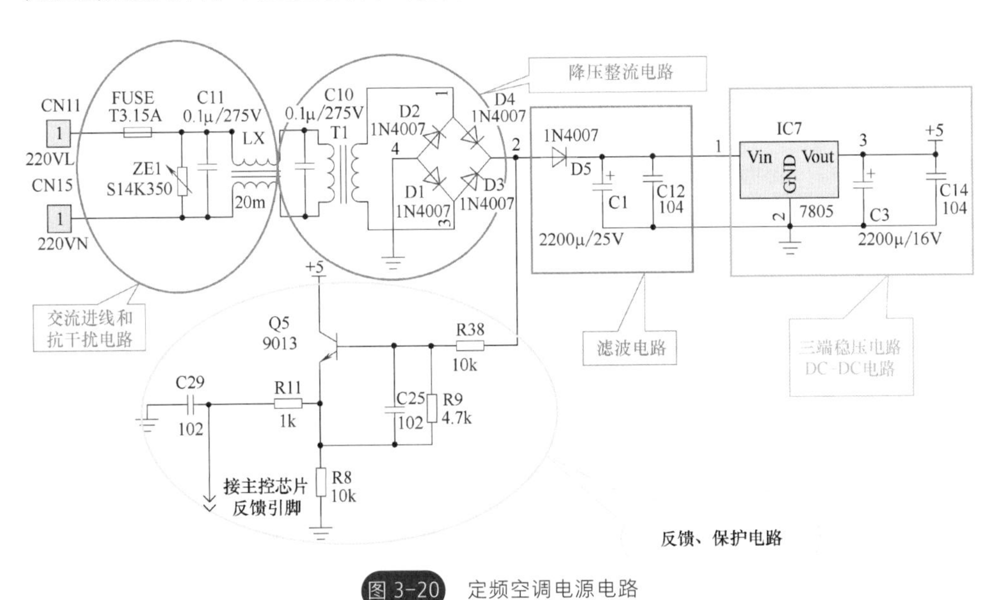

图 3-20 定频空调电源电路

变频空调电源电路一般采用开关电源（也有跟定频空调一样采用降压整流电

路的），并且空调室内外机均有单独的开关电源。图 3-21 所示为室内机开关电源，FUSE1、RV1、C1、LX1 组成交流进线及抗干扰电路，D1 ～ D4、D6、R70、E2 组成整流滤波电路，IC4、M1、T1 组成开关电路，R3、R5、ZD2、IC5 组成输出电压反馈 / 保护电路，D5、E1、C22 组成高频整流滤波电路，ZD1、L1、E3、IC3、E4 组成三端稳压电路（输出 +5V 电压）。

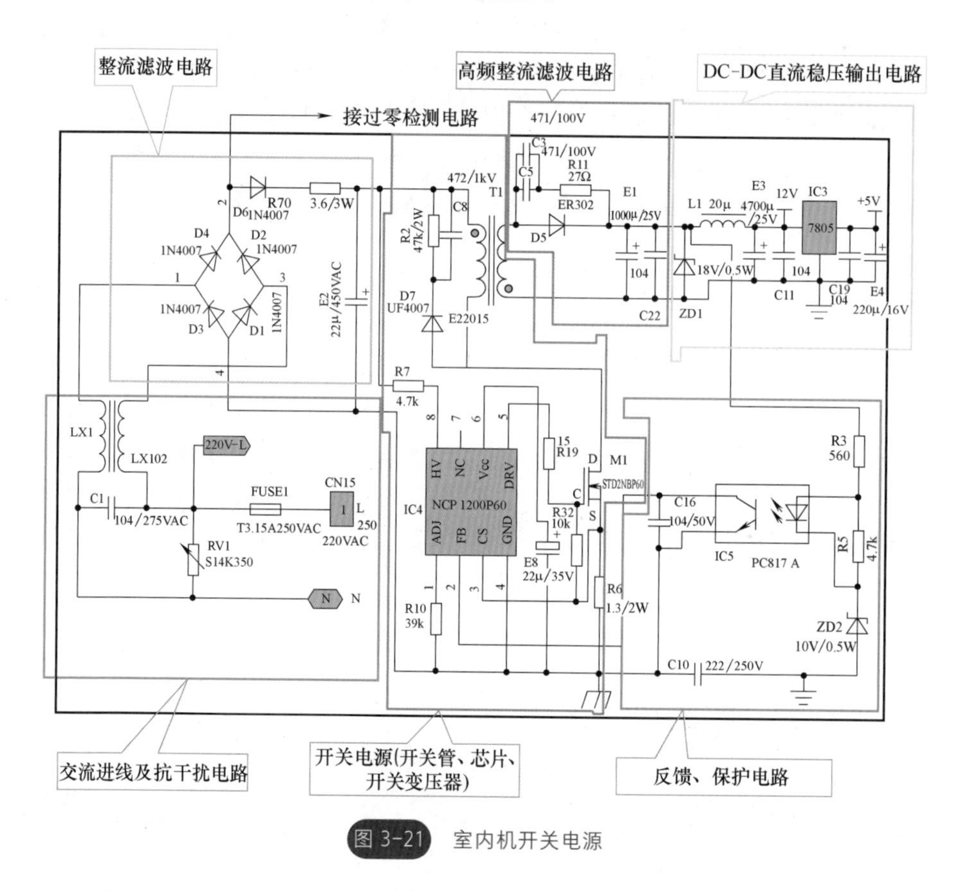

图 3-21 室内机开关电源

二、室内机电路

定频空调室内机电路（室外机没有电路板）只有三块主要芯片：一块是主控芯片（单片机，一般内部掩膜了 ROM 或内置 FLASH 闪存，可能没有外部 ROM 存储器），又称 MCU；一块是配合 MCU 工作的外置程序和数据存储器（采用光可擦写 EPROM 或电可擦写 EEPROM，以 24X 或 25X 为代表）；还有一块是反相器，以 2003 为代表。

MCU 控制整机的工作状态和处理各种指令。存储器用来存储数据信息，有些单片机内置了 ROM 或 FLASH 存储器，就没有专用的外置存储器。反相器是将单片机送来的指令信号直接转换成驱动继电器动作的电流，一个反相器就相当于多个继电器驱动电路，反相器输出驱动信号，可驱动继电器动作或直接驱动小电流电器运行。因为单片机不能直接驱动继电器动作，只有在单片机后连接反相器才能驱动继电器动作，所以定频空调的室内机以“单片机 +ROM 存储器 + 反相器”为典型电路组合。图 3-22 所示为定频空调室内机典型电路原理。

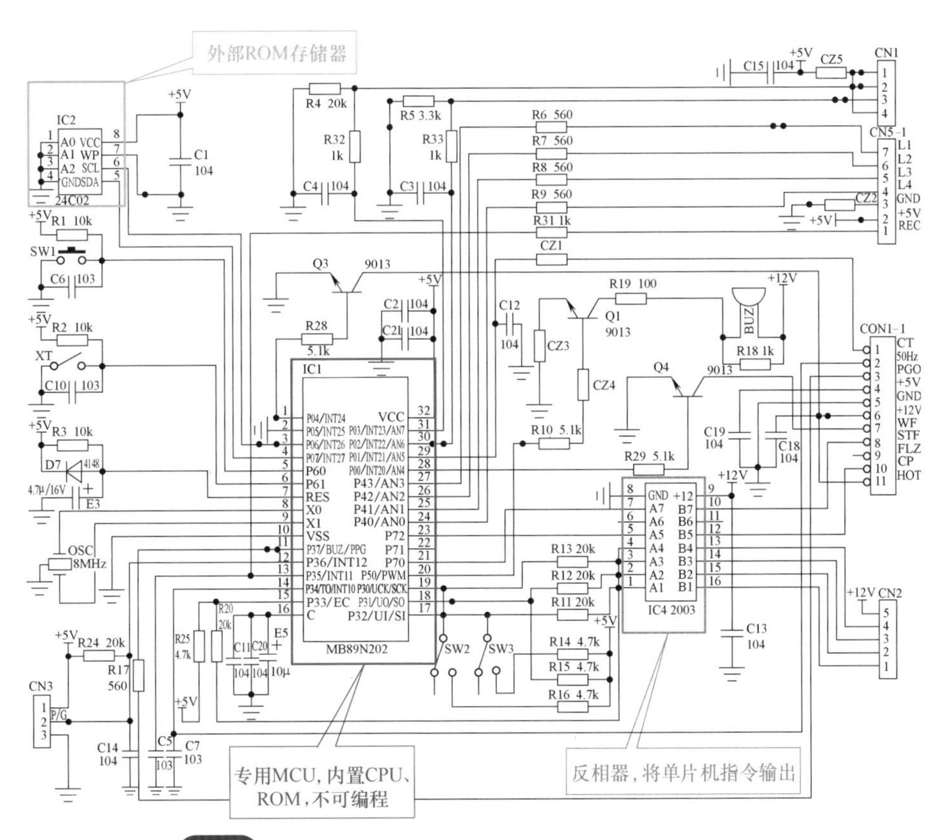

图 3-22　定频空调室内机典型电路原理

全直流变频空调室内机组成及原理

变频空调室内机电路比定频空调复杂得多。变频空调大致可分为普通变频空调和全直流变频空调，普通变频空调只有压缩机采用交流变频压缩机，室内风机和室外风机均采用交流定速电动机。普通变频空调室内机典型电路与定频空调差不多，不同的是室外机电路中增加了变频电路，室内机电气接线如图 3-23 所示。室内机主要电路工作原理如图 3-24 所示（不含开关电源）。

全直流变频空调不单是压缩机采用了直流变频压缩机，而且室内风机和室外风机也采用了直流变速电动机，全直流变频空调室内机典型电气接线如图 3-25 所示。

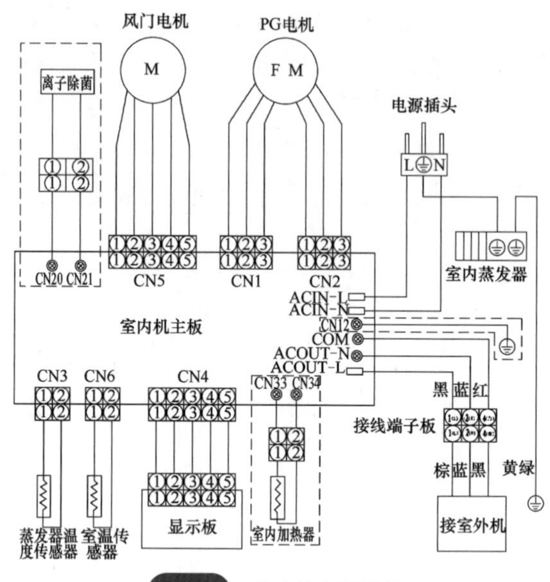

图 3-23 室内机电气接线

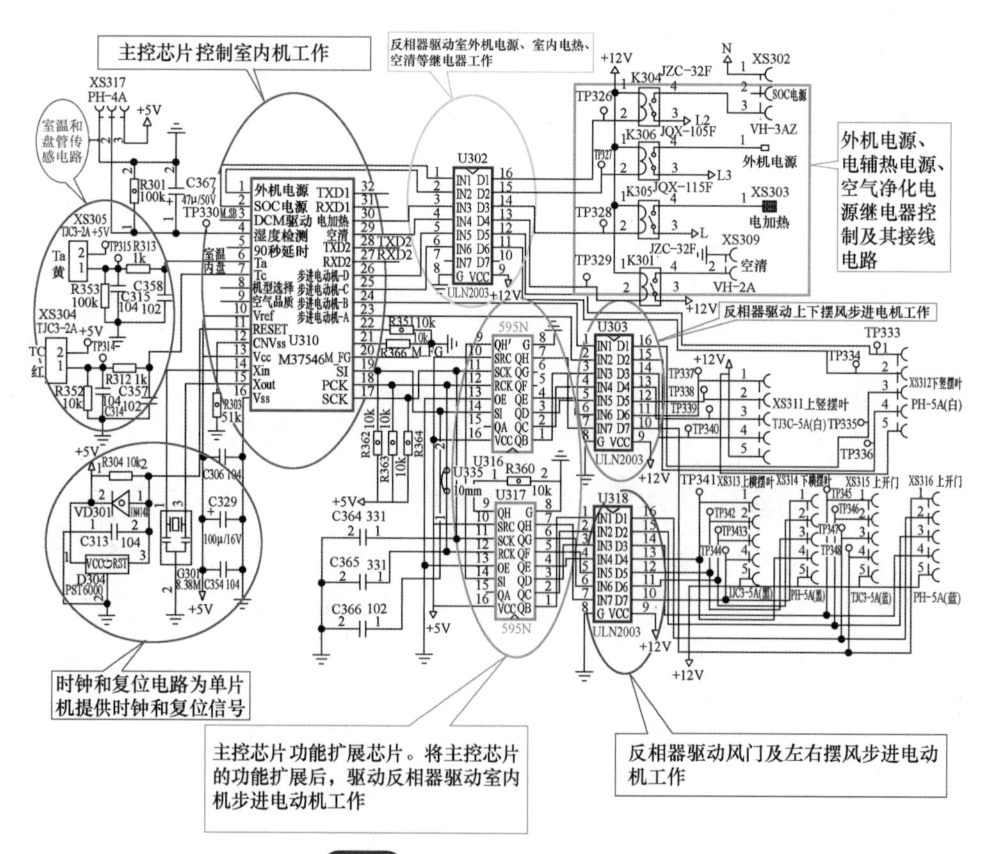

图 3-24 室内机主要电路工作原理

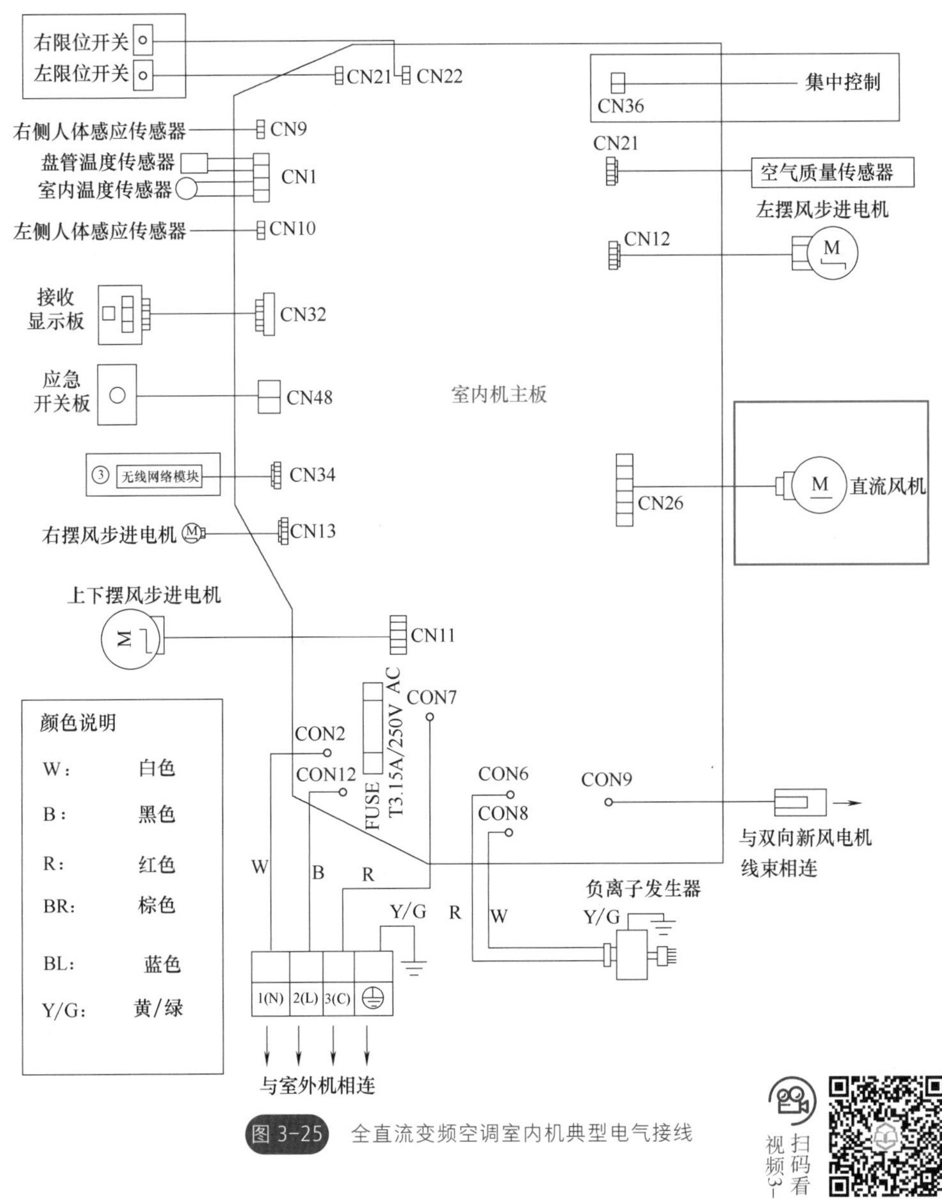

图 3-25 全直流变频空调室内机典型电气接线

扫码看视频3-2

全直流变频空调室外机主板组成及原理

三、室外机电路

定频空调室外机一般没有电路板，室外机直接受室内机电路板的控制，室内机电路板上的继电器控制室外机的压缩机、电磁阀和风扇电动机，室外机的传感器通过导线连接到室内机电路板上，也是由室内机的电路板直接接收传感信号并发送执行指令。

变频空调室外机则有独立的电路板（如图 3-26 所示）。室外机电路板与室内机电路板之间互相通信，并将室外机的运行状态通过室内机的显示板显示出来。

有的室外机采用一块电路板，有的室外机则采用多块电路板，将室外机电源电路、主控电路和变频模块电路分别设计在不同的电路板上。不管是单块电路板还是多块电路板，都包括电源电路、主控电路和变频模块电路。交流和直流变频空调室外机主要电路工作原理如图 3-27 所示。

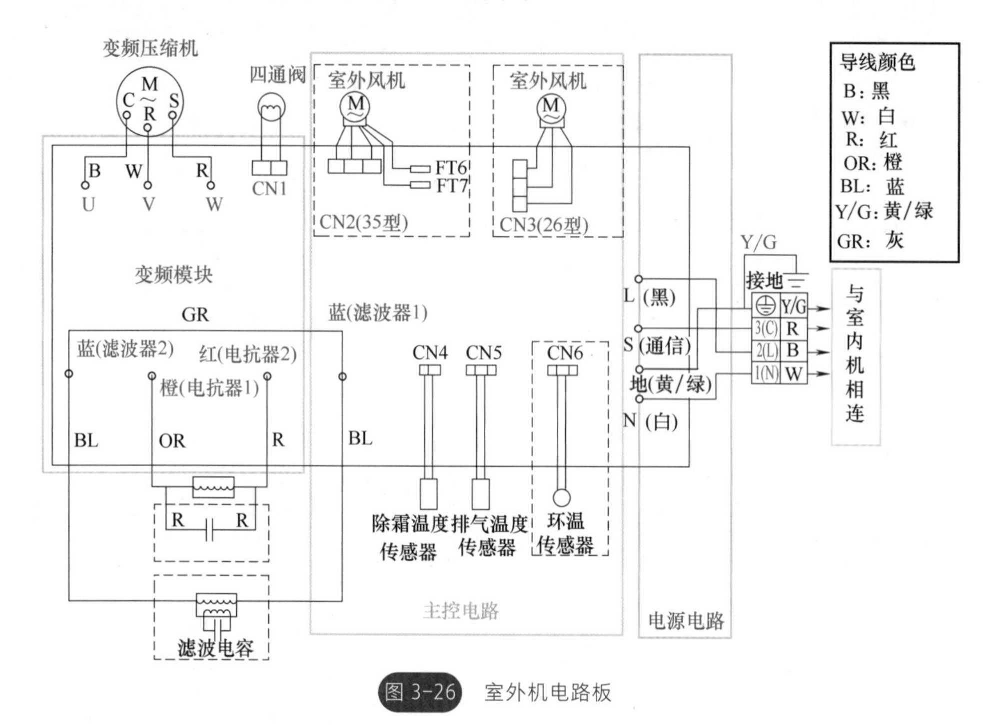

图 3-26　室外机电路板

提示：反相器将单片机送来的指令信号直接转换成驱动继电器的动作电流，一个反相器就相当于多个继电器驱动电路。反相器输出驱动信号，可驱动继电器动作或直接驱动小电流电器运行。因为单片机不能直接驱动继电器动作，只有在单片机后连接反相器才能驱动继电器动作。这一点定频空调与变频空调原理类似。

四、主要单元电路的工作原理

（一）过零检测电路

过零检测电路（ZERO）是指检测市电是否处于过零点处的电路，用于产生控制信号的基准点，为主芯片提供一个标准，这个标准的起点就是零电压。具体说来就是通过过零检测电路，将电压过零的波动情况转化为脉冲波，后续电路通过过零检测电路的脉冲波来判断电压的过零点。当空调主芯片检测不到过零检测信号时，会出现整机不工作且遥控和应急开关均无效的故障现象。由于空调主板电路中控制风机的晶闸管是由其导通角来控制风扇转速的，而导通角的导通时间要由过零电压时开始计算，也就是说电流过零处开始触发，以免产生开关状态下的大电流冲击，所以，过零检测电路的作用就是检测电压是否处在零点，以方便晶闸管每次导通的导通角从零电压开始计算。当风扇电路检测不到过零检测信号时，会出现风扇风速异常的情况。典型过零检测电路如图 3-28 所示。

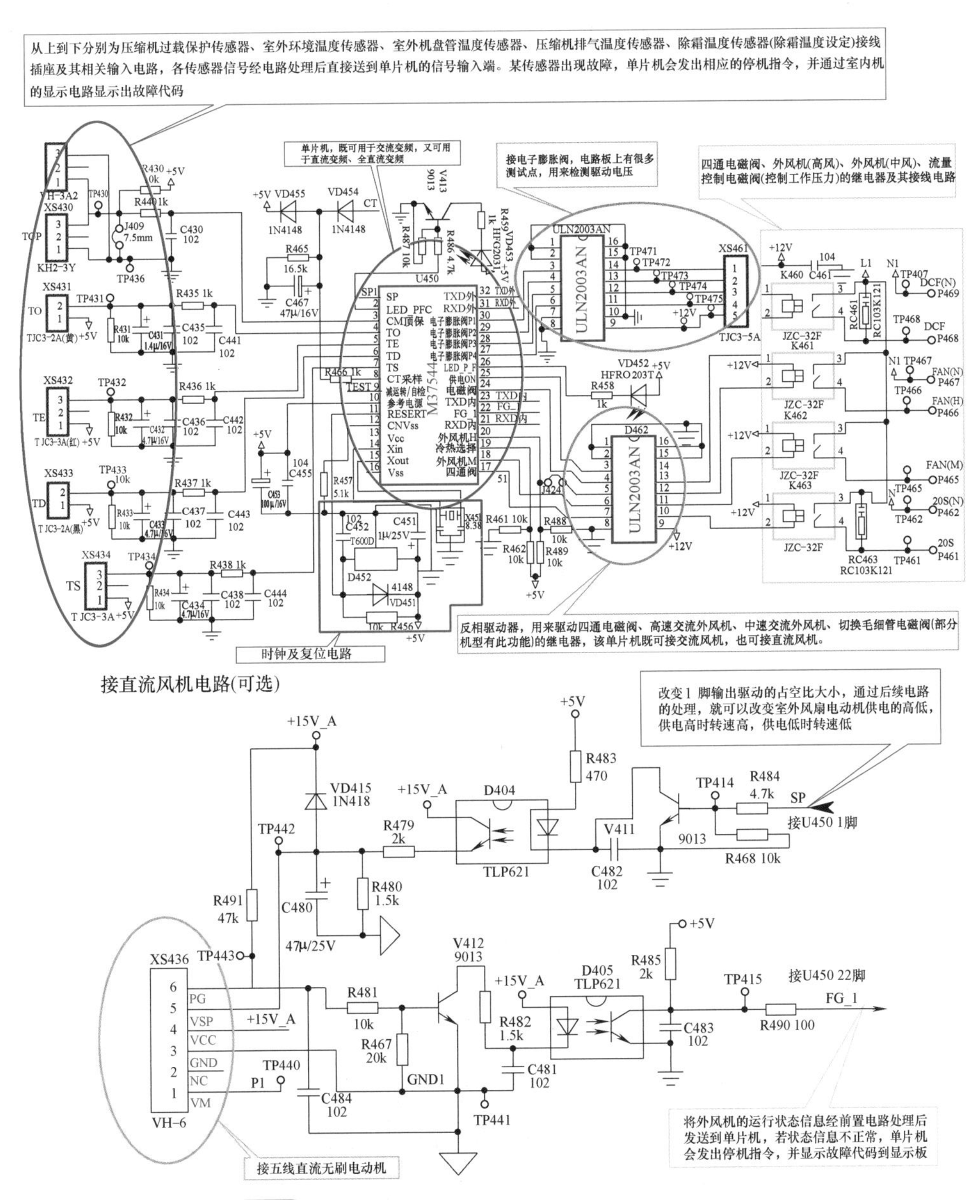

图 3-27　交流和直流变频空调室外机主要电路工作原理

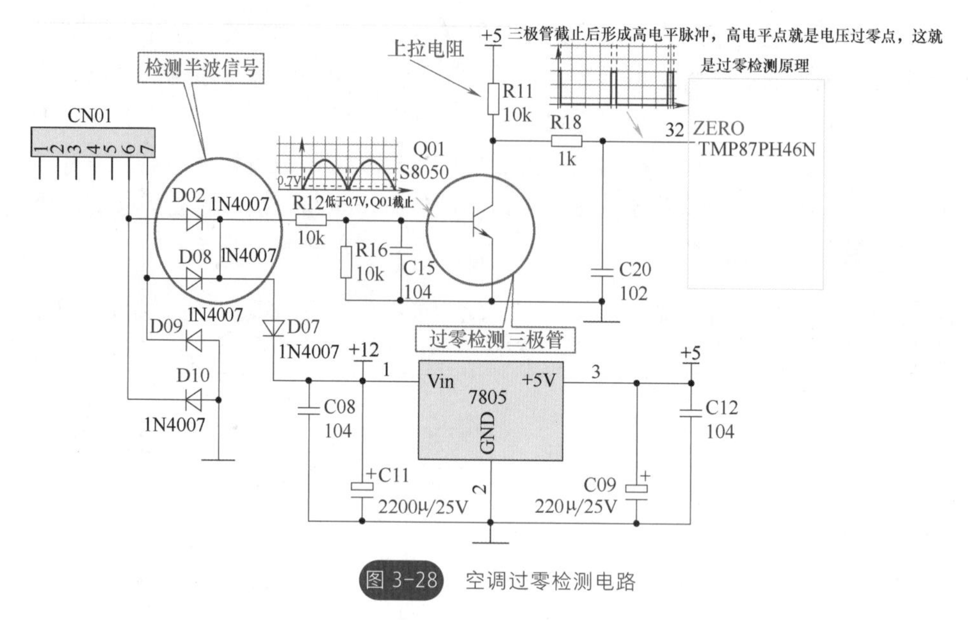

图 3-28 空调过零检测电路

图 3-28 中，来自变压器次级低压交流电（约 14V）经过 D02、D08 半波整流，形成半波脉动直流电，经电阻 R12、R16 分压，C15 电容滤波，滤去高频成分，在三极管 Q01 的基极形成图中电压波形。当基极电压大于 0.7V 时，三极管 Q01 导通，在三极管集电极形成低电平；当基极电压小于 0.7V 时，Q01 三极管截止，三极管集电极通过上拉电阻 R11 形成高电平。这样通过三极管的反复导通、截止，在芯片过零检测 32 脚处形成 100Hz 的脉冲波形（交流电 50Hz 的 2 倍），芯片通过判断脉冲波，就可检测出交流电压的过零点，为后续电路提供过零基准信号参考。

（二）室内外机通信电路

变频空调的室内机与室外机之间的连线主要有三线制和四线制两种。三线制的其中一根为通信线，四线制的其中两根为通信线。新型变频空调大多采用三线制，即只有一根是通信线，实际上还是两根线，只不过它借助了电源的零线构成了回路，从而省去了一根信号线。所以在实物中只看到一根信号线（S 线或 COM 线，如图 3-29 所示），依靠这一根线，室内机与室外机之间可以正常通信。在变

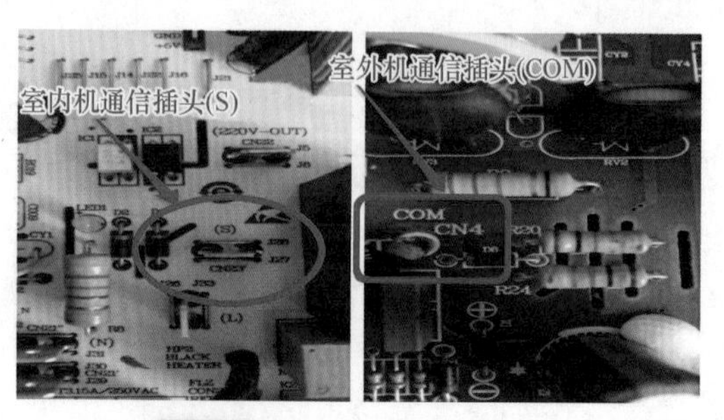

图 3-29 室内外机通信线插头

频空调中一般采用双向串行通信，即按程序依次一收一发，而不是同时收发，通过直流载波或交流载波的形式传送信号。以下着重介绍三线制通信电路原理。

1. 室内发送室外接收电路

首先室内外连线L、N之间接的AC220V交流市电通过电阻R141降压，二极管VD105的半波整流和稳压二极管VD109、电容C112、电阻R138、电容C122稳压变成基于零线为地线的DC24V电源，为室内外通信电路提供电源供电。

当空调通信电路处在室内发送、室外接收工作状态时，室内微处理器U101的32脚输出脉冲数据信号，室外微处理器U450的23脚输出低电平接收信号，此时，低电平信号通过R408使V401导通，将光电耦合器D402的2脚电平拉低，D402内的发光管开始发光，D402内的光敏管受光照后开始导通，接通D401内的发光管供电回路。供电回路形成之后，U101 32脚输出的载波脉冲信号通过D103光电转换后从它的3脚输出，经R114、VD107、R142、R143限流输出，通过室内外机信号连机线（S）输送到室外机的电路板，再通过R404～R406、VD401加到D401的1脚，经D401光电耦合后从其3脚输出，经C413滤波，利用R411加到U450的2脚，U450接收到U101送来的控制信号后，就会控制室外机机组进入需要的工作状态，从而完成室内发送、室外接收的工作。

2. 室外发送、室内接收电路

室内外通信电路的24V供电电源依然不变，室外发送、室内接收期间，室内微处理器U101的32脚输出高电平控制信号，室外微处理器U450的23脚输出脉冲信号。U101的32脚输出高电平电压时，通过R115使V103导通，将D103的2脚电位拉低，D103内的发光管开始发光，D103内的光敏管受光照后也开始导通，从其3脚输出的电压为D104内的发光管供电。脉冲数据信号是从U450的23脚输出通过V401进行放大到送到D402光电耦合器，利用D402的光电耦合，从它3脚输出的脉冲信号经中性线N进入室内机电路板，再经VD106、VD107加到D104的2脚。经其光电耦合后，从4脚输出的脉冲通过R110限流、C120滤波后加到U101的3脚，U101接收到U450输出的数据信号后，就可以掌握室外机的运行状态，以便做进一步的处理，从而完成了室外发送、室内接收的功能。相关电路如图3-30所示。

提示：只有通信电路正常，室内微处理器和室外微处理器进行数据传输后，整机才能工作，否则会进入通信异常保护状态，不仅空调器停止工作，而且显示屏将显示通信异常的故障代码。

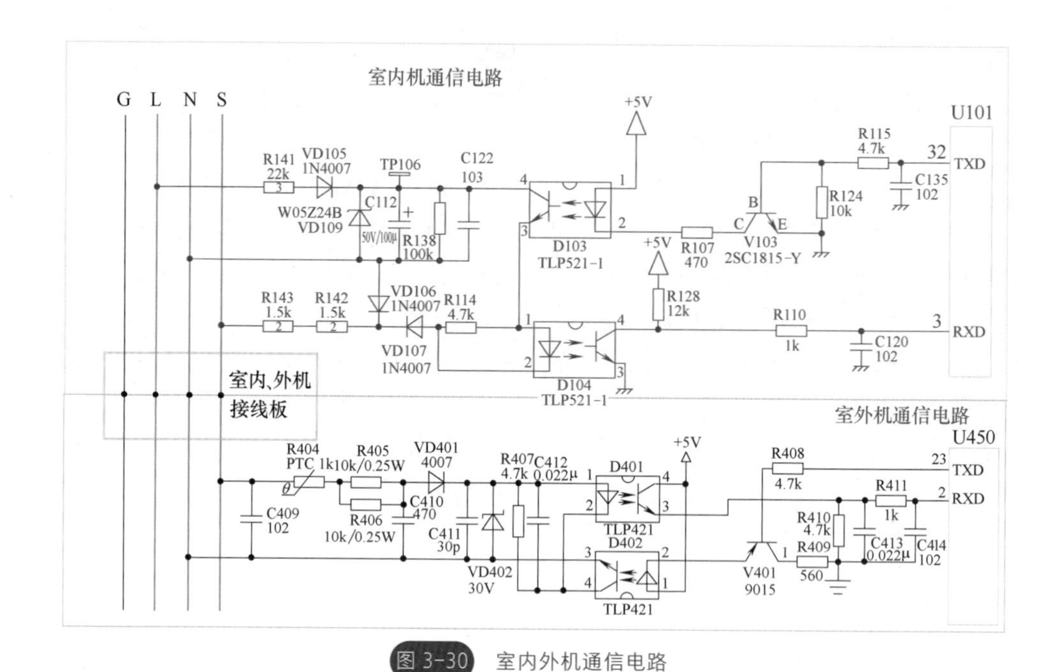

图 3-30 室内外机通信电路

（三）PG 电动机工作原理

PG 电动机的调速是通过对电动机供电电源整流斩波来提供不同的平均电压实现的，前面介绍的过零检测电路为整流斩波提供了一个开始的时点，PG 信号反馈电路提供转速信号（PG 信号来自 PG 电动机内部的霍尔元件组成的 PG 信号反馈电路），该电路向主控芯片反馈代表实际转速的霍尔信号，主控芯片将 PG 信号与目标转速进行对比来调节光耦晶闸管的导通角，从而调节整流斩波的时长。斩波的时长不一样，其平均电压也不一样，这个平均电压就决定了 PG 电动机转速的高低。这就是 PG 电动机的调速原理。图 3-31 所示为 PG 电动机调速原理。

（四）直流风机工作原理

直流变频空调的内外风机大多采用全直流电动机，这一点与定频空调完全不同。该类电动机为五线制直流永磁电动机。该类电动机包括电动机本体和控制器两部分，控制器集成在电动机内部，所以输出线有五根，其实直流电动机本体只有三根输入线（采用的是 U、V、W 三相直流电动机，如图 3-32 所示），它由定子和转子构成，定子为三相绕组（U、V、W），转子为永磁铁。在绕组中通过直流电，绕组产生电磁场，线圈和永磁铁之间的吸引 / 排斥力驱动转子旋转。按顺序改变通电的绕组，产生旋转磁场，可以持续不断地驱动转子进行旋转，这就是直流永磁电动机旋转的原理。直流风机上有三个重要的参数：直流电压（V）、电动机极数和功率（W）。看电动机内部有几个线圈，总线圈数除以三相就是每相的串联线圈数，每个线圈产生两个磁极（S、N），磁极数就是每相串联线圈数的2倍。例如12个线圈的电动机，每一相的串联线圈数就是12/3=4，则磁极数为4×2=8。

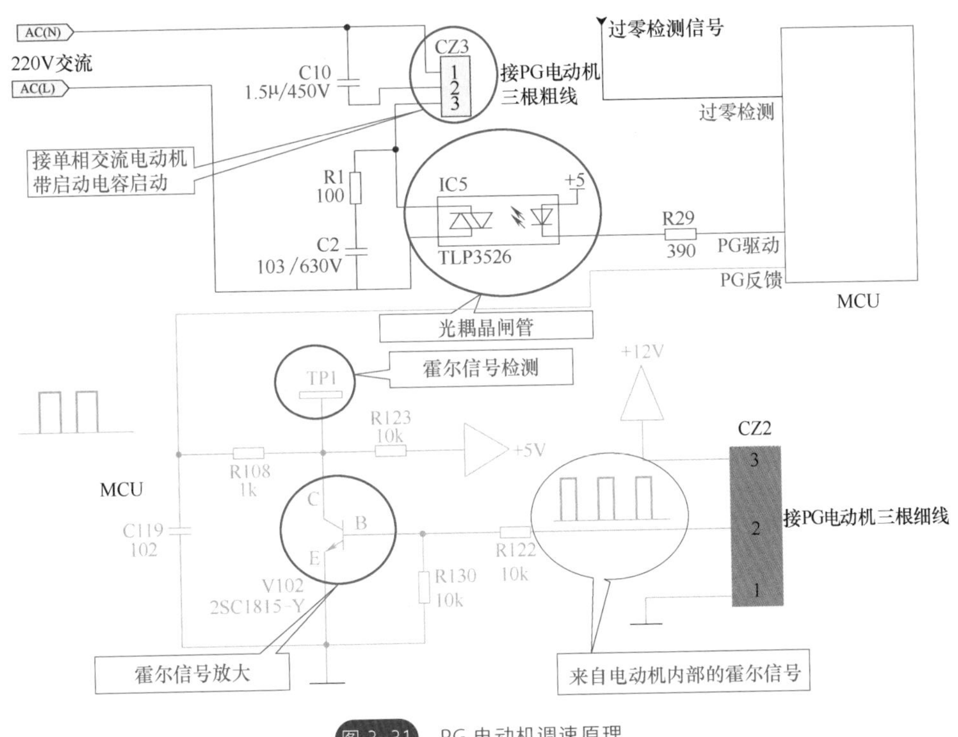

图3-31 PG电动机调速原理

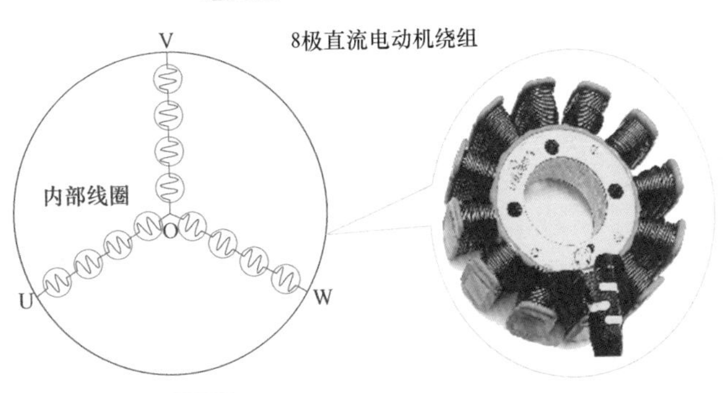

图3-32 直流电动机三相绕组（8极）

电动机内部控制器的作用就是在内部单片机（UPD78F1213）、存储器（24系列）和电源管理芯片（例如IR304）的控制下，根据外部单片机送来的VSP和PG信号，将310V直流电源依次送入到电动机U、V、W的三相线圈，也就是改变三相绕组的通电顺序，以产生旋转磁场。所以进入电动机的电源实际上只有三相，电动机内部的控制电路将送来的310V直流电分成三相，并且根据外部单片机送入的 VSP 和 PG 信号调整输送到电动机内部电压的高低和方向，达到无级调速的目的。相关电路如图 3-33 所示。

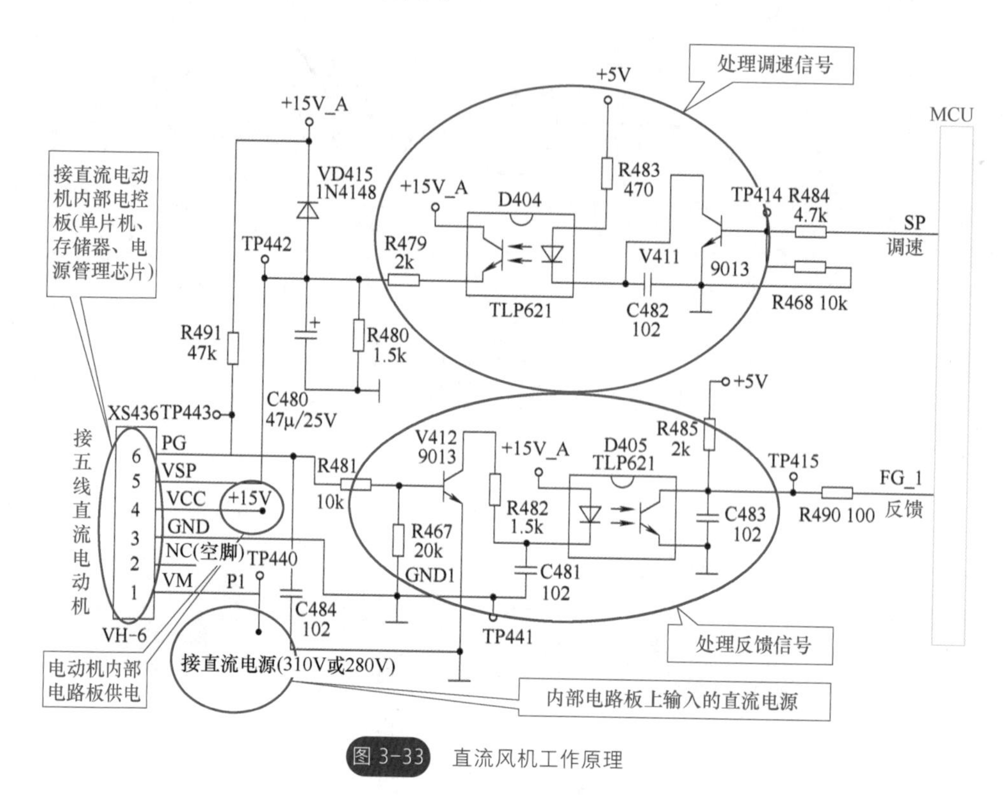

图 3-33 直流风机工作原理

（五）空气清新电路工作原理

空气清新电路是控制电子集尘器产生高压静电吸附空气中的灰尘，同时通过臭氧发生器产生一定浓度的臭氧来杀灭室内的细菌，让室内空气保持清新。相关电路如图 3-34 所示。

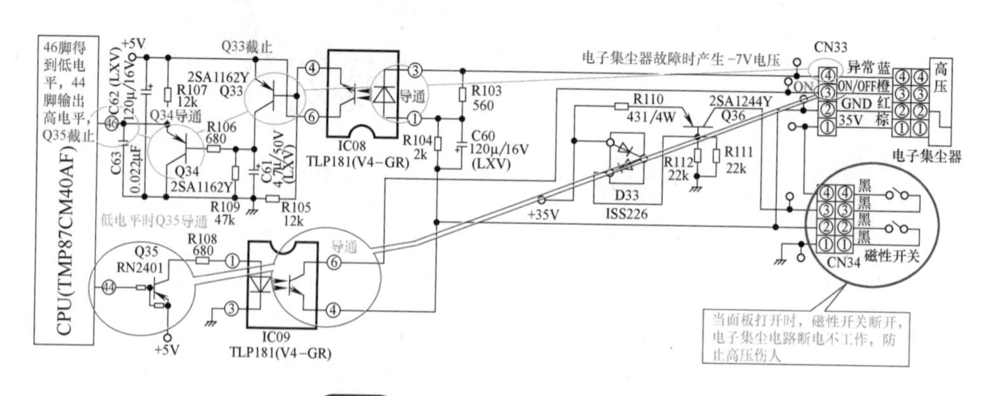

图 3-34 空气清新电路原理示意图

（六）管路系统工作原理

无论是定频空调还是变频空调，其管路系统工作原理基本类似。管路系统工作原理分为空调制冷工作原理和空调制热工作原理。空调制冷原理如图3-35所示，整个制冷工作过程如下：空调工作时，制冷系统内的低压低温制冷剂蒸气被压缩机（有定频压缩机、变频压缩机之分）吸入（低压吸气处），经压缩为高压高温的过热蒸气（高压吐气处）后排至冷凝器。同时室外侧轴流风扇（有交流风扇、直流风扇之分）吸入的室外空气流经冷凝器，带走制冷剂放出的热量，使高压高温的制冷剂蒸气凝结为高压液体。高压液体经过节流元件（毛细管或电子膨胀阀，有的空调还有流量电磁阀，用流量电磁阀来调节管路系统的流量和压力）降压降温流入蒸发器，并在相应的低压下蒸发，吸取周围热量；同时室内侧贯流风扇使室内空气不断进入蒸发器的翅片间进行热交换，并将放热后变冷的气体送向室内，如此循环，室内空气不断循环流动，达到降低温度制冷的目的。室内机与室外机之间还有高压二通阀和三通维修阀，是人为特意设计的，它们分别连接在室内外高压管之间和室内外低压管之间，以方便拆装和维修。

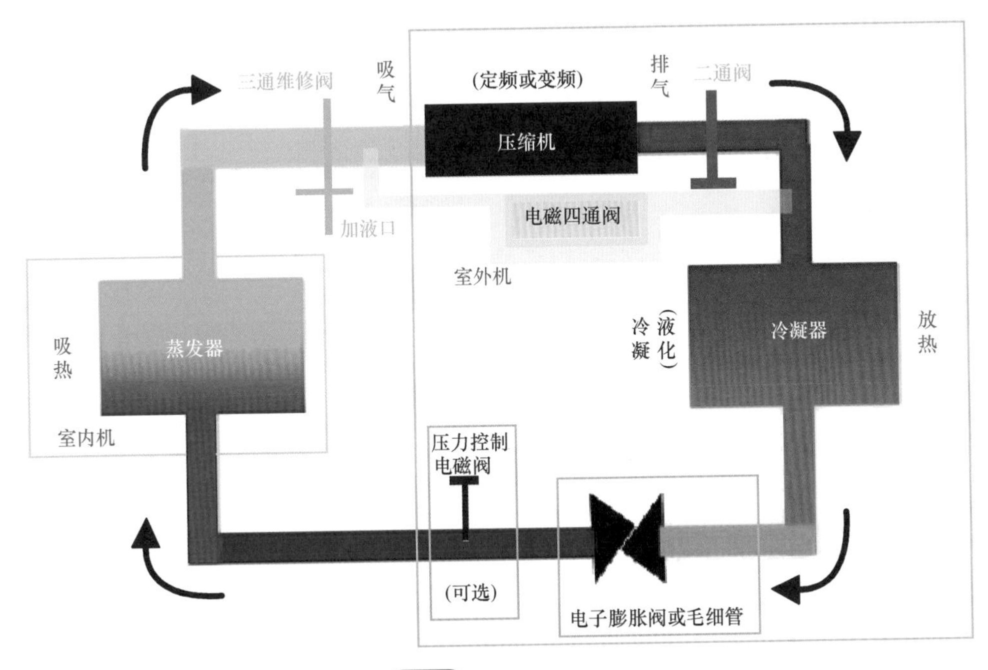

图3-35 空调制冷原理

空调制热的工作原理跟制冷系统相反，它是热泵制的工作原理。它是利用制冷系统的压缩冷凝热来加热室内空气的，如图3-36所示。整个制热工作过程如下：低压、低温制冷剂液体在蒸发器内蒸发吸热，而高温高压制冷剂气体在冷凝器内放热冷凝。热泵制热时通过电磁四通阀来改变制冷剂的循环方向，使原来制冷工作时做为蒸发器的室内盘管变成制热时的蒸发器，这样制冷系统在室外吸热、室内放热，实现制热的目的。

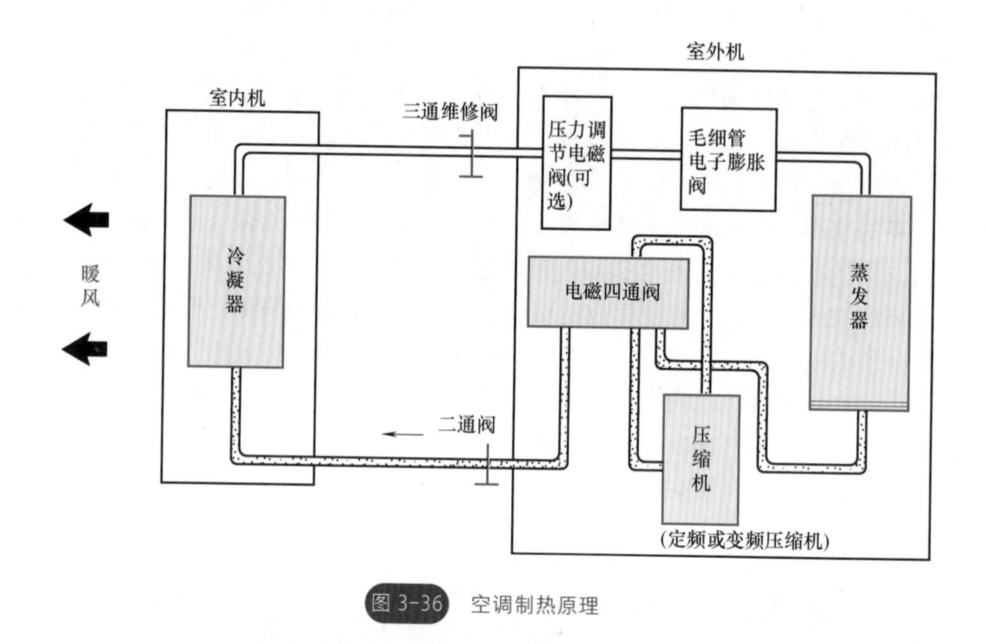

图 3-36　空调制热原理

第四章 空调器的维修工具

第一节 通用工具

一、万用表

万用表是电子制作中必备的测量仪表，一般以测量电压、电流和电阻为主要目的。它是一种多功能、多量程的测量仪表，一般万用表可测量直流电流、直流电压、交流电流、交流电压、电阻和音频电平等，有的还可以测交流电流、电容量、电感量及半导体的一些参数（如 β）等。

万用表按显示方式分为指针式万用表（如图 4-1）和数字万用表（如图 4-2）。指针式万用表是以表头为核心部件的多功能测量仪表，测量值由表头指针指示读取；数字万用表的测量值由液晶显示屏直接以数字的形式显示，读取方便，有些还带有语音提示功能。万用表是共用一个表头，集电压表、电流表和欧姆表于一体的仪表。万用表有 3 个主要表盘，分别是 Ω、V 和 A，它们分别表示电阻、电压和电流。如要测量电阻，就把拨盘拨到电阻挡，然后用两支表笔进行测量。测量出来的值乘上拨到挡位的单位就可以了。电流和电压的测量方法类似。也可以测试出电流、电压、电阻中的两项，用欧姆定律来计算另一项，公式为：$I=U/R$。

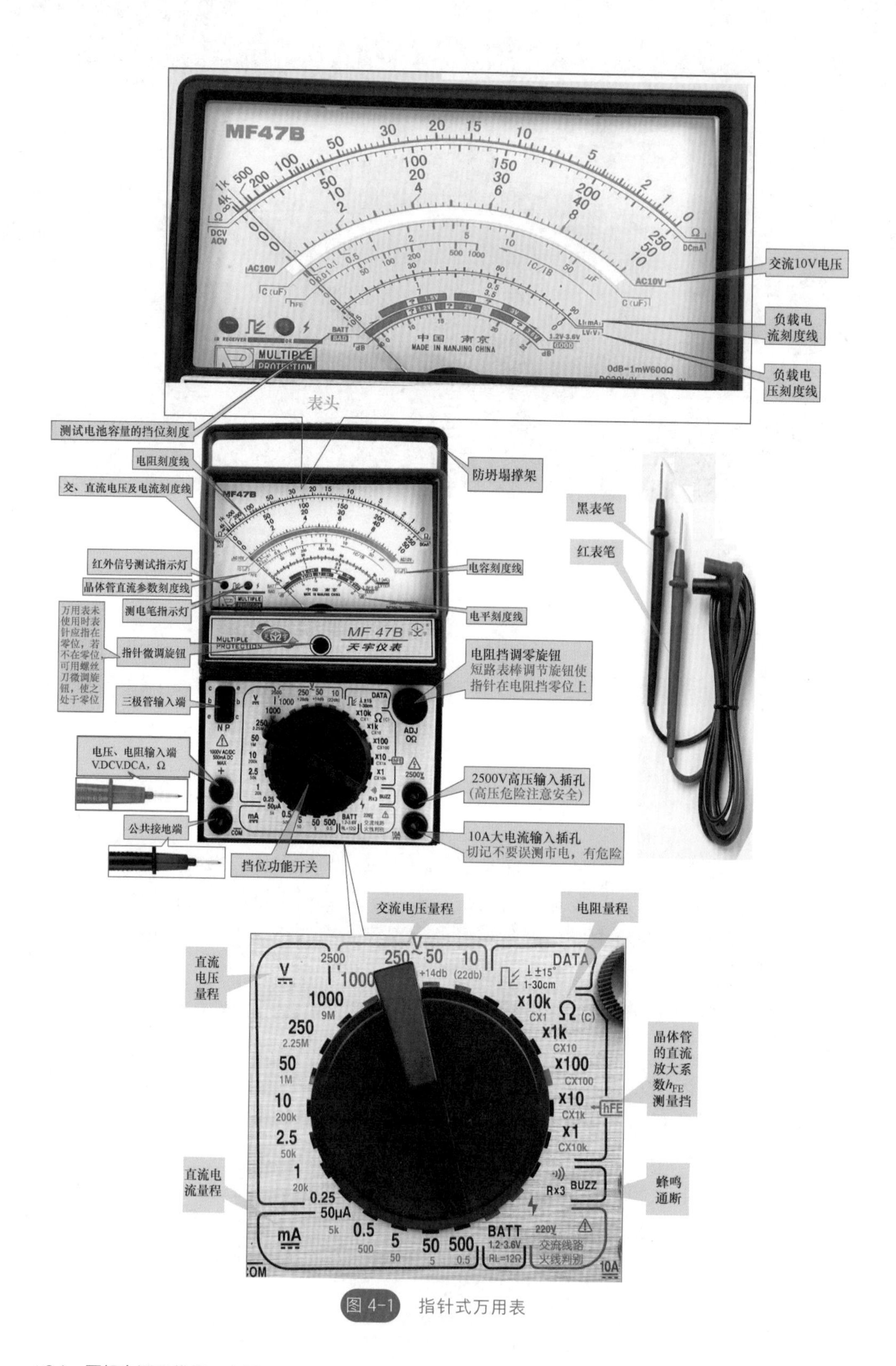

交流10V电压
负载电流刻度线
负载电压刻度线
表头
测试电池容量的挡位刻度
电阻刻度线
防坍塌撑架
交、直流电压及电流刻度线
黑表笔
红表笔
红外信号测试指示灯
电容刻度线
晶体管直流参数刻度线
测电笔指示灯
电平刻度线
万用表未使用时表针应指在零位，若不在零位，可用螺丝刀微调旋钮，使之处于零位
指针微调旋钮
电阻挡调零旋钮
短路表棒调节旋钮使指针在电阻挡零位上
三极管输入端
电压、电阻输入端
V.DCV.DCA，Ω
2500V高压输入插孔
(高压危险注意安全)
公共接地端
10A大电流输入插孔
切记不要误测市电，有危险
挡位功能开关
交流电压量程
电阻量程
直流电压量程
晶体管的直流放大系数h_{FE}测量挡
直流电流量程
蜂鸣通断

图 4-1 指针式万用表

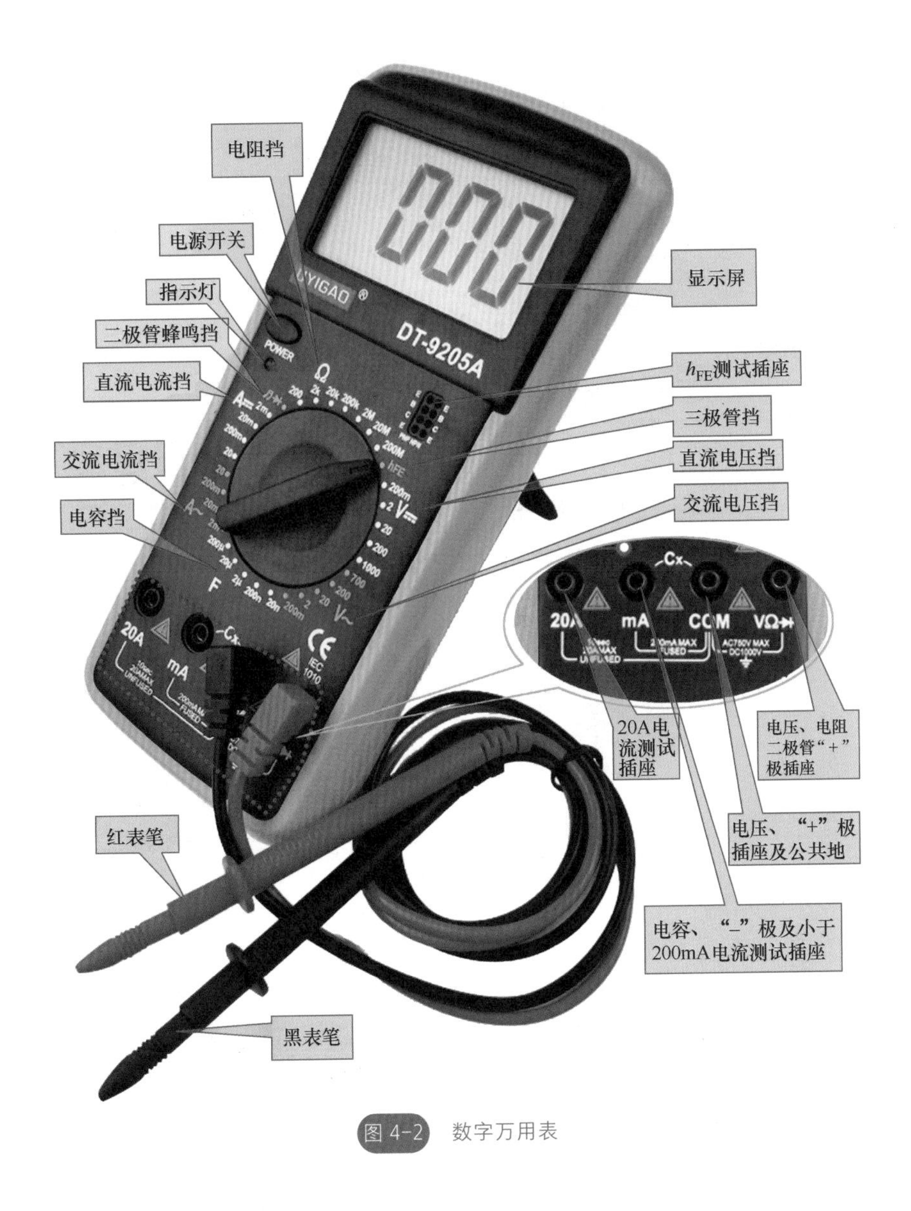

图 4-2 数字万用表

二、钳形电流表

钳形电流表也叫钳形表、钳表、卡表，有的地方还叫钩表，它是一种用于测量正在运行的电气线路的电流大小的仪表，可在不断电的情况下测量电流。钳形电流表按数值显示的方式可分为指针式与数字式两种（如图 4-3 所示），使用时只要按动活动手柄，使钳口打开，放置被测导线即可。钳形电流表是由一只电磁式电流表和穿心式电流互感器组成，电流互感器的铁芯在捏紧扳手时可以张开；被测电流所通过的导线可以不必切断就可穿过铁芯张开的缺口，当放开扳手后铁芯闭合。

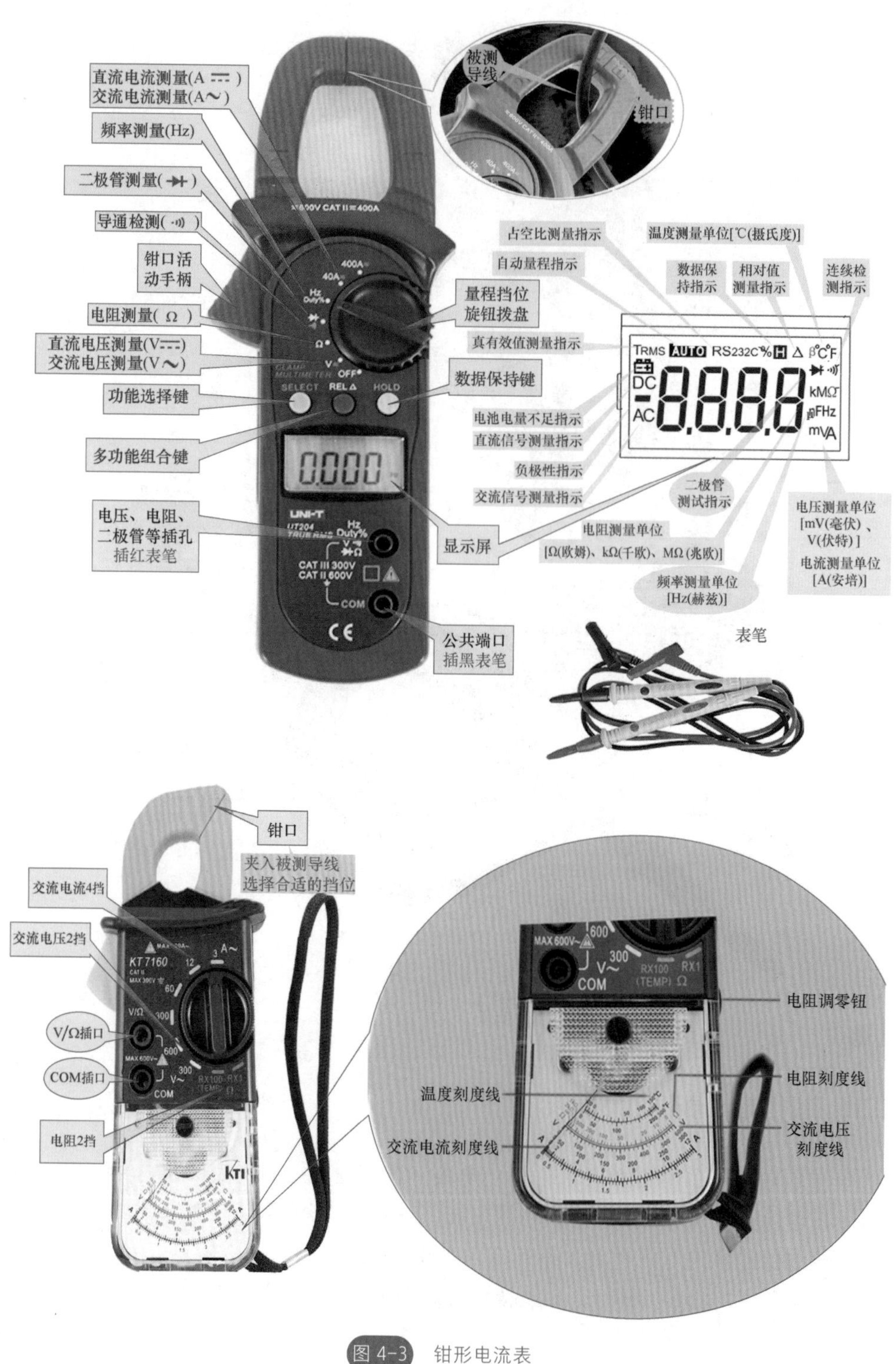

被测导线
钳口
直流电流测量(A ⎓)
交流电流测量(A～)
频率测量(Hz)
二极管测量(→+)
导通检测(·))
钳口活动手柄
电阻测量(Ω)
直流电压测量(V⎓)
交流电压测量(V～)
功能选择键
多功能组合键
电压、电阻、二极管等插孔
插红表笔
量程挡位旋钮拨盘
数据保持键
显示屏
公共端口
插黑表笔
占空比测量指示
温度测量单位[℃(摄氏度)]
自动量程指示
数据保持指示
相对值测量指示
连线检测指示
真有效值测量指示
电池电量不足指示
直流信号测量指示
负极性指示
交流信号测量指示
二极管测试指示
电阻测量单位
[Ω(欧姆)、kΩ(千欧)、MΩ(兆欧)]
频率测量单位
[Hz(赫兹)]
电压测量单位
[mV(毫伏)、V(伏特)]
电流测量单位
[A(安培)]
表笔
钳口
夹入被测导线
选择合适的挡位
交流电流4挡
交流电压2挡
V/Ω插口
COM插口
电阻2挡
电阻调零钮
电阻刻度线
温度刻度线
交流电压刻度线
交流电流刻度线

图 4-3　钳形电流表

钳形电流表是一种相当方便的测量仪器，它最大的特点是不需剪断电线就能测量电流值。一般用电表测量电流时，常常需要把线剪断并把电表连接到被测电路，但使用钳形电流表时，只要把钳形电流表夹入导线上便可测量电流。

扫码看视频4—1

用钳形电流表测空调外机电流

提示：钳形电流表使用注意事项：

① 用钳形电流表检测电流时，一定要夹入一根被测导线（电线），夹入两根（平行线）则不能检测电流；

② 检查仪表指针是否在零位，若不在，需进行机械调零；

③ 选择适当的量程；

④ 注意钳形表的电压等级；

⑤ 当导线夹入钳口时，若发现有振动或碰撞声，应将仪表活动手柄转动几下，或重新开合一次，直到没有噪声才能读取电流值。

第二节 专用工具

一、修理阀

修理阀是安装、维修空调器必备的工具之一，常用于空调器抽真空、充注制冷剂及测试压力。其有三通修理阀和复式修理阀（又称仪表分流器）两种（如图4-4所示）。三通修理阀由阀帽、阀杆、旁路电磁阀接口、制冷系统管道接口、压缩机接口等组成，配有压力表，其正压最大量程一般为0.9～2.5MPa，负压均为0～0.1MPa。复式修理阀由低压表、高压表、阀门、制冷系统管道接口、压缩机接口等组成。

目前，采用R22有氟制冷剂的空调器，通常使用三通检修表阀充注制冷剂。三通检修表阀的优点是体积小、携带方便，适合检修空调器简单故障和上门维修。变频空调器采用的制冷剂为R410A、R32（格力定频空调现在也采用R32）新型冷媒，充注制冷剂应采用专用的复合表阀和使用R410A、R32专用真空泵进行操作（如图4-5）。因此，在选购修理阀时，最好将两种修理阀都配齐。

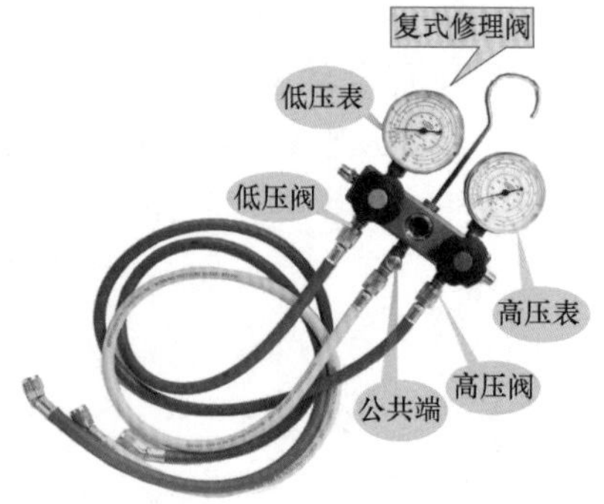

图 4-4 修理阀

图 4-5 R410A、R32 专用修理阀

提示：在使用复式修理阀抽真空时，应注意以下事项：

① 将低压表下端的接头连接设备的低压侧，高压表下端的接头连接到设备的高压侧，将公共接口连接到真空泵的抽气口；

② 低压侧充注制冷剂时，公共端连接制冷剂的钢瓶，低压接口连接设备的低压侧（气态加注），用高压接口来排除公共接口软管内的空气；

③ 高压侧充注制冷剂时，公共端连接制冷剂的钢瓶，高压接口连接设备的高压侧（液态加注），低压接口来排除公共接口软管内的空气；

④ 加冷冻油时，将设备内部抽至负压，把公共端的软管放入冷冻油内（装冷冻油的容器应高于设备），打开低压阀，利用大气的压力将冷冻油抽入设备内。

二、真空泵

真空泵（如图 4-6 所示）是用来抽去制冷系统内的空气和水分的。由于系统真空度的高低直接影响到空调器的质量，因此，在充注制冷剂之前，都必须对制冷系统进行抽真空处理。反之，当系统中含有水蒸气时，系统中高、低压侧的压力就会升高，在膨胀阀的通道上结冰，不仅会妨碍制冷剂的流动，降低制冷效果，而且增加了压缩机的负荷，甚至还会导致制冷系统不工作，使冷凝器压力急剧升高，造成系统管道爆裂。

图 4-6　真空泵外形结构

真空泵上有吸气口和排气口，使用时，吸气口通过真空管与三通修理阀压力表连接。在安装或维修空调器时，一般选用排气量为 2L/s，且带有 R410 接头的变频空调专用真空泵。真空泵使用操作步骤如下：

① 首先取下进气帽，连接被抽容器，所用管道宜短；

② 检查进气口连接处是否并紧，被抽容器及所用管道是否密封可靠，不得有渗漏现象；

③ 取下捕集器上的排气帽，打开电源开关，泵开始启动运行；

④ 泵使用结束后，关闭泵和被抽容器间的阀门；

⑤ 关闭泵上的电源开关，拔下电源插头；

⑥ 拆除连接管道；

⑦ 最后盖紧进气帽及排气帽，防止脏物或者漂浮颗粒进入泵腔。

真空泵在使用中要注意油位变化，油位太低会降低泵的性能，油位太高则会造成油雾喷出。当油窗内油位降至单线油位线以下 5mm 或双线油位线下限以下时，应及时补加真空泵油。

上门维修时，通常采用微型真空泵，其具有高真空容积、抽气效率高、终身过滤、携带方便等优点。

由于真空泵工作时产生的振动，应选择无振动的泵或者采取防振动措施，且选择真空泵的极限真空度要高于真空设备工作所需的真空度 0.5 ～ 1 个数量级。

三、扩口器

在对空调器管路进行焊接或将管路与阀门进行连接时，需要将其中的一条管路的管口扩成杯形或喇叭形，这就需要使用专用的工具进行扩管，即扩口器，如图 4-7 所示。选购扩口器时，选择使用长手柄使 90º 圆锥下压以获得相应的喇叭口的扩口器，此种扩口器操作方便，非常适合新手，购买价格在 30 ～ 70 元之间。扩口时一般选用偏心扩口器（如图 4-8 所示），偏心扩口器扩出来的喇叭口更光滑、无细缝。

图 4-7　扩口器

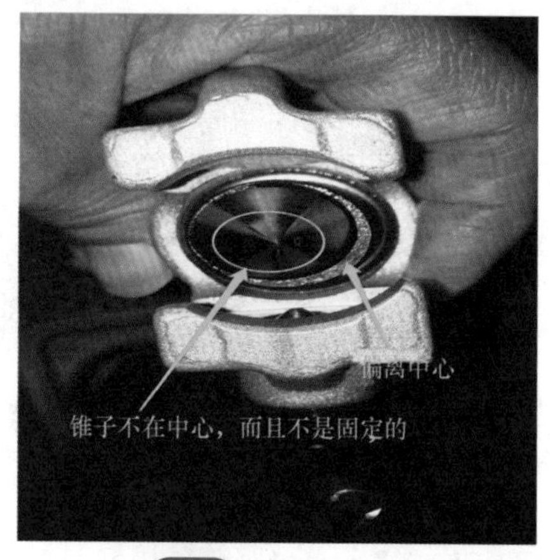

图 4-8　偏心扩口器

下面介绍扩口器的操作方法及使用注意事项。

扫码看视频4-2

铜管扩喇叭口

1. 扩喇叭口操作要领

① 首先选择好合适的扩口支头和夹板。

② 将铜管放在夹板中，并将固定螺母拧紧。铜管露出夹板的长度与铜管壁至夹板斜面的长度相同。

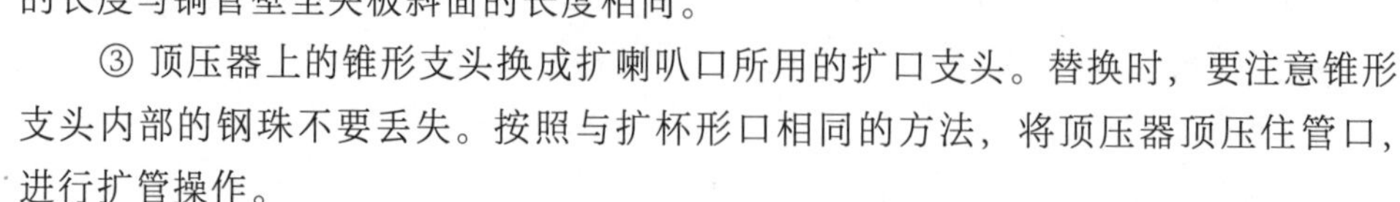

③ 顶压器上的锥形支头换成扩喇叭口所用的扩口支头。替换时，要注意锥形支头内部的钢珠不要丢失。按照与扩杯形口相同的方法，将顶压器顶压住管口，进行扩管操作。

④ 管口被扩成喇叭形后，就可以将其从夹板中取下。

⑤ 扩管时，铜管直径不同（判断是用哪种夹盘，最简单的方法就是用铜管去套，或直接观察，英制管径稍大点，英制夹盘的孔径比公制的孔要稍大点），其露出夹板的长度也不尽相同，需要根据实际情况进行调整。在顶压管口时，用力不当会使管口出现歪口、裂口等现象。操作中如果出现这种情况后，就要将损坏

部分切割下来，然后重新进行扩口操作。

2. 扩杯形口操作要领

① 首先根据需要扩口的铜管直径来选择合适的夹板和锥形支头。

② 松开夹板上的紧固螺母。

③ 将铜管放在合适的孔径中，并使铜管露出夹板的长度与锥形支头的长度相等。

④ 将夹板上的紧固螺母拧紧，使铜管固定在夹板中。

⑤ 选择合适的锥形支头安装在顶压器上。若顶压器上安装有以前使用过的锥形支头，那么在拆下时要注意锥形支头内部的钢珠，以防丢失。

⑥ 锥形支头安装好后，将顶压器垂直顶压在管口上，并使顶压器的弓形脚卡住扩口夹板。

⑦ 沿顺时针方向旋转顶压器顶部的顶压螺杆，直到顶压器的锥形支头将铜管管口扩成杯形。

⑧ 铜管管口扩成杯形后，将顶压器从夹板上卸下。

⑨ 松开夹板上的固定螺母，即可将铜管取下。

扫码看视频4-3

切管器切割铜管

四、切管器

空调器制冷管路的切割要求十分严格，普通的切割方法会使铜管产生金属碎屑，这些碎屑可能会造成制冷管路的堵塞，因此，切割管路时必须使用切管器进行切割。切管器实物如图4-9所示。购买时应选择割刀的规格为3～35mm。

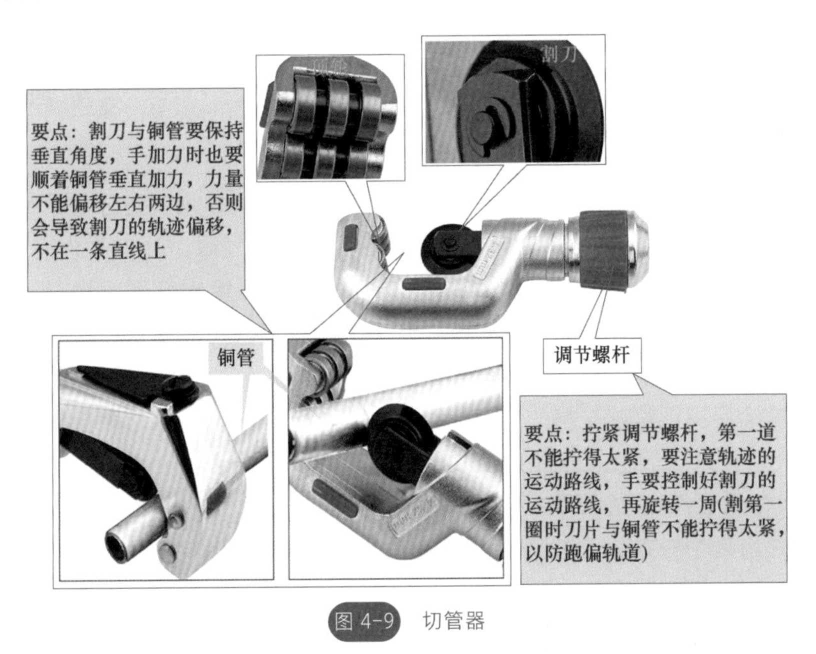

图4-9 切管器

切管器是维修空调器管路时常用到的工具。使用切管器切管的过程中，要始终注意滚轮与刀片要垂直压向铜管，绝不能侧向扭动。还要防止进刀过快、过深，以免崩裂刀刃或造成铜管变形。操作方法及注意事项如下。

① 准备好切管工具和待切割材料后，先旋转切管器的进刀旋钮，调整刀片与滚轮的间距，使其能够容下需要切割的管路。

② 将需要切割的铜管放置于刀片和滚轮之间，保证铜管与切管器的刀片相互垂直，然后缓慢旋转切管器末端的进刀旋钮，使刀片垂直顶在铜管的管壁上。

③ 用手抓牢铜管，以防止铜管脱滑，然后转动切管器，使其沿顺时针方向绕铜管旋转。当切管器的刀片绕铜管旋转一周后，旋转切管器末端的进刀旋钮，使刀片始终顶在铜管上。旋转切管器时，要保证刀片与铜管保持互相垂直。

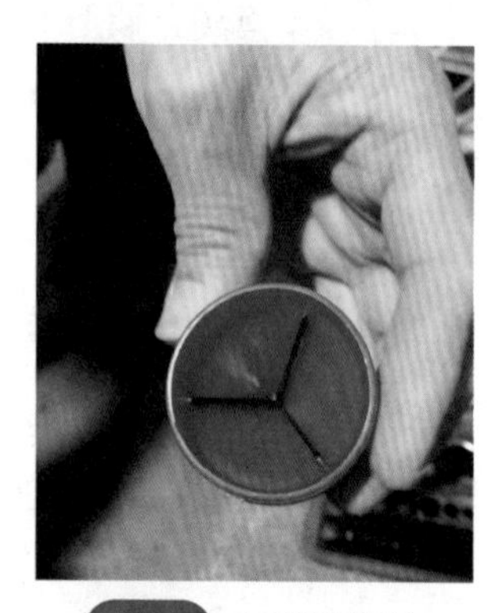

图 4-10 毛刺修割器

④ 继续转动切管器，用刀片切割铜管管壁的同时调节进刀旋钮。每转动一周就要调节一次进刀旋钮，并且每次的进刀量不能过大，直到将铜管切断。

⑤ 铜管切割好后，在铜管的管口上会留有些许毛刺，此时可使用毛刺修割器（刮管刀，如图 4-10）将这些毛刺去除。将毛刺修割器旋出后，将铜管的管口放在毛刺修割器上来回移动，直到管口平滑无毛刺为止。

五、焊接工具

扫码看视频4-4

铜管焊接设备简介

空调铜管焊接时需要的工具和材料有磷铜焊条、燃气（为液化气，煤气、天然气、丁烷等均可）、助燃剂（氧气）、焊枪（焊炬）等（如图 4-11 所示）。焊接时的操作方法如下。

① 根据工作情况选择适当型号的焊枪，然后将焊枪两根胶管分别接在对应的氧气瓶出气口和燃气瓶出气口上（焊枪蓝色管连接氧气瓶，红色管连接燃气瓶，切勿接错），接好后检查氧气瓶、燃气瓶的压力表和连接软管密封情况（可用水盆装满水，然后把焊枪浸在水中，若冒泡说明存在漏气，需重新在接口上增加扎带，并且同一接口上的扎带的锁扣不要在同一个平面上），如图 4-12 所示。

② 焊枪连接正常则先将燃气旋钮打开并点燃，再轻轻打开氧气旋钮，调整燃气和氧气开关（即调节氧气和燃气的比例），使焊枪火焰到中性焰（内焰为亮蓝色、外焰为天蓝色），即可焊接。

③ 先用火焰对准铜管焊口加热（加热铜管时应来回移动，均匀加热），当焊口呈桃红色时，将焊条放在焊口处，用火焰同时加热焊缝及焊条直至焊条熔化填满焊缝，焊接结束。

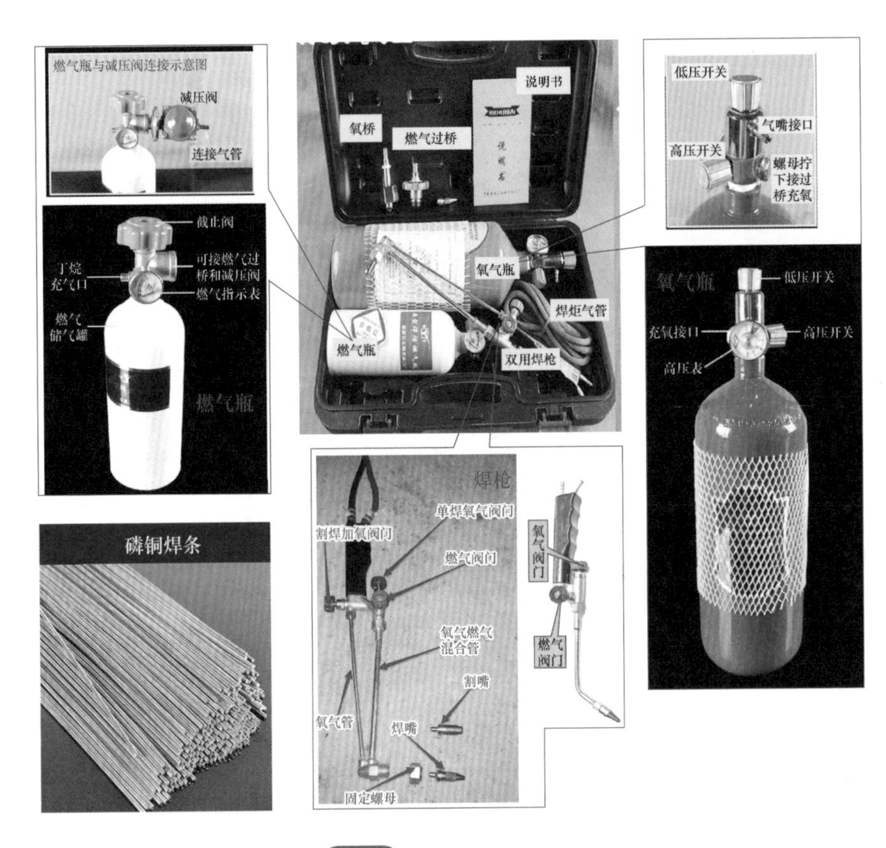

图 4-11 焊接工具和材料

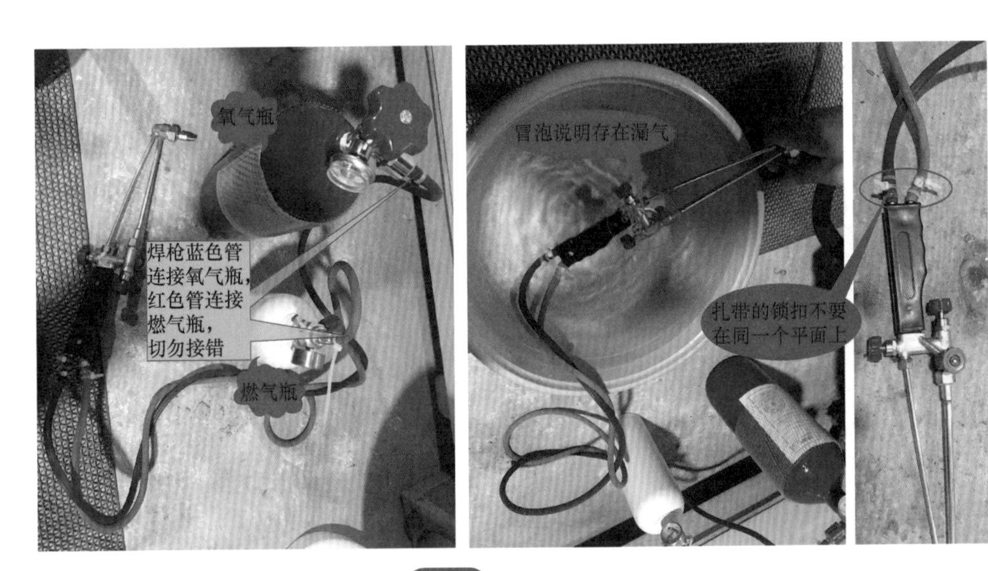

图 4-12 焊枪的连接

④ 焊接完毕先关闭焊枪的氧气旋钮，再关闭燃气旋钮，最后关闭氧气瓶和燃气瓶的总开关。

焊接时应注意焊接质量，正常的焊点（如图 4-13 所示）圆滑光亮，焊得牢固，不容易漏制冷剂。焊得不好的焊点（如图 4-14 所示）使用时间久了容易出现漏气现象。

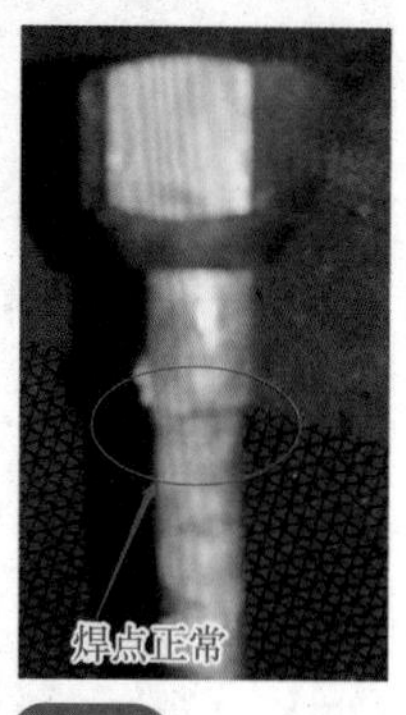

图 4-13　焊点正常

图 4-14　焊得不好的焊点

提示：上门维修时，为了携带方便，可采用比氧气丁烷焊炬更简单的手持卡式焊枪（如图 4-15 所示）。因为铜的熔点为 1083℃，而焊枪的最高温度可达 1300℃，所以空调上门维修时采用手持卡式焊枪更简洁、轻巧、安全、实用。

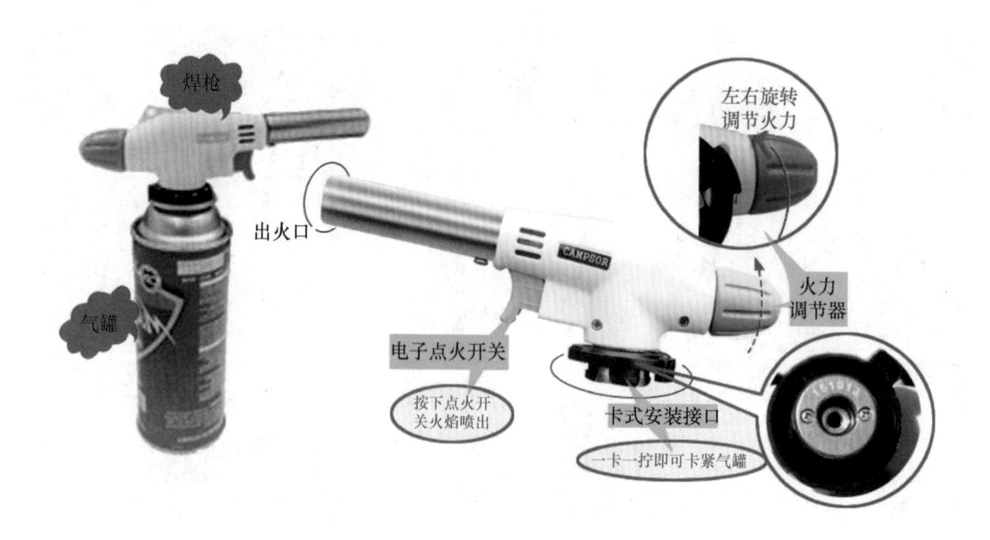

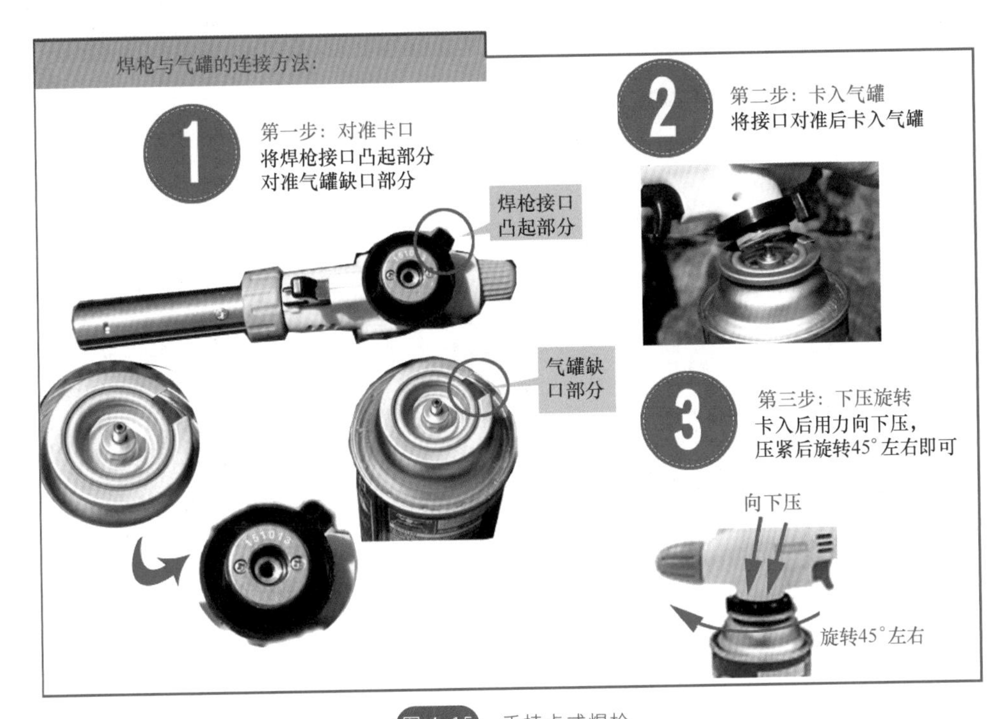
焊枪与气罐的连接方法：
1
第一步：对准卡口
将焊枪接口凸起部分
对准气罐缺口部分
焊枪接口
凸起部分
气罐缺
口部分
2
第二步：卡入气罐
将接口对准后卡入气罐
3
第三步：下压旋转
卡入后用力向下压，
压紧后旋转45°左右即可
向下压
旋转45°左右

图 4-15 手持卡式焊枪

第五章 空调器的维修方法与技能

第一节 维修方法

空调上门维修有以下几种方法。

图 5-1 连接管接头上有油迹

（1）看　即通过“看”来判断故障部位和原因，具体如以下方面。

① 看室内、室外连接管接头处是否有油迹（图 5-1 所示为连接管接头上有油迹），主要是看连接管接头处是否存在松动、破裂；看室内蒸发器和室外冷凝器翅片上是否有积尘、积油或被严重污染。

② 看室内、室外风机运转方向是否正确，风机是否有停转、转速慢、时转时停现象。

③ 看压缩机吸气管三通阀处是否存在不结露、结露极少或者结霜（正常应为结露，有水滴；粗管和细管均结霜为制冷剂过多，只有粗管结霜为制冷剂过少），毛细管与过滤器是否结霜，判断毛细管或过滤器是否存在堵塞。

④ 看故障代码显示，并根据其含义来判断故障点。

⑤ 查看压敏电阻、整流桥堆、电解电容、三极管、功率模块等是否有炸裂、

鼓包、漏液，线路是否存在鼠咬、断线、接错位及短路烧损故障现象。

（2）听　即通过“听”来判断故障部位和原因，具体如以下方面。

① 听室内、室外风机运转声音是否顺畅；听压缩机工作时的声音是否存在沉闷摩擦、共振所产生的异常响声。

② 听毛细管或膨胀阀中的制冷剂流动是否为正常工作时发出的液流声。

③ 听电磁四通阀换向时电磁铁带动滑块的“啪”声和气流换向时是否有“哧”声。

（3）摸　即通过“摸”来判断故障部位和原因，具体如以下方面。

① 摸风机、压缩机外壳是否烫手或温度过高；摸功率模块表面是否烫手或温度过高。

② 摸电磁四通阀各管路表面温度是否与空调的工作状态温度相符合，该冷的要冷，该热的要热。

③ 摸单向阀或旁通阀两端温度是否存在一定的差别，以判断阀是否打开，开度是否正常。

④ 毛细管与过滤器表面温度是否比常温略高，或者出现低于常温和结霜。

提示：在检修空调器因内部导线与铜管摩擦引起的铜管穿孔故障时，往往会因导线绝缘层磨损而出现内部线芯与铜管搭铁的现象，此时整机外壳都会有电，一旦用手去触摸，会引起电击。所以故障试机时一定要用试电笔检测机壳是否有电，处理故障时一定要完全断开电源插头，以免引起维修人员伤亡事故。此类事故在实际维修特别是高楼空调外机维修中并不少见。切记！

（4）闻　即通过“闻”来判断故障部位和原因，具体如以下方面。

① 闻风机或压缩机的机体内外接线柱或线圈是否有因温升高而发出的焦味，若有焦味则有可能是线圈或接线柱烧断。闻电路板、三极管、继电器、功率模块等是否有焦味。图 5-2 所示为压缩机接线柱烧断案例，此类故障会闻到明显的焦味。遇压缩机接线柱烧断，先用小锉刀将接线柱的氧化层打磨掉，将烧掉的电线截断一截，再剥出外皮，在线端冷压一个子弹头插簧头（如图 5-3 所示），再购买一个压缩机专用接线柱修理铜头（如图 5-4 所示），先将插簧头插入修理铜头的

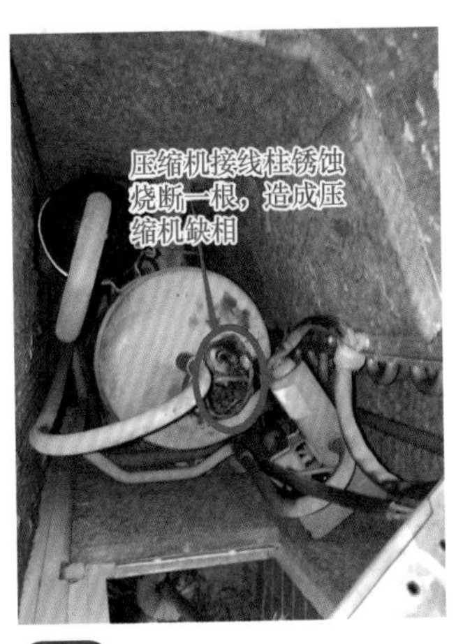

图 5-2　压缩机接线柱烧断案例

十字螺钉一端，旋紧螺钉，再将铜头的另一端插入压缩机接线柱上，旋紧内六角螺钉即可。若没有专用修理铜头，也可从废旧空气开关上拆下一个接线卡（如图 5-5 所示）代替修理铜头，修理效果也是一样的。

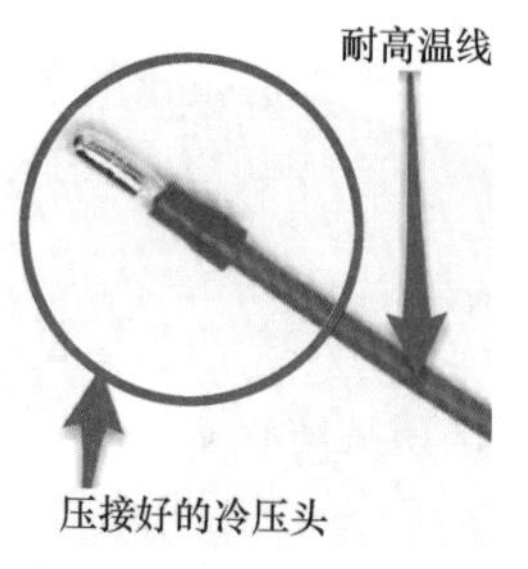

图 5-3　在线端冷压一个子弹头插簧头

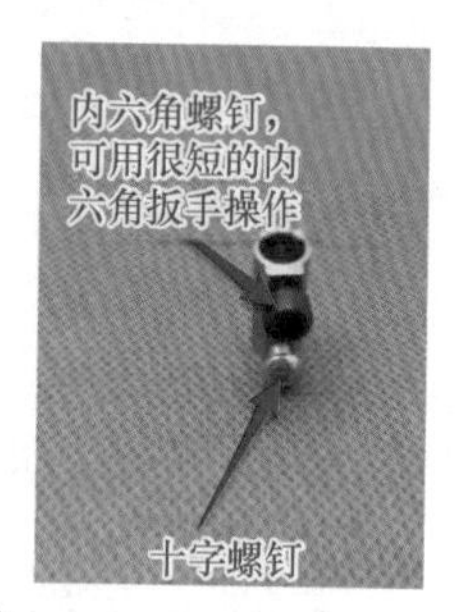

图 5-4　压缩机专用接线柱修理铜头

② 闻切开制冷管路后管路及压缩机排出的制冷剂和冷冻油是否带有线圈烧焦味或冷冻油被污浊味。

（5）测　即使用专用仪表和维修工具对相关部位进行测量，来判断分析故障部位和原因，具体如以下方面。

① 测量室内、室外机进出风口温度是否正常。

② 测量压缩机吸排气压力是否正常。

③ 测量电源电压和整机工作电流与压缩机运转电流是否正常。可用钳形电流表检测室外机零线总电流是否正常进行判断（如图 5-6 所示），例如 1.5P 的挂机，其室外机工作电流在 5A 左右则说明正常，若只有 2 ～ 3A，则可能是压缩机缺相，还有一相没有电流，重点检查压缩机接线柱、绕组、电容和供电电路。

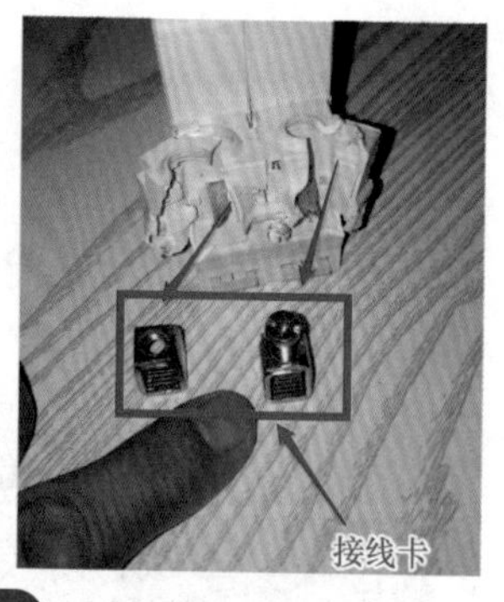

图 5-5　从废旧空气开关上拆下一个接线卡

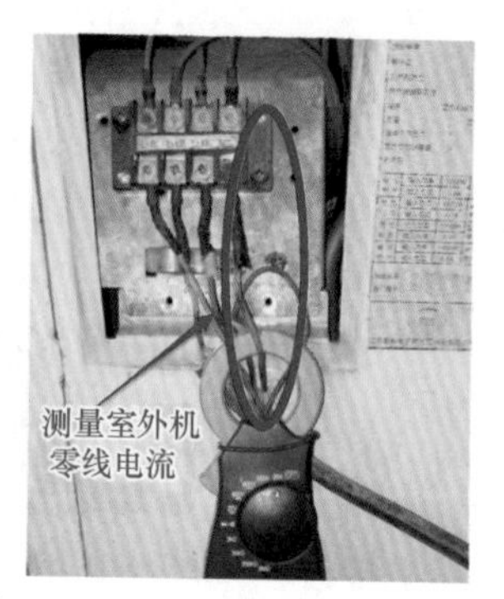

图 5-6　用钳形电流表检测室外机零线总电流

④ 测量风机、压缩机线圈间的电阻值是否存在开路、短路或碰壳。

⑤ 测量功率模块输出端电压是否存在三相中不平衡、缺相或无电压输出。

提示：若出现碰壳现象，空调的室内外机外壳均会带电，检修时一定要注意安全，先用试电笔测试空调外壳是否带电，若带电则要断开总电源再进行检查，不能带电进行检查。

⑥ 测量线路及元件的阻值、电压、电流等判断分析线路及元件是否存在不良及损坏。

第二节 维修技能

维修空调时应熟练掌握以下技能。

① 当故障是用遥控器开机空调无反应时，为了快速判断是遥控器还是空调故障时，首先应使用空调的应急按钮键；另外，最好带上一部好遥控器，如果用备用遥控器能开机，肯定是遥控器故障。当遥控器确定无故障，信号无法接收时，可用室内机强制运行开关验证。强制运行时，室内贯流风机和室外压缩机若运转正常，制冷效果良好，则证明空调器室内机红外接收部位有故障。

② 空调通电后无任何反应时，一般是检查变压器、保险管、整流桥，但主要是测量 5V 等电压，若电压均正常，则这种问题大部分出在 CPU 旁边的晶振上，更换晶振即可。

③ 当故障是遥控器的定时功能出现时间偏差，此时用示波器检测遥控器晶振的频率来判断，但上门维修时没有检测条件，可直接更换晶振。

④ 空调不定时自动开关机故障时，可首先清洗一下接收板，若故障依旧，则更换接收头或拿下应急开关即可。

⑤ 空调开机几分钟或数十分钟后室外机自动停机，一般问题出在室内管温传感器上，更换即可。

⑥ 当空调开机出现各种故障代码，但上门时无法查到故障代码含义，此时直接进行以下几项检查一般问题都可以发现，如观察电路板和室内外机是否过脏，测室内外机连接线，测传感器，测电源电压，检测电动机是否掉相等。

⑦ 空调显示故障代码有两种：一种是通电即显示故障代码，一般问题出在电源、连机线、信号线和主板上；另一种是运行一段时间后显示故障代码，一般问题出在传感器上。

⑧ 当空调出现故障时，怀疑问题出在控制系统上，可将室内机控制器上的开关置于“试运行”挡上（此时微处理器会向变频器发出 50Hz 频率信号），若此时

空调器能正常运转，且工作频率不变，可排除整个控制系统有问题的可能；若空调器运转失常，则问题出在控制系统。

⑨ 对于变频空调来说，当开机无反应时，一般是室内机开关电源损坏。若室内机指示灯亮，但室外机不工作，一般会出现故障代码提示，若未出现故障代码提示，则重点检查连机线上的脉冲载波电压是否正常。若为恒定电压，则说明室内外机通信异常。重点检查连机电缆是否松动，接头是否氧化或线序接错，变频空调连机线中火线和零线的顺序是否接反。变频空调连机线中火（L）线和零线（N）不能接反，因为零线是信号线（S）的回路，若接反了，则信号线没有回路了。切记！

⑩ 上门检修变频空调时，因变频空调故障大多集中在室内外机电脑板上，更换电脑板可解决大部分故障，若条件允许，上门维修时最好带上同型号代换板或万能板，这样维修效率最高，也最简单。目前大部分厂家售后均采用这一维修方法。另外，变频空调室内外机通信电路故障也较为多见，除检查信号线是否连接正常外，还要重点检查室内外机信号电路的通信光耦、通信供电电路的降压电阻、电抗器等元件。

提示：新型空调主板表面大多涂了一层透明防潮绝缘胶，检修时应用特尖表笔的尖头轻轻穿透绝缘层才能接触到焊点，否则表笔与焊点之间是绝缘的，容易造成检测错误。

⑪ 从上门维修的统计数据看，变频空调制冷系统故障相对电路故障要少很多，而定频空调电路故障比制冷系统故障要少很多。上门维修前一定要弄清楚对方空调是哪种类型，哪个型号。用户搞不清楚型号，可要求用户将铭牌拍照发来，以便带上相应的制冷剂和维修工具，因为变频空调换制冷剂大多要抽真空，而定频空调则不一定需要。

⑫ R32、R290 制冷剂空调是目前维修难度较大的一类空调，因其易燃易爆，一定要注意安全（R290 严禁用焊枪维修）。上门维修时应带上多个防拆卸接头，焊接防拆卸接头之前要完全放空管道内制冷剂且必须进行抽真空处理，焊接时远离高温、有烟火的地方，单独焊接，以免产生爆炸。R32 制冷剂空调室内机管道连接部分全部要使用防拆卸螺母（如图 5-7 所示，铜帽内有倒扣，只能旋进，不能旋出）。管道延长能不焊接的尽量不焊，采用铜管对接头（图 5-8 所示为同径对接头，图 5-9 所示为异径对接头）连接快速安全。采用防拆卸螺母连接或对接头连接时，高低压管在接头处应错位连接（如图 5-10 所示），不得平位连接，以便坚固螺母和包扎保温管。

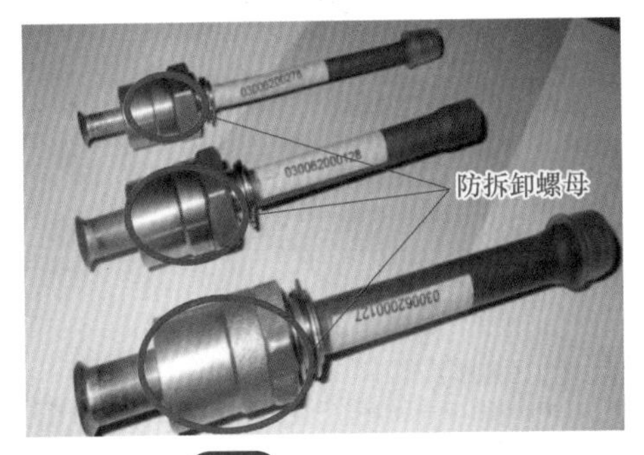

图 5-7 防拆卸螺母

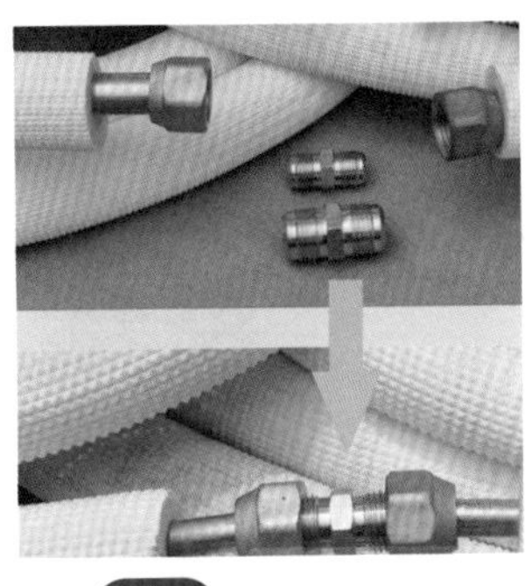

图 5-8 同径对接头

图 5-9 异径对接头

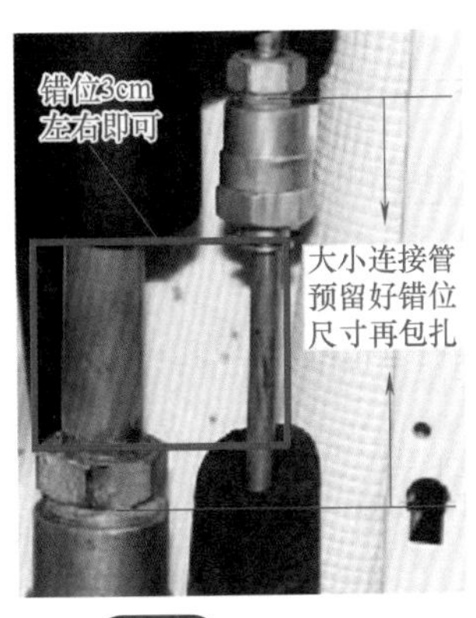

图 5-10 错位连接

第三节 换板维修

扫码看视频5-1

变频空调换原装板

一、原配控制板换板维修技巧

对于控制板损坏严重的空调器建议采用换板维修，这样既方便又快捷。采用原配控制板代换的方法比较简单，直接购买相同型号、相同编号的控制板，接插件直接插上即可使用。

需要注意的是，同一个品牌的空调器控制板大多不可以直接换板维修。一定要注意配件编号相同，如图 5-11 所示。只有相同型号、相同编号的控制板才能直接代换。

图 5-11　控制板编号识别

二、通用控制板换板维修技巧

空调器生产厂家的转、停产给空调器维修增加了难度，尤其是控制板。在无法找到原厂产品的情况下，只能换用通用控制板。

通用控制板又称万能板，一般用于普通空调器的换板维修。图 5-12 所示

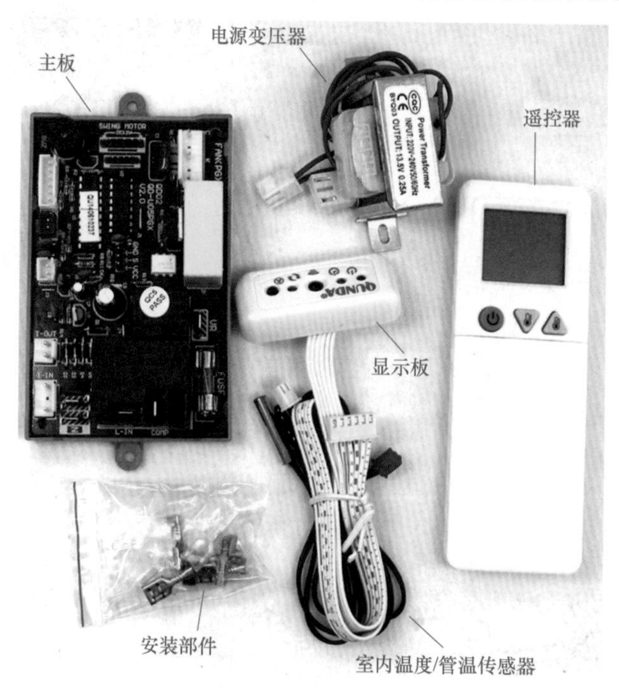

图 5-12　壁挂式空调万能板

为壁挂式空调万能板，主要组件包括主板、电源变压器、显示板、室温 / 管温传感器、遥控器等。

代换万能板之前，应注意连接端口匹配 、换板型号匹配，一般在其包装盒上附有线路连接图和产品说明。图 5-13 所示为某壁挂式空调器万能板线路连接。

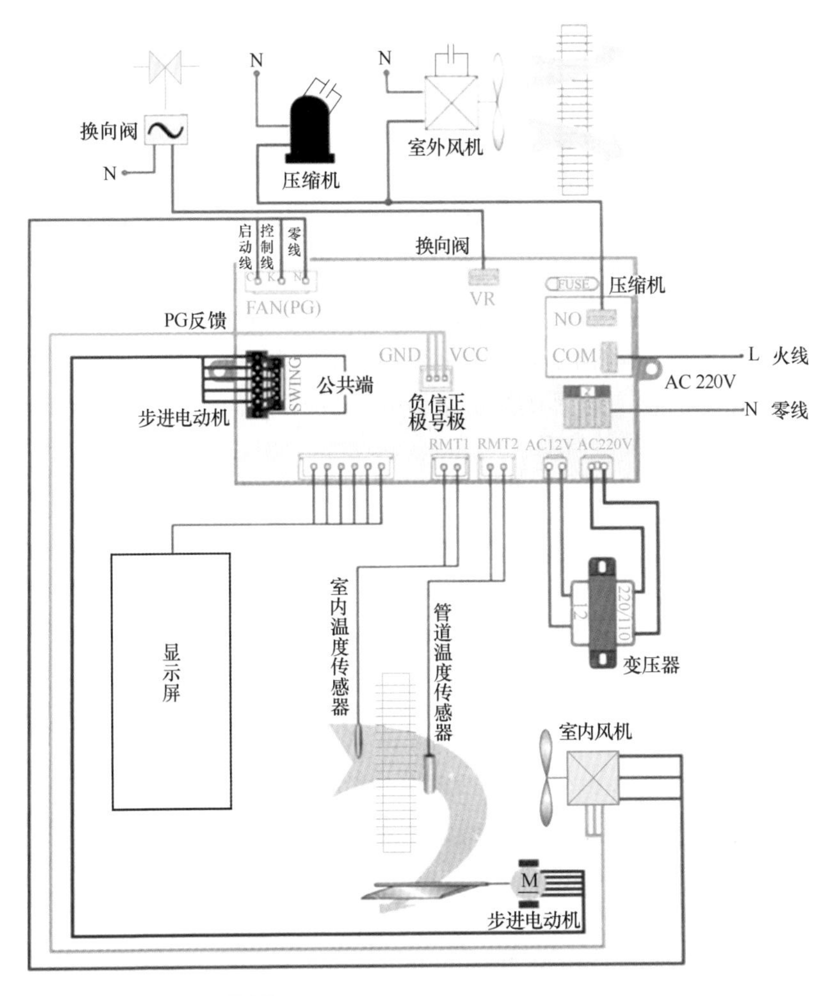

图 5-13　某壁挂式空调器万能板线路连接

室内风扇电动机的风速，通用控制板是利用三个继电器来进行转换的。如果空调器风扇电动机是抽头式的，三个抽头分别接在通用控制板的三个风速挡上即可。如果室内风扇电动机是 PG 电动机的话，不能按照抽头电动机方式来改，只有一个最高风速挡，因为通用控制板一般没有采用 PG 电动机的转速反馈插座（六线 PG 风机插头，只用了一个三线大插头，还有一个三线转速小插头无法使用），这样 PG 电动机就变成了普通交流电动机，风速是不可调的。

典型普通壁挂式空调器万能板的换板维修可参照如下操作方法。

扫码看视频5-2

换通用主板

① 首先取下损坏的控制板。

② 用万用表电阻挡测量室内抽头风机的五根线。阻值大的两根接电容，把这两根线并在一起，测其他三根，阻值大的为低速风挡、阻值小的为高速风挡，剩下的为中速风挡。如果是 PG 电动机，则六根线只用三根粗线，三根细线空置不用。

③ 将高、中、低三根线分别插到控制板上，再从接电容的两根线中并入一根接电源。如果试机发现风机转向不正确，可调换之。若是 PG 电动机，则将三根粗线插入风扇插座。注意主板上接电容的插针要与风扇上接电容的引线对应。

④ 步进电动机接线的电源端子必须与通用控制板插座的电源端子之一对接，步进电动机才能工作。步进电动机采用五根线，插针有 6 根，其中两端的两根插针之间通的均是电源正极线（红色线）。如果步进电动机反转（造成风门反转并出现异响），则将插头从插针的另一头插入，插头红线仍然接插针的电源正极线，这样可使步进电动机的转向相反。

⑤ 接好四通阀及室外机连线。线头插件可能需要改装，万能板一般随板附送了改装的插件，根据主板上的插座改装插线的插件。

⑥ 恢复所有安装，试机正常的话，则换板成功。

⑦ 换定频空调万能主板时，看起来复杂，其实很简单，先拍照并拆除原机板所有的连线，将万能板上能插的插件全部插好，剩下的就只有电源、电磁阀、辅助加热器、压缩机、室内风机、摆风风机几个插头，一一接入即可。接入时注意风机的零线和电容线插针位置及摆风电动机的电源正极位置不要搞错。

三、变频空调器室外电源板换板维修技巧

变频空调器室外电源板如图 5-14 所示，主要由高直流电压、强滤波及控制电路组成。更换时应注意以下事项。

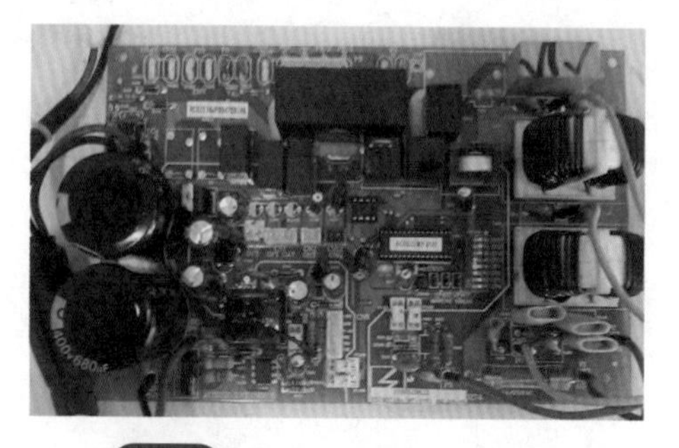

图 5-14 变频空调器室外电源板

① 由于室外电控多为强电部件，控制器采用部分隔离的控制方式，许多回路与强电共地，因此操作时务必注意人身安全。

② 室外电源板电路在维修过程中，由于强电与弱电之间比较近，要注意测量“地”等安全问题。

③ 因室外电源板上有大的电解电容，电源切断后电容仍有大量余电需要释放，应使电容放电完毕后再进行操作，放电时间约为30s；或者在DC−、DC+之间外接一负载（如电烙铁等）进行人工放电。电荷放尽以后，用指针式万用表“$R\times10k$”挡检测，指针应指到“0”，然后慢慢退到“∞”，否则说明电解电容器损坏。

④ 在进行维修之前一定要对室外电源板电路有一定的了解，最基本就是要了解电路是由几部分组成，各部分大概在什么位置，可能的作用是什么。

⑤ 对于一拿到室外电源板就开始测量，或直接上电检测是极不科学的维修方法，很有可能造成被维修板二次损坏。

⑥ 室内外连接线线序必须保持正确，否则除无法工作外，可能还会损伤电控制器。拆卸螺钉时应注意防护，避免有螺钉或其他异物掉落到电路板上或电控盒里，若有则必须及时清理。

四、变频模块换板维修技巧

（1）变频模块的拆卸方法　当确认变频模块需要更换时，应注意检查室外电脑板是否已经放完电，因为故障机往往耗电回路已经烧断，放电速度相对缓慢。可通过目测室外板指示灯是否完全熄灭，也可以直接用万用表直流挡检测P、N之间的电压是否已经低于36V。

确认放电完成后才可以拆卸模块。这关系到人身安全，同时也可避免新更换的模块在安装时被高压打坏。

（2）变频模块线束连接方法　无论何种型号，普通功率模块基本上有七个连接点：P、N、U、V、W、10芯连接排、11芯连接排，但带电源开关的功率模块可能没有11芯连接排。维修人员在更换模块前，务必记下不同线色对应于哪一个连接点，以便再次连接时可以一一对应不会出现错误。

特别要注意的是，不同的模块七个连接点位置会有很大的差异，切不可只记连线位置。七个点中：“P”用来连接直流电正极，在有些模块中也可能标识为“+”；“N”用来连接直流电负极，在有些模块中也可能标识为“-”；“U、V、W”为压缩机线，多数按照“UVW-黑白红”的顺序进行连接，但也有很多例外（如变频一拖二），建议按照室外机原理图进行连接；“10芯连接排”是模块的控制信号线，该线有反正之分，已经通过端子的形状进行限定，安装时应确保插接牢固；“11芯连接排”是模块驱动电源，有的机型可能没有，该线也分反正，已经通过端子的形状进行限定，安装时确保插接牢固。

安装变频模块时要注意，“P、N、U、V、W”任意两条线连错，只需要一次开机上电就会造成无法预料的模块损坏。

(3) 更换变频模块注意事项　更换变频模块时，切不可将新模块接近有磁体，或用带静电的物体接触模块，特别是信号端子的插口，否则极易引起模块内部击穿。

使用没有风机电容的变频模板代换时，需外接一个 2.5μF 的风机启动电容，接线方法如图 5-15 所示。

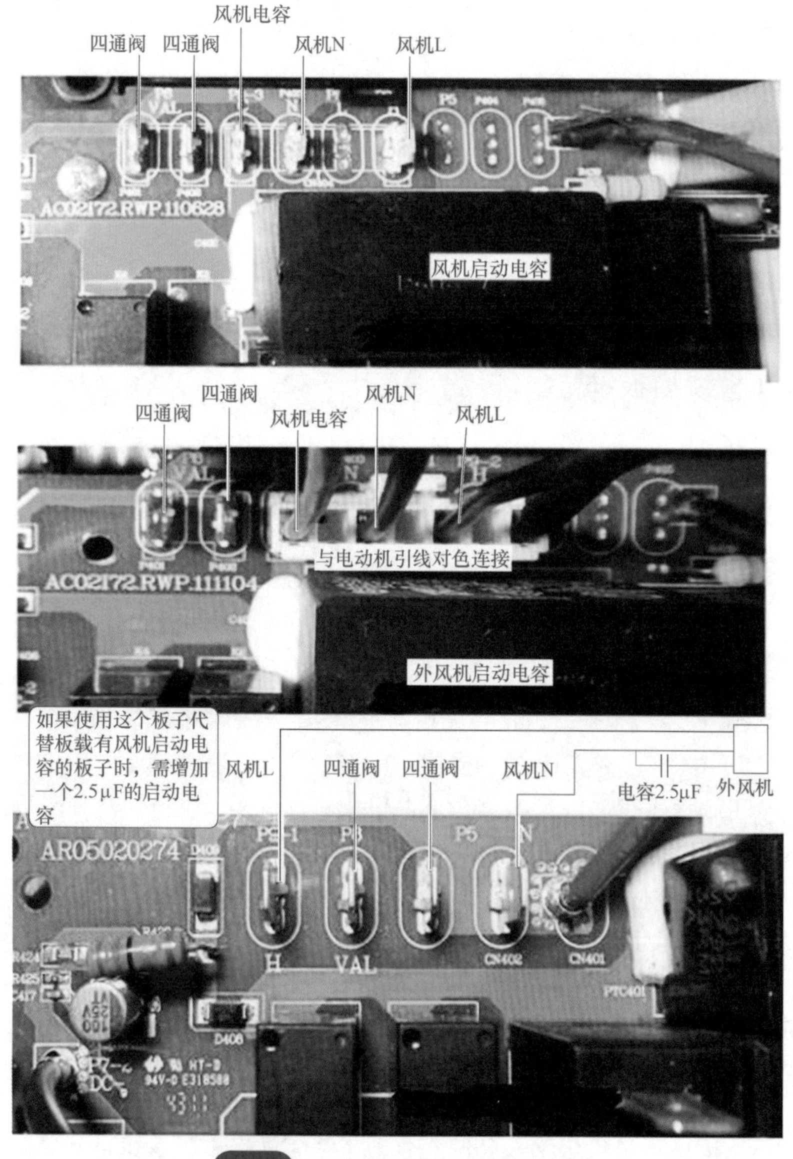

图 5-15　加装风机启动电容接线方法

提示：全直流一级变频空调换板时，最好采用原厂板进行代换。这类空调一般只有室内和室外两块电脑板，因为压缩机和风机均是直流变频，所以均没有启动和运行电容。原板直接代换可快速排除大部分电路故障。若原智能空调已联网，而联网信息是保存在WIFI模块中，只要WIFI模块没有更换，换板后空调不用重新联网。

空调移机加制冷剂

家用分体式空调器的移机共由准备工作、回收制冷剂、拆室内机、拆室外机、运输、空调器的重新安装、运行调试加制冷剂七个步骤组成。上述操作过程都必须严格按照规定操作，才能让空调移机后的制冷效果不受影响。

1. 准备工作

① 确定上门施工人员。要求至少两人或两人以上熟练的制冷修理工。

② 确定空调移动到的位置，检查管路的长度是否足够，空调的安放位置是否适合，是否符合各种要求等。空调的移机也需要符合一般安装空调位置的要求。

③ 准备好上门移机需要的材料和器材，包括制冷修理工具一套、室内外机固定用膨胀螺钉及需要更新、延长的管道、接头等材料。

提示：空调器延长管路就要相应地增加制冷剂（以R410A为例），一般5m长的管道不增加制冷剂，7m长的管道要增加40g制冷剂，15m长的管道要增加100g制冷剂。

扫码看视频5-3

空调移机收氟

2. 回收制冷剂

回收制冷剂是非常关键的一步，无论是冬季还是夏季移机，拆机前都必须把空调器中的制冷剂收集到室外机的储液罐里（如图5-16所示）。具体操作如下。

① 首先接通电源，用遥控器开机，设定制冷状态。

② 待压缩机运转5min后，用扳手拧下室外机上液体管、气体管接口上阀杆封冒，如图5-17所示。

图 5-16 室外机的储液罐

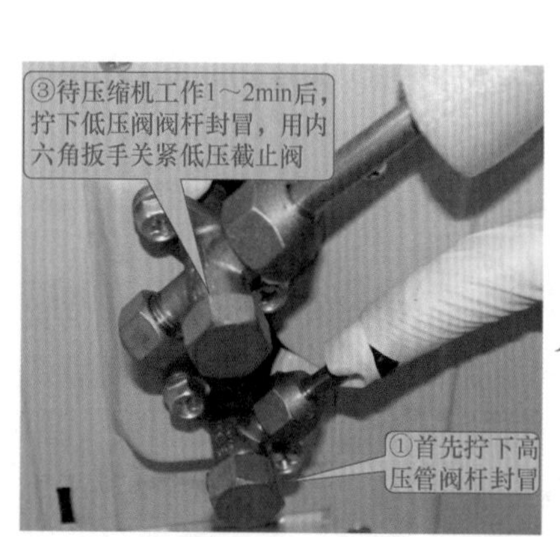

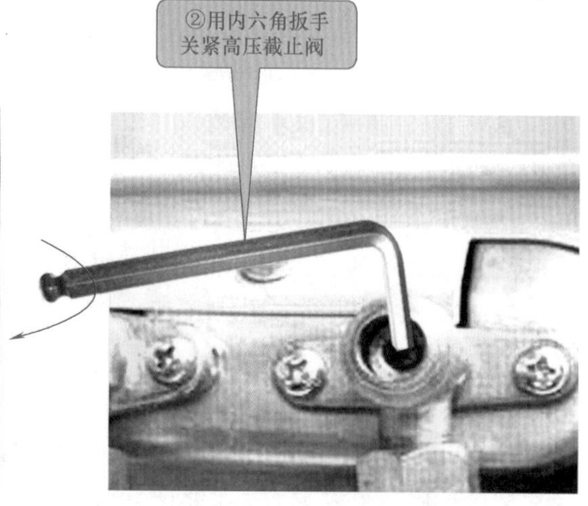

图 5-17 回收制冷剂示意图

③ 用内六角扳手先关低压液体管（细）的截止阀（即关紧高压截止阀），待压缩机工作约 1 ～ 2min 后低压液体管外表看到结露，再关闭低压气体管（粗）的截止阀（即关紧低压截止阀），同时用遥控器关机。

④ 最后，拔下 220V 电源插头，回收制冷剂工作结束。

回收制冷剂应注意的是：要根据制冷管路的长短准确控制时间。时间太短，制冷剂不能完全收回。时间太长，由于低压液体截止阀已关闭，压缩机排气阻力增大，工作电流增大，发热严重。同时，由于制冷剂不再循环流动，冷凝器散热能力下降，压缩机也无低温制冷剂冷却，所以容易损坏或减少使用寿命。

控制制冷剂回收“时间”的方法有表压法和经验法两种。所谓表压法，即是在低压气体旁通阀连接一个单联表，当表压为 0 时，表明制冷剂已基本回收干净，此方法适合初学者使用。所谓经验法，即是凭维修经验积累出来的方法，通常5m的制冷管路回收48s即可收净。收制冷剂时间长压缩机负荷大，用耳听声音变得沉闷，空气容易从低压气体截止阀连接处进入。

3. 拆室内机

制冷剂回收后，可拆卸室内机。操作步骤如下。

① 首先用扳手将室内机连接锁母拧开，用准备好的密封纳子旋好护住室内机连接接头的螺纹，防止在搬运中碰坏。

② 用十字螺丝刀拆下控制线，同时应做标记，避免在安装时接错。如果信号线或电源线接错，会造成室外机不运转，或机器不受控制。

③ 室内机挂板一般固定得比较牢固，拆卸起来比较困难，往往会造成挂板出现变形，可取下挂板，置于平面水泥地再轻轻拍平、校正。

4. 拆室外机

拆室外机具有安全风险，应由专业制冷维修工在保证安全的情况下拆卸。具体拆卸步骤及注意事项如下。

① 拧开室外机连接锁母后，应用准备好的密封纳子旋好护住室外机连接接头的螺纹。

② 用扳手松开室外机底脚的固定螺钉。

③ 拆卸后放下室外机时，最好用绳索吊住，卸放的同时应注意平衡，避免振动、磕碰，并注意楼下车和行人，在确保安全的前提下进行作业。

④ 应慢慢捋直室外空调器的接管，用准备好的四个堵头封住连接管的四个端口（如图5-18所示），防止空气中灰尘和水分进入，并用塑料袋扎、盘好以便于搬运。

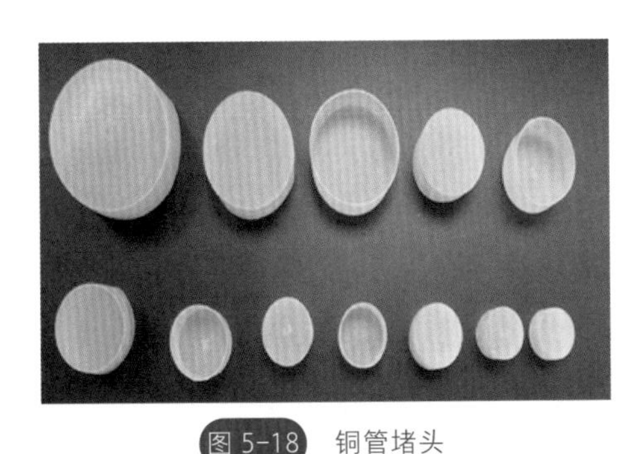

图5-18 铜管堵头

5. 运输

① 运输时，先将空调的连接管圈成小圈，这样更方便运输。

② 将室内机、室外机、连接管放在运输车上，必须平稳，不得将室内机放在室外机上，防止跌落损坏。

③ 运输及搬运过程中，应该轻拿轻放。

6. 空调器的重新安装

空调器的移机重装方法与先前介绍的新机安装方法基本相同，这里不再叙述。重装室内外机时应注意以下几点。

① 准备重新安装空调器之前，应先对空调的内外部进行清理，包括卸下壁挂机或柜机室内机的过滤网进行清洗。

② 安装室内机及连接管时，应先将连接管捋直，查看管道是否有弯瘪现象（如图 5-19 所示），检查两端喇叭口是否有裂纹，如有裂纹，应重新扩口，以免造成泄漏。

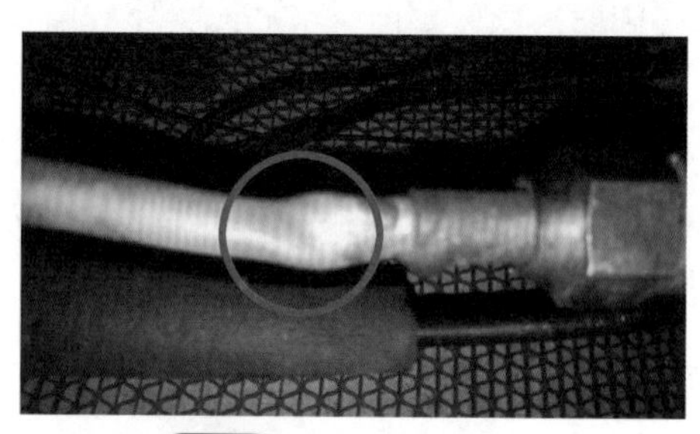

图 5-19　管道有弯瘪现象

③ 检查控制线是否有短路、断路现象，在确定管路、控制线、出水管良好后，把它们绑扎在一起并将连接管口密封好。

7. 运行调试加制冷剂

重新安装好室内外机后，需要运行调试制冷效果，以确定是否需要加制冷剂。在空调器移机中，只要是按操作规范要求去做，开机运行后制冷良好，一般不需要添加制冷剂。但对于使用中的微漏，或在移机中由于排空时动作迟缓，制冷剂会有微量减少，或由于移机中管道加长等因素，空调器在运行一段时间后就不能满足正常运行的条件。如果出现如下情况，则必须补充制冷剂：压力低于 4.9kgf/cm^2（$1\text{kgf/cm}^2=98.0665\text{kPa}$）；吸气管道结霜；电流减小；室内机出风温度不符合要求。

运行中补制冷剂，必须从低压侧加注。

① 补制冷剂前，先旋下室外机三通截止阀工艺口的螺母，根据公、英制要求选择加气管。

扫码看视频5-4
移机安装

② 用加气管带顶针端把加气阀门上的顶针顶开与制冷系统连通，用一根加气管一端接三通表，另一端虚接 R22 气瓶，并用系统中制冷剂排出连接管的空气，如图 5-20 所示。

③ 听到管口有“嗞嗞”响声 1 ～ 2s 后，空气排完，拧紧加气管螺母，打开制冷剂瓶阀门，把气瓶倒立，缓慢加制冷剂。

④ 当表压力达到 4.9 ～ 5.4kgf/cm^2 时，表明制冷剂已充足。

⑤ 关好瓶阀门，使空调器继续运行，观察电流、管道结露现象，当室外机水管有结露水流出，低压气管（粗）截止阀结露，确认制冷状况良好。若制冷剂加注过多，则会出现如图 5-21 所示的双管结霜现象。

⑥ 卸下三通阀工艺口加气管，旋紧螺母，移机成功。

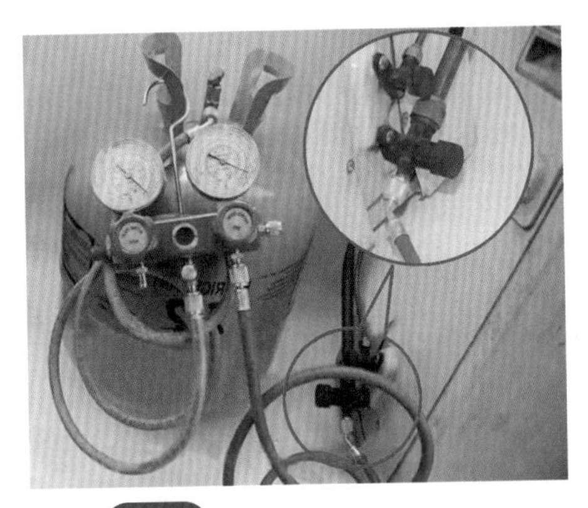

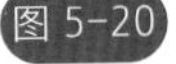
图 5-20 补制冷剂操作示意图

图 5-21 双管结霜现象

提示：变频空调加注制冷剂的运行压力要大于定频空调的压力，通常采用 R410A 制冷剂的变频空调，其运行压力要达到 8~9kgf/cm^2（表压）才是最佳充注量。采用 R32 制冷剂的空调按照要求不能直接用制冷剂排空法补加制冷剂，也就是说 R32 不建议按表压补加（因为运行时低压阀处的表压可达到 8~10kgf/cm^2，按表压补加容易混入空气），而是慢速放掉制冷剂，抽真空后，按空调机身上标注的制冷剂量定量加注，这样操作更安全。

第六章 空调器故障维修案例

第一节 海尔空调

例 1 海尔 KFR-35GW/03CAA21 型变频空调压缩机能转动，但室外风机不转

维修过程： 出现此故障时，首先检测室内外机的风机接线端子是否松动或接触不良，必要时修复或更换线路；若线路正常，则检查风机本身是否有问题，如风叶被挡住、电动机本体卡死、电动机绕组开路或短路等；若风机正常，则检查室外机电脑板是否有问题。室外机电脑板与风机如图 6-1 所示。

故障处理： 本例检查为外风机五线接线端子插座焊点脱焊造成风机保护不转，重新焊接后故障排除。

> 提示：变频空调的风机有直流风机，也有交流风机，区别的方法是：看风机电动机的正线，若是 5 根的则是直流风机，2 根或 3 根的则是交流风机。

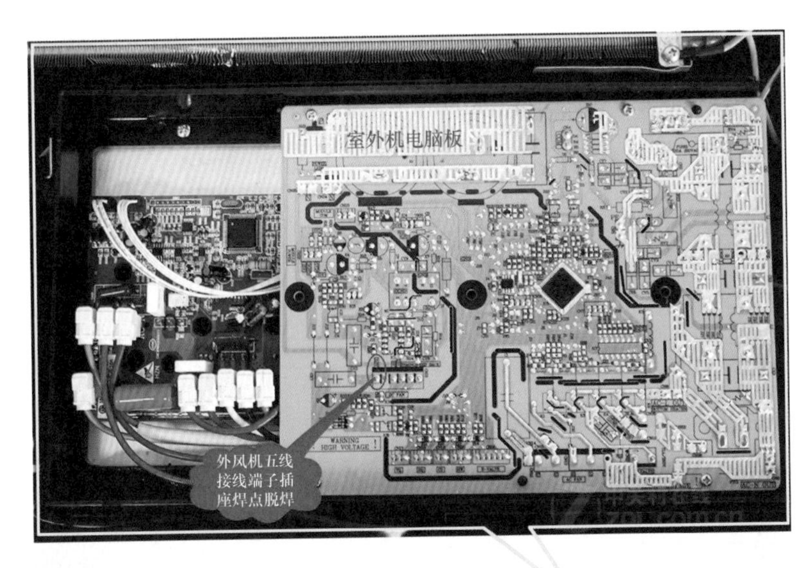

图 6-1 室外机电脑板与风机

例 2 海尔 KFR-35GW/03CAA21 型变频空调制冷效果差

维修过程：引起变频空调制冷效果变差的因素主要有：一是制冷剂泄漏；二是室外风机故障造成散热不良；三是电子膨胀阀有问题；四是室外机热交换器灰尘过多造成散热不良。电子膨胀阀如图 6-2 所示。

图 6-2 电子膨胀阀

故障处理：本例查为电子膨胀阀性能不良所致，更换电子膨胀阀即可。

> 提示：由于室外机装在室外，长时间工作热交换器上面会吸附很多的灰尘渣滓等脏物，若长时间不清洗就会造成散热效果差而使空调不制冷或制冷效果差；另外还会导致房间空气的不卫生，容易引发空调病，增加耗电量，缩短空调使用寿命等。

例 3 海尔 KFR-35GW/08PJA21AU1 自清洁变频空调开机正常，但制热时无热风吹出

维修过程：首先检查遥控器设定的温度是否低于室内温度，若是则设定温度高于室温；若温度设定正常，则检查压缩机是否运转；若压缩机不运转，则检测压缩机是否有问题（如查压缩机输入电压是否正常、压缩机引线连接是否良好、压缩机本身是否有问题等）；若压缩机能运转，则检查四通阀是否有问题（如四通阀出现换向不良或串气等）；若四通阀正常，则检查压缩机是否缺气，缺气则加制冷剂或重新抽空注制冷剂。

故障处理：本例查为四通阀线圈内部短路造成四通阀不能换向，从而导致此故障。更换同型号电磁线圈后故障即可排除。

> 提示：电磁阀电磁线圈是否有问题时，可切断电源，用万用表 $R\times1$ 挡测量电磁线圈的直流电阻值和通断情况；若测量的直流电阻值远小于规定值时，说明电磁线圈内部有局部短路。在更换电磁线圈时，应注意在没有将线圈套入中心磁芯前，不能做通电检查，否则易烧毁线圈。

例4 海尔KFR-35GW/13AXA21ATU1自清洁变频空调通电后无任何反应，手动和遥控开机无效

维修过程： 出现此故障，一般检查以下几项：

① 用户家电源插头接触是否良好；

② 室内机AC220V输入电压及交流电源线的连接是否存在问题；

③ 室内主板上的保险丝（3.15A/250V）是否完好（如查出保险丝熔断，需查明原因，可观察电脑板上220V输入电路中的压敏电阻、消干扰电容、扼流线圈有无外在损坏）；

④ 电源变压器T1是否有问题（变压器初级开路的表现是初级有AC220V，次级无交流电压输出）；

⑤ 测主板上7805（IC6）输入电压（DC12V）与输出电压（DC5V）是否正常；

⑥ 电脑板芯片是否存在问题，该机室内机电脑板型号为0011800461，如图6-3所示。

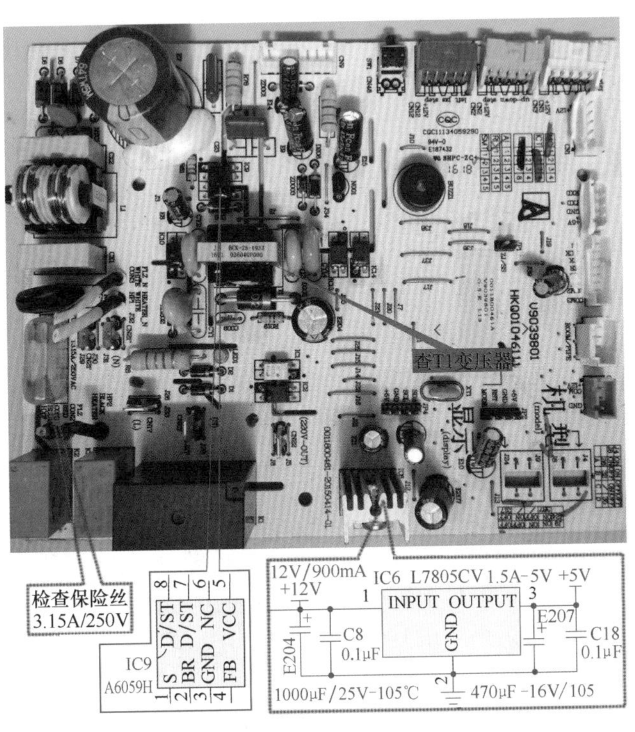

图6-3 室内机电脑板

故障处理： 该机为新机，上门维修时一般建议直接更换新电脑板，原因是：其一，电脑板具体哪部分有问题，查找需要专业能力也比较耗时；其二，维修过

的板件可靠性会降低；其三，如果是主控制芯片损坏，里面涉及的程序是无法修的，因为没有源程序，需要专业设备，而且一般来说不可修或者说不如换个新的。

提示：更换的新电脑板按照原机电脑板跳线选择保持一致，否则会出现显示异常并不能正常开机；若原机电脑板跳线无法确定，按照如图 6-4 所示，根据机型以及显示板专用号，对跳线做选择处理。

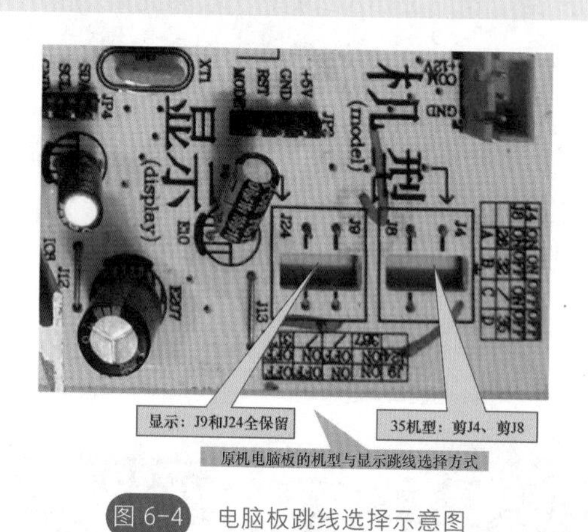

图 6-4　电脑板跳线选择示意图

例 5　海尔 KFR-35GW/15DCA21AU1 全直流变频空调室内机显示 E7 代码

维修过程： E7 代码为室内外机通信故障（2010 年检后出厂的海尔空调代码 E7 都统一为“室内外机通信故障”）。本着先易后难的原则，首先检测空调电源供电火线 2（L）、零线 1（N）和接地线接线是否正确（如火线 L 和零线 N 接反、无接地线等）；然后检测室内、室外机周围是否有干扰源（如室外机周围有无线电发射塔或其他高频设备等）；再检测室内、室外机接线端子 2、3 的载波信号电压是否正常；最后检查室内机（如图 6-5 所示）或室外机电脑板上的相关电路是否有问题。

图 6-5　室内机电脑板实物

故障处理： 本例查为室内外机通信线插件 CN23 接触不良所致，重插 CN23 接插件即可。

> 提示：更换室外机电脑板时，各接插件一定要插紧，特别是温度传感器接插件，否则会出现二次故障；不过出现二次故障时一般会有故障代码提示（该机是智能联网的，出现故障代码会自动发送到生产厂家的售后）。由于该变频空调室内外机之间没有单独的信号线，它是通过火线与公共线之间载波传输信号，所以室内外机之间火线和零线切忌不能乱接。

例 6　海尔 KFR-35GW/HDBP 变频空调开机后室外机有继电器吸合声，外风机也能运转，但不能制冷

维修过程： 首先开机观察压缩机运转，发现压缩机频繁启停且抖动，测功率模块输出电压能从 -200~30V 变化；断电，拔下功率模块（如图 6-6 所示）上 P、N、U、V、W 连线，用万用表欧姆挡测量压缩机各相阻值正常，说明压缩机无问题；再测功率模块电阻值正常，电压为稳定的 245V，试更换电源板后故障依旧；由于该机的室外机供电取自功率模块，当电源异常时可能同时烧坏，故判断问题出在模块上。

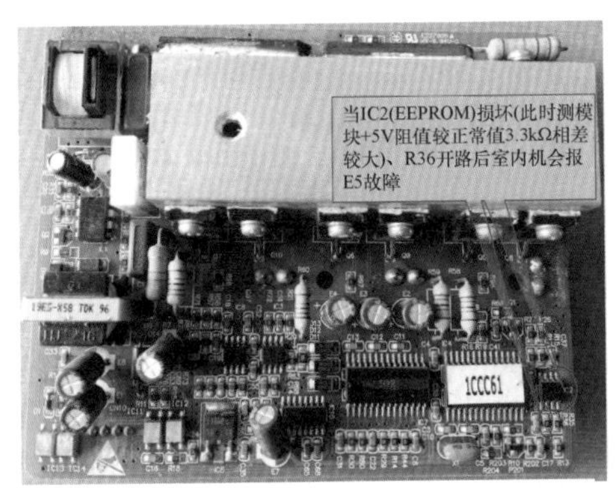

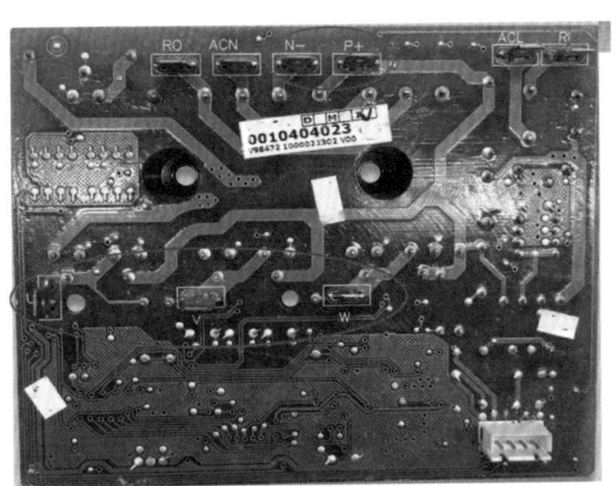

图 6-6　功率模块

故障处理： 更换功率模块（0010404023）后故障排除。

> 提示：负载电路压缩机电动机绕组匝间短路造成运行电流突然猛增，使功率模块过流过载而炸掉。更换模块时，应确保不要将新模块靠近磁体或者用静电物体触碰模块，特别是信号输入端子，否则很容易导致模块内部损坏。

例 7　海尔 KFR-56LW/01S（R2DBPQXF）-S1 自清洁变频空调显示 E3 代码

维修过程：检修时首先检查室内外机零火线是否接反，如果是则对调零火线（室内外机端子排线对应）；然后检查室外主板上线束插座（CN23、CN22 和 CN8、CN9）与功率模块相关连接线的线束端子连接是否良好，如果模块相关连接线正常连接，则更换模块；再检测室外机主芯片是否向室内机返回通信信号。室外机线路如图 6-7 所示。

故障处理：如果测室外电控电压恒为高电平（+5V）或者恒为低电平（0），则说明是室外机芯片或者通信电路故障，直接更换室外机电脑板（如图 6-8 所示）。

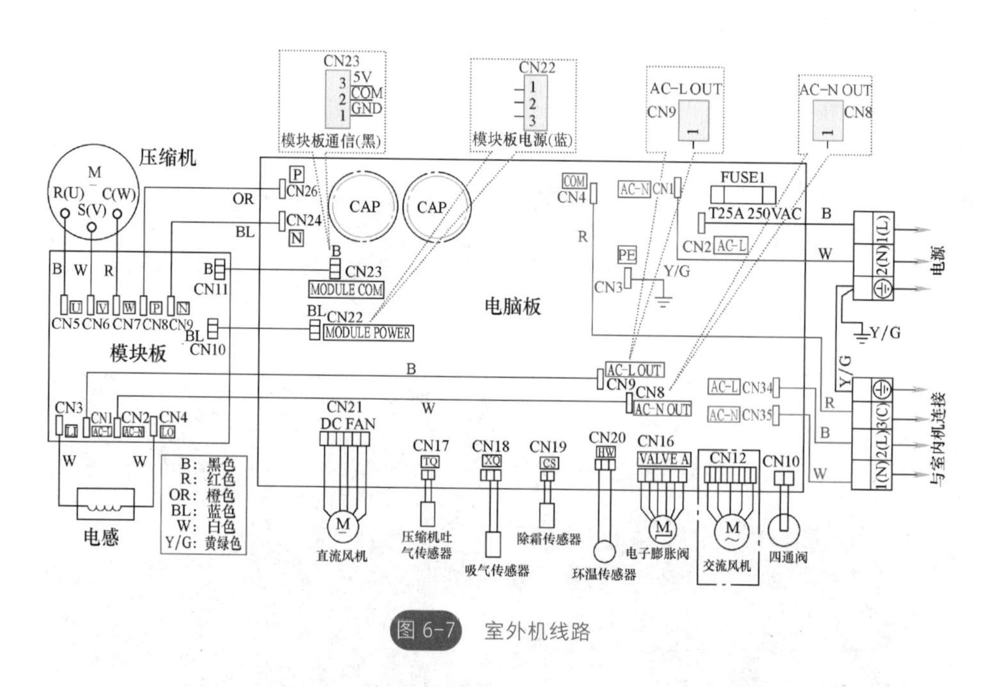

图 6-7　室外机线路

提示：① E3 代码为室内外机通信故障，其原因有：室内机或者室外机的电脑板出现了故障或者某块电脑板未正常通电；安装方面，如连接线接线错误，或者分支过多，一般只要从电源和信号两方面去检查就可以。

② 室外电控没有 +5V 电源，则室外的主芯片 IC5（M38588）不能工作，就会导致出现室内外通信故障，故室外电控部分哪一部分出现故障导致 +5V 电源不正常，都会出现室内外通信故障。

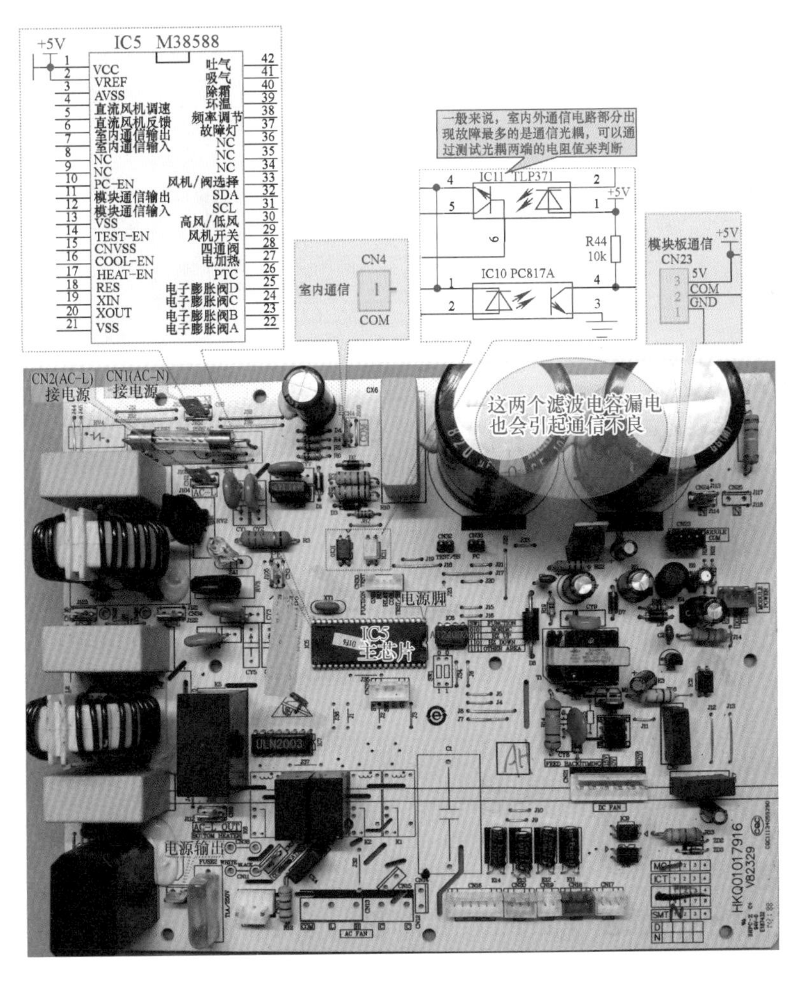

图 6-8 室外机电脑板

例 8 海尔 KFR-60LW/02RA1（R2DBPF）-S3 型柜式变频空调外机不启动，显示代码 E7

维修过程： 首先检测室外主板上 CN19 端子接触是否良好，必要时重新将端子插接一次；若 CN19 端子接触良好，则检查除霜传感器是否有问题（可将传感器插头从电脑板上拔下，然后用万用表测试两根引出线间的电阻值，同时测量温度传感器处温度，若失常则可判断传感器损坏）；若除霜传感器正常，则检测电脑板是否有问题（如查主控芯片 IC5 40 脚至插座 CN19 之间的元件是否有问题，如图 6-9 所示）。

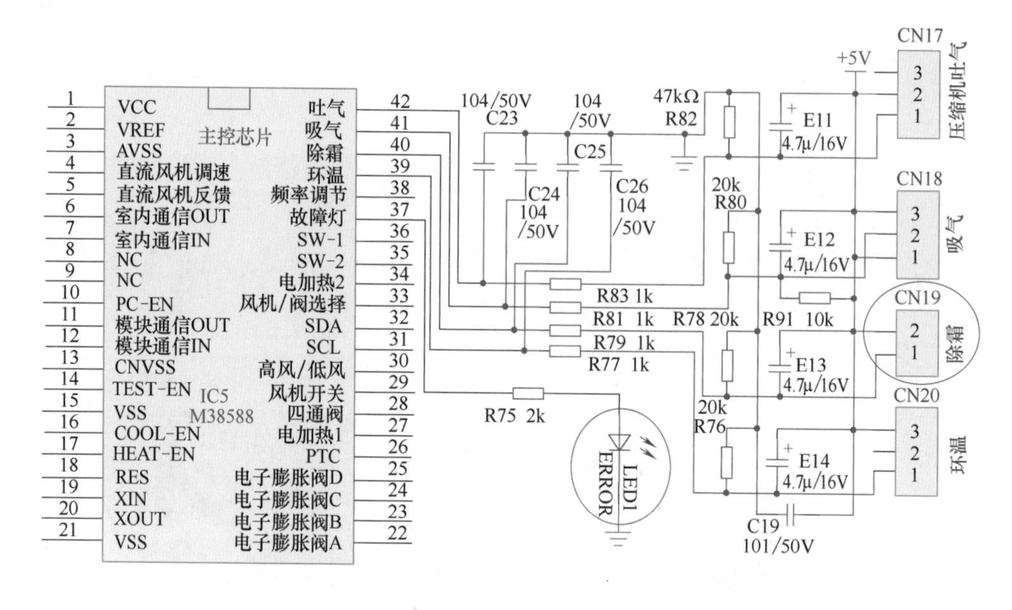

图 6-9 传感器相关部分电路

故障处理：本例查为 CN19 接插件接触不良所致，重新插接故障即可排除。

提示：E7 代码为室外除霜电阻异常，且主板上 LED1 指示灯闪烁 10 次。

例 9　海尔 KFR-68LW/U（DBPZXF）型变频空调刚开机制冷正常，但随后显示 E3

维修过程：首先检测端子排的 1-3 和 2-3 端子之间的电压，发现有交流脉冲波动电压间歇波动，说明室内机和室外机之间通信信号止常；怀疑室外机控制板有问题，但更换后故障依旧，故判定故障在功率模块上。测模块 P+ 与 N- 两端之间的直流电压为 310V 正常，但测功率模块的 U、V、W 三相输出电压不均，故判断问题出在功率模块上。图 6-10 所示为室外机线路。

故障处理：更换功率模块后故障排除。

提示：E3 代码为室内外机通信故障。有时因电脑板输出的控制信号有故障，也会导致功率模块无输出电压；因此在检修时，除了是功率模块本身问题，还要检查电脑板控制信号。

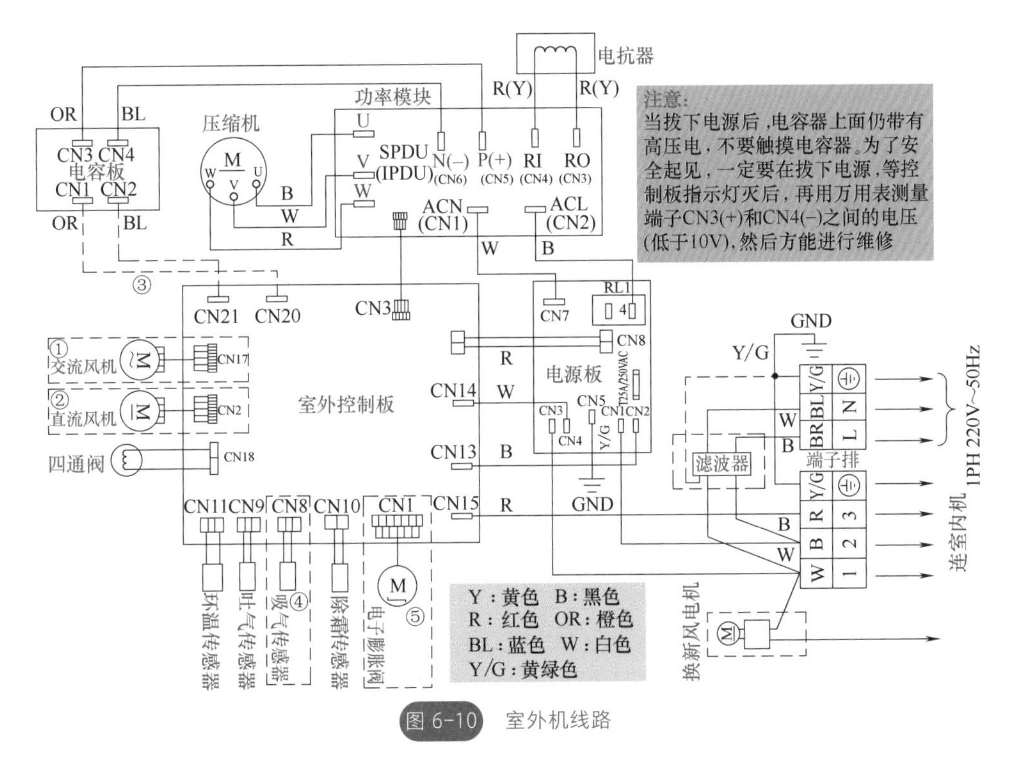

图 6-10 室外机线路

例 10 海尔 KFR-72LW/01B（R2DBPQXFC）-S1 型变频空调面板显示 F2 代码

维修过程： F2 代码为室内盘管温度传感器故障。引起室内盘管温度传感器保护时，主要检查以下几个方面：接插件 CN9 是否接触良好；室内管温传感器短路或开路；传感器阻值是否正常；传感器采样电路中元器件是否有问题。图 6-11 所示为传感器相关电路。

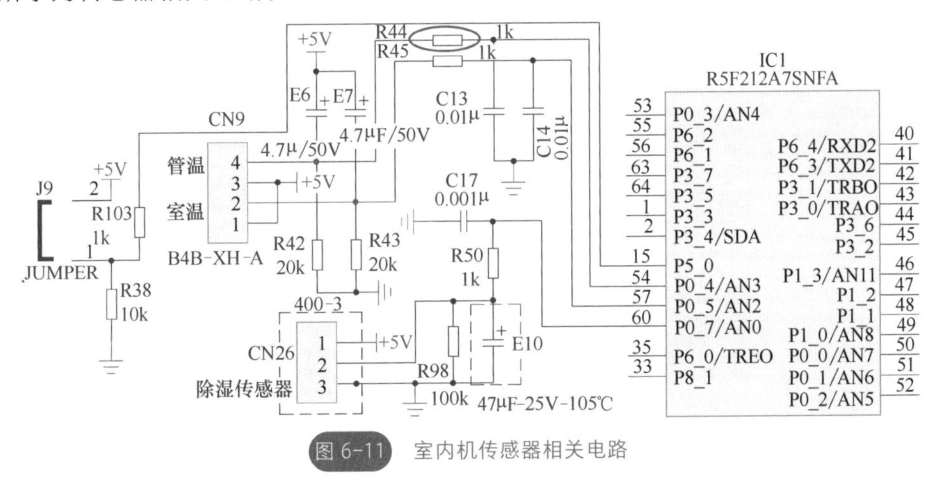

图 6-11 室内机传感器相关电路

故障处理：本例查为传感器采样电路中电阻 R44 不良造成此故障，更换 R44 后故障排除。

提示：在不同温度下传感器的阻值如表 6-1 所示。该机室内机控制器采用瑞萨芯片 R5F212A7SNFA。

表 6-1　不同温度下传感器的阻值

室内温度 /℃	5	10	15	20	25	30	35
环温传感器 /kΩ	61.51	47.58	37.08	29.1	23	18.3	14.65
管温传感器 /kΩ	24.3	19.26	15.38	12.36	10	8.14	6.67

例 11　海尔 KFR-72LW/R（DBPQXF）型变频空调显示 E3 代码

维修过程：首先检测室内外机线束端子连接良好；测室外机有 380V 直流电压，但测电脑板无 12V 电压，因 12V 电压是由模块提供（该机模块是与整流桥、开关电源做在一起的，电脑板上的电压是由模块来提供的），故判断问题出在模块内的开关电源。图 6-12 所示为室外机线路。

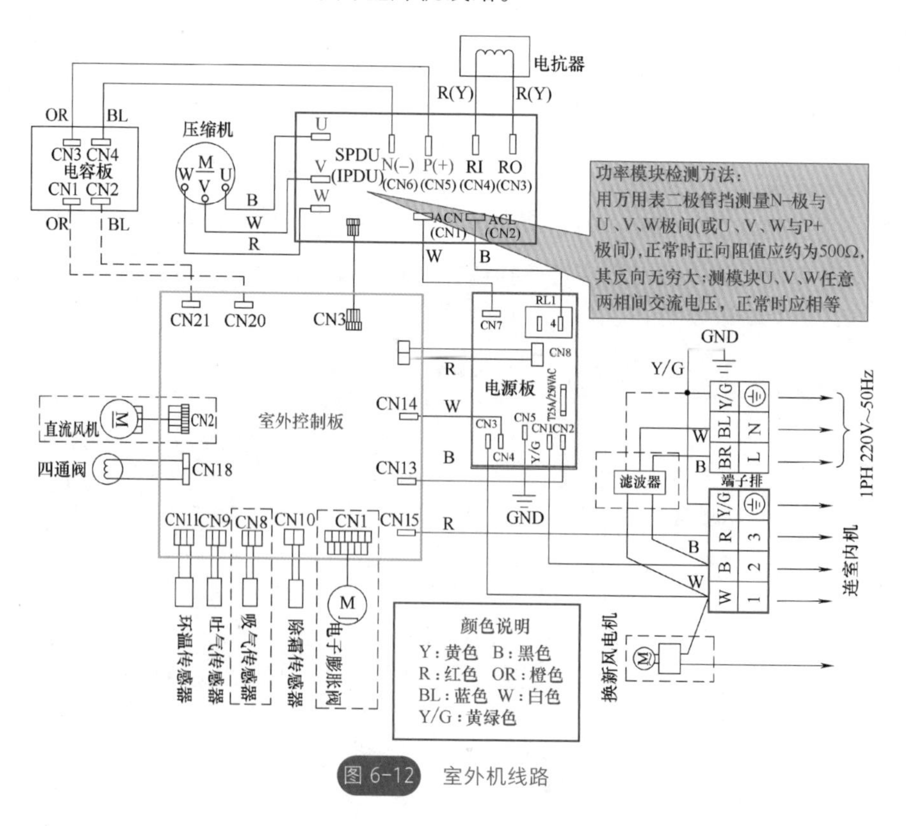

图 6-12　室外机线路

故障处理：更换功率模块后故障排除。

提示：E3 代码为室内外通信异常。

例 12 海尔 KFRD-35GW/RQXF 定频空调通电开机后室内风机不转

维修过程：首先检查风机的电动机与风叶间紧固螺钉无松动现象，再检测风扇电容器也正常，再检测风扇电动机线圈也正常，故判断故障在室内机电脑板上。检测电容 C15（1.2μF）正常，测风机驱动光耦 IC12 的 2、3 脚上压降为 0.9V，基本正常；通电后，再检测室内机电脑上相关部位的电压，发现测 IC8

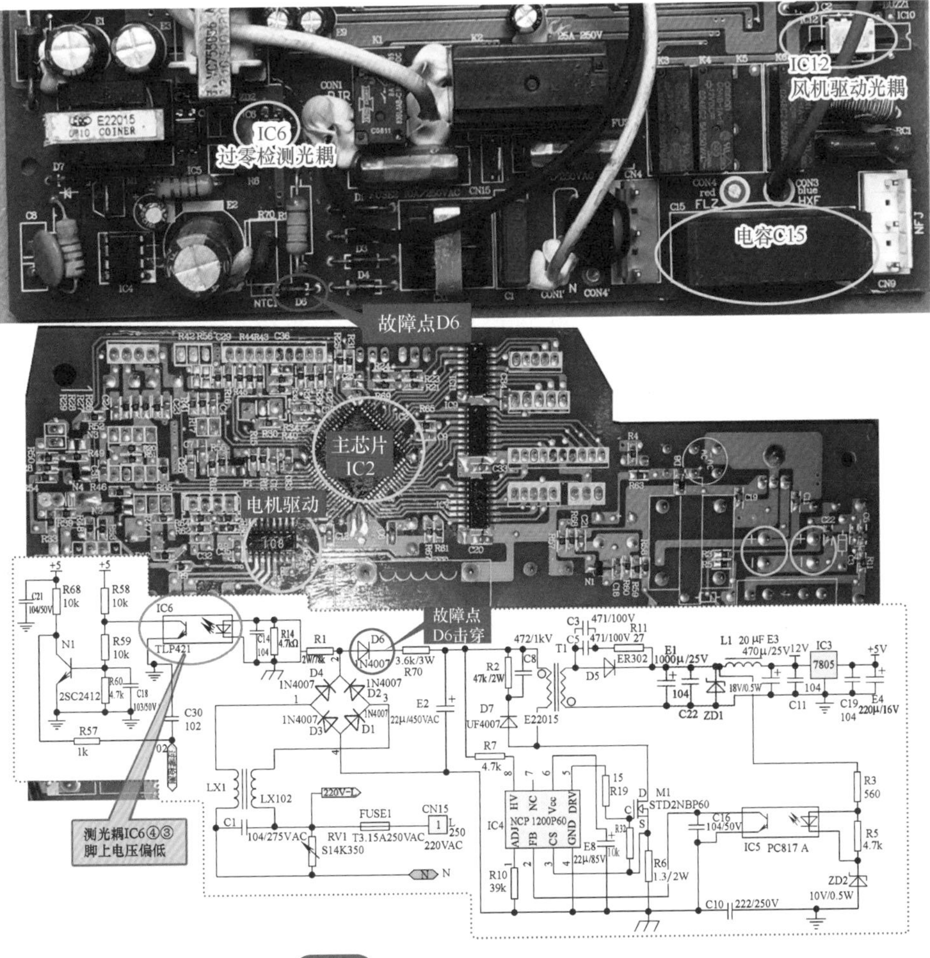

图 6-13 室内机电脑板与相关电路

(ULN2003) 16 脚上 10V 电压为 10.98V、1 脚上 0.45V 电压为 0V；断电后测主芯片 IC2（MC908AB32CFUE）16 脚有 14kΩ 对地阻值，但测过零检测光耦 IC6 4、3 脚上 0.45V 电压偏低，经查为 D6（1N4007）击穿。室内机电脑板与相关电路如图 6-13 所示。

故障处理：更换 D6 后故障排除。

> 提示：室内机电脑板型号为 0010404079。

格力空调

例 1 格力 KF-120LW/E（12368L）A1-N2（清新风）型空调显示 E3 代码

维修过程：E3 代码为系统低压保护，故首先检测制冷剂的压力是否正常（运行状态下 0.4 ～ 0.5MPa）；若压力正常，则检查压力开关和压力开关的线路（低压压力开关故障或与此连接的线路断路）；若压力开关正常，则把线拔出来测下是否有 220V 电压，若 220V 电压失常，则检查线路是否有问题；若以上检查均正常，则说明问题出在电脑板上。将压力表接在外机低压粗阀上，静态观察，发现表上的静态压力很低（正常有 $5kgf/cm^2$ 左右的压力），故判断系统缺制冷剂。

故障处理：查漏（如查室内外机铜管连接处是否存在油迹、连接铜管表面有无砂眼裂纹之处等泄漏点），补制冷剂即可。

> 提示：该机故障代码含义如下：E1 为系统高压力保护；E3 为系统低压力保护；E4 为排气管高温保护；E5 为过电流保护；F1 为室内环境感温包故障；F2 为室内管温感温包故障；F3 为室外环境感温包故障；F4 为室外管温感温包故障；F5 为排气感温包故障

例 2 格力 KFR-120LW/E（1253）V-N5K 柜式空调通电开机后室内机有风送出，但室外压缩机不工作

维修过程：首先检查是否有电加到压缩机电源端子，压缩机运行电容是否有

无容量；若电源和运行电容正常，则通电开机，观察压缩机是否启动；若压缩机启动，但运行不久就停机，则检查环境温度是否过高导致压缩机自动启动保护停机（如室外机通风不良，有网罩或墙体挡室外机导致空调热量吹不出去，室外主机脏，制冷系统堵塞等）；若室内机供电正常，外风机、四通阀吸合正常，压缩机不能启动，则检查接触器是否吸合，线圈阻值是否正常，然后再查压缩机问题（如图 6-14 所示）。

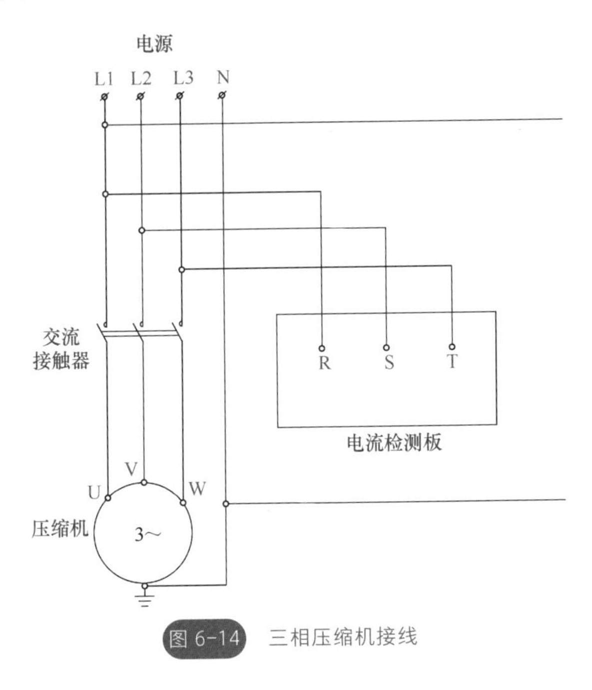

图 6-14　三相压缩机接线

故障处理：该机检测压缩机的供电电压为 0，压缩机控制交流接触器线圈两端的工作电压也正常，但断电后测压缩机控制交流接触器线圈两端的电阻值为∞，说明其已开路。更换一只同规格新的交流接触器后压缩机工作正常。

> 提示：三相柜机，压缩机一般都是由接触器控制的，接触器不吸合。交流接触器损坏一般是线圈烧断，触点松动、脏、烧焦等引起。

例 3　格力 KFR-23GW/K（23556）B3-N3（绿嘉园）定频空调无法遥控开机

维修过程：到达现场试机，用遥控器不能开机，但能强制开机，初步可判断为遥控接收器故障，需要拆板维修。扳开液晶面板和遥控接收板，将万用表置直流 10V 挡，空调通电情况下用万用表黑表笔接遥控接收器 GND 脚，红笔接 SIN 脚，用遥控器开机，表针不动（正常应在 4.5V 间摆动），说明接收器损坏。相关维修现场如图 6-15 所示。

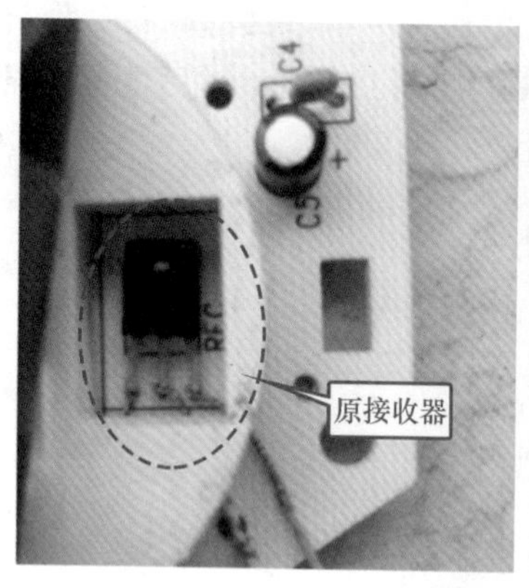

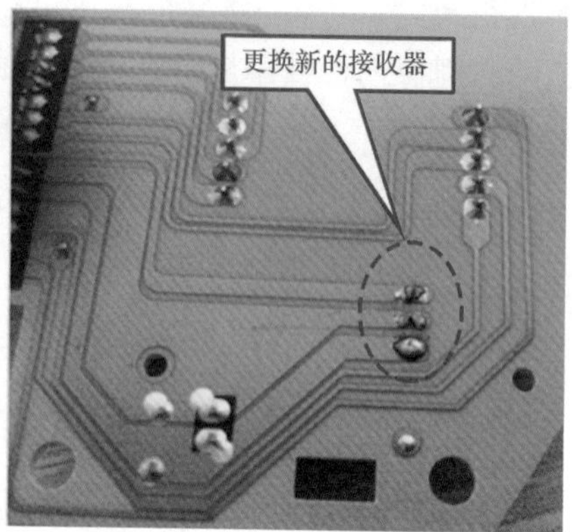

图 6-15　检修遥控器

故障处理：更换接收器故障即可排除。

提示：更换接收器时要注意分清 +5V 和接地脚。

例 4　格力 KFR-26GW/（26556）FNPa-4（凯迪斯）型变频空调显示 E6 代码

维修过程：代码 E6 为通信故障，而引起此故障的原因有：通信线接触不良或松动；主板和显示板、室内外机板匹配有误；接线错误；控制板有问题。本例检测通信线路正常，但检测室外机控制板（如图 6-16 所示）时，发现保险管烧坏，整流桥 DB1（D15XB60）短路，IGBT 管 Z1（GT30J122）、二极管 D203（15ETH06FP）损坏。

故障处理：更换保险管、整流桥、IGBT 管、二极管后故障排除。

提示：该机室外机电脑板型号为 30138770 W8263FV1.0 GRJW826-A2。

例 5　格力 KFR-26GW/K（26556）FdD3A（凉之静）变频空调开机后室内机运转，但室外机不能运转，显示 E6 代码

维修过程：E6 为通信故障。出现此故障时，首先开机观察室外机板三个指示

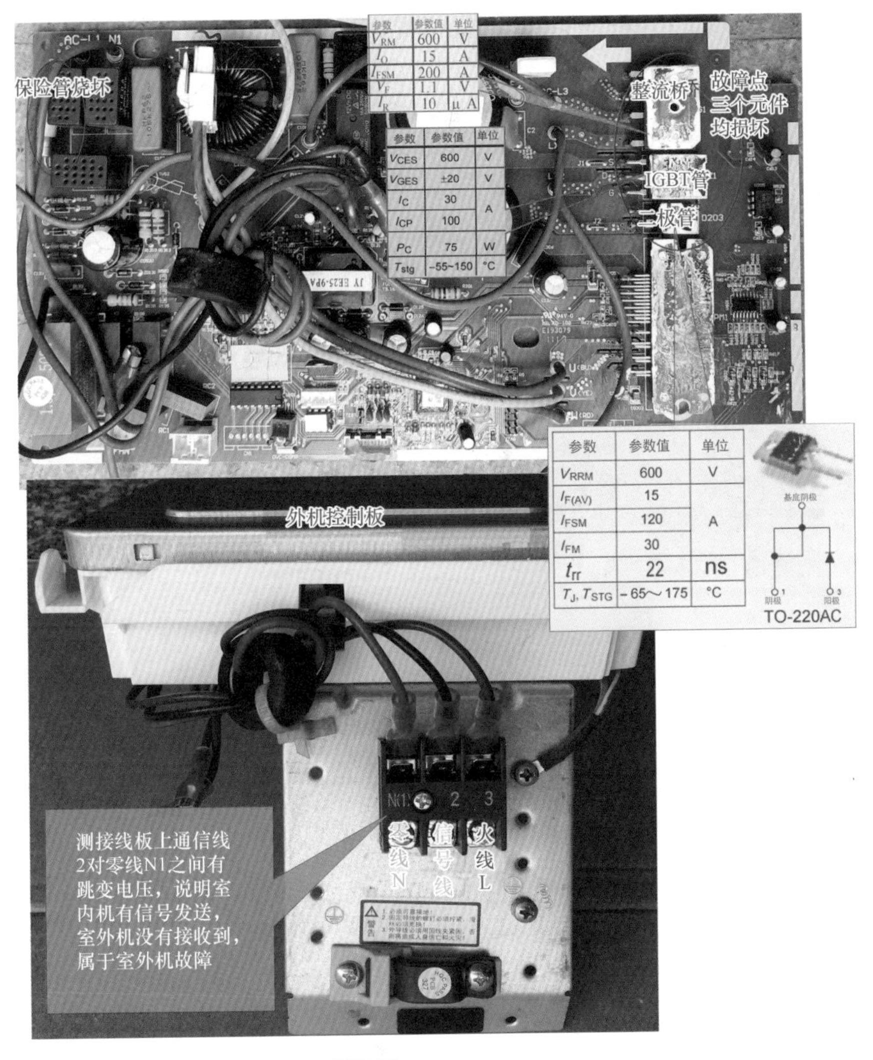

参数	参数值	单位
V_{RM}	600	V
I_O	15	A
I_{FSM}	200	A
V_F	1.1	V
I_R	10	μA

参数	参数值	单位
V_{CES}	600	V
V_{GES}	±20	V
I_C	30	A
I_{CP}	100	
P_C	75	W
T_{stg}	-55~150	°C

参数	参数值	单位
V_{RRM}	600	V
$I_{F(AV)}$	15	A
I_{FSM}	120	
I_{FM}	30	
t_{rr}	22	ns
T_J, T_{STG}	-65～175	°C

图 6-16　室外机控制板

灯是否点亮，若三个指示灯均不亮，则用万用表检测室外电器盒接线板上 L（1）与 3 之间有无电压；如无电压则检测室内机接线板是否有电，若室内机接线板无电压，则检查室内机接线是否正确，必要时更换室内机板；若室外机接线板上通信线 2 对零线 N1 之间有 0~20V 的跳动，说明室内机有信号发送，室外机没有接收到，属于室外机故障，则检查室外机的接线是否有问题（如存在接线错误、接线松脱等现象）；若以上检查均正常，则检查室外机板（如图 6-17 所示）是否有问题，如查功率管 GT30J122、桥堆、电源 IC（U401 TOP243YN）、U4（76633）、U406（7815）等元件是否有问题。

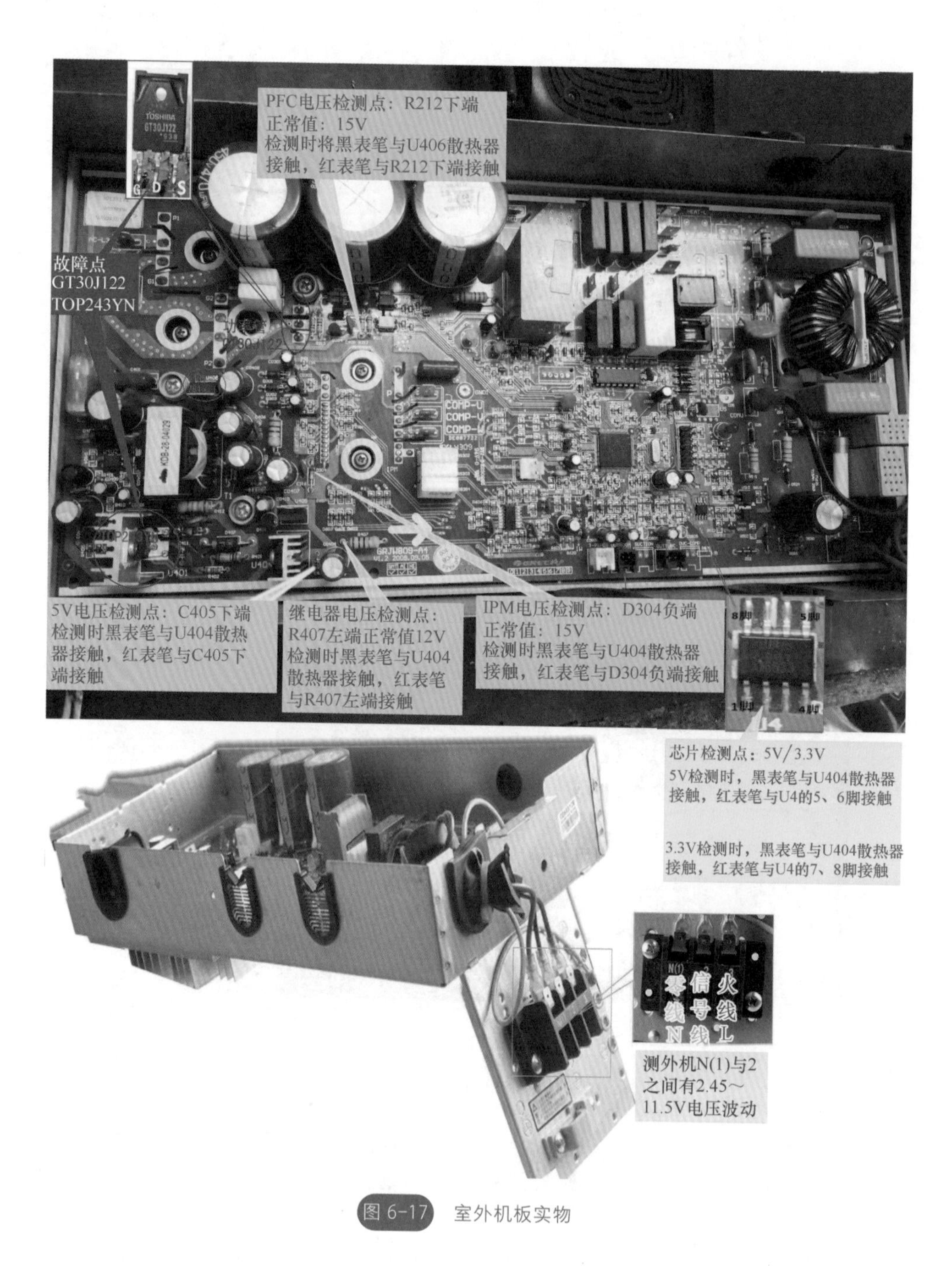

图 6-17 室外机板实物

故障处理：本例查为功率管 GT30J122 的 D/S 端已开路、TOP243YN 有问题造成 15V、12V、5V 电压失常［交流电压有 223V，N（1）与 2 之间也有 2.45~11.5V 电压，有 310V 直流电压］从而导致此故障。更换 GT30J122、TOP243YN 后故障排除。

提示：该机外机变频主板型号为 GRJW809-A4（W8093W）。外机板上开关电源的检测点：芯片（5V/3.3V，测 U4 5、6、7、8 脚）、PFC（15V，测 R212 下端）、IPM（15V，测 D304 负端）、继电器（12V，测电阻 R407 左端）

例 6　格力 KFR-26W/FNC07-3（凉之静）变频空调制热时室外机风扇启动，压缩机启动几秒后停止，室内机报 H5 代码

维修过程：H5 代码为模块保护。检查蒸发器、冷凝器无污渍、脏污情况，室外侧散热通风良好，模块与散热片之间的散热膏涂抹均匀；检查连接管、阀门在安装过程中无弯曲、压扁、变形的情况；拔掉压缩机连接线，室外机黄色指示灯闪烁 4 次报过流保护，压缩机简单测量不对地漏电，三相（U、V、W）阻值太小不好判断，都在 1Ω 内，此时去掉电流检测部分的三个二极管（D601、D602、D603）故障依旧；测量外机板 5V、3.3V、15V 都正常，测桥式整流 300V 过 PFC 后没有明显的电压提升（310V），经查为模块损坏。如图 6-18 所示。

图 6-18　室外机板相关实物图

故障处理：更换模块后，测量三相电压都在 2.5V，PFC 为 350V，正常。

提示：判断是主板或散热不良时，可以用排除法试一下，断开压缩机开机观察 U、V、W 输出交流电压是否平衡，运转一会儿后看看还会不会显示；显示的话应该是主板问题，不显示应该是室外机散热不良。确定故障是电控还是系统问题，可以断开各种负载，用排除法来确定故障点［格力室外机 KFR-26W/FNC07-3 对应的室内机为 KFR-26GW/（26556）FNDc-3］。

例 7　格力 KFR-32GW（32570）FNBa-3 型变频空调开机后显示 E6 代码，外板绿灯常亮，其他灯不亮，4 ～ 5min 后室外机又自动正常启动，有时关机一段时间后再开机室外机主板等三灯正常闪烁

维修过程：检查室内机到室外机之间的四芯线是否是通路，四芯之间是否有漏电现象；排除连接线问题后，则说明问题出在室内外电脑板。上电试机，无继电器“嗒”的吸合声，初步可判断为整流滤波和开关电源两部分存在故障，需要拆板维修。测 330V 滤波大电容电压正常，但开关电源无电压输出；再检查大电容经灯泡放电后，数字万用表二极管挡测量开关电源后级输出有没有短路，测量 5V、12V、15V 三组输出，其中 15V 有短路，拆下整流二极管 D124 测量正常，沿 15V 线路走向，拆下模块 15V 供电脚后依旧短路，当焊下稳压管 D205（24V/1W）后无短路故障，检测 D205 已击穿。如图 6-19 所示。

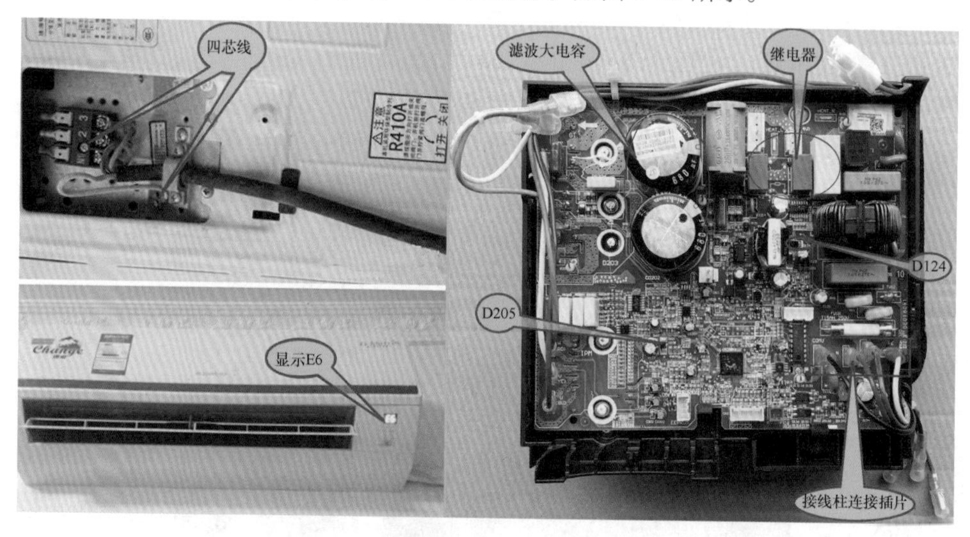

图 6-19　相关实物图

故障处理：装上新的稳压管 D205 后，上电测量 15V 电压为 14.8V，基本正常。焊接好模块供电脚后，上电试机测试正常。

> 提示：一般遇到这种问题，可以先从代码判断问题所在。代码 E6 是室内机与室外机通信故障，关机以后等一会儿外机主板等三灯正常闪烁更说明了是因为通信故障导致了空调不制冷，只要排查清楚恢复通信就可以正常使用了。整流二极管 D205 的作用是保护 15V 供电防止高压涌入从而保护 IPM 模块。

例 8　格力 KFR-35GW（35557）FNDcC-A3（福景园）直流变频空调开机后显示 E6 代码

维修过程： E6 代码为通信故障。通电开机，首先检测室外机接线端电压是否正常；若室外机接线端上无 220V 供电，则拆开室内机，检测电路板上 12V、5V 电压是否正常；若有 12V、5V 电压，则检查通信光耦、继电器等元件是否有问题；若检测室内外通信线有跳变电压，则检查室外机主板是否有问题。室内电路板实物如图 6-20 所示。

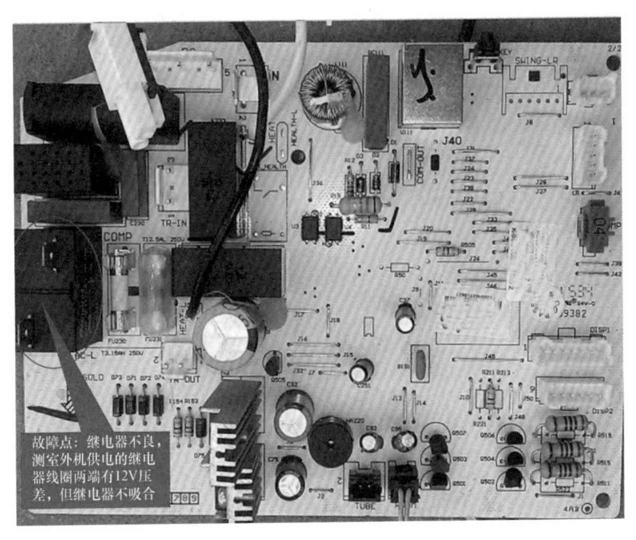

图 6-20　室内机电路板实物图

故障处理： 该机经查为室内机电路板上继电器不良造成此故障，更换继电器后故障排除。

> 提示：测外机供电的继电器线圈两端有 12V 压差，但继电器不吸合。室内主板型号 30148730 M826F2CJ。

例 9　格力 KFR-35W/FNC03-2 型变频空调开机后显示 E6，整机无法启动

维修过程： E6 代码为通信故障。检查室内外机电源连接线及用户电源电压无问题，但用变频检测仪测试时提示外机通信故障，但更换室内机主板和室外机电器盒后故障依旧，怀疑室外机负载是否正常，此时用万用表对室外机的各个负载

逐一测量，压缩机、四通阀、外风机、过载开关、各个感温包等阻值都正常；当检测电子膨胀阀时发现阻值异常，怀疑电子膨胀阀线圈有问题，拔下电子膨胀阀线圈连接线 E6 代码消失。

故障处理：更换新膨胀阀后，故障排除。电子膨胀阀很大可能是由于管路的冷凝水渗入，导致生锈短路，在铜管处简单包扎做防水处理（如图 6-21 所示）。

图 6-21　电子膨胀阀

提示：格力（GREE）室外机型号为 KFR-35W/FNC03-2，它对应的室内机为 KFR-35GW/（35561）FNCa-2。E6 代码主要在于电路电器方面的问题和环境因素的问题，与系统无多大关系，且实际开机就立即出现 E6 故障，系统本身就没有运行，因此系统方面的问题基本可以排除。

例 10　格力 KFR-35W/FNC09-3（福景园）变频空调开机十多分钟后显示 E6 代码，断电停机一段时间后开机故障重现

维修过程：首先检查接插件接触是否良好，若接插件良好，再加电不开机，用万用表检测接线端子（N、S）上的通信电压是恒定不变的，说明室外机的通信电路供电正常；然后遥控开机，再检测 N、S 上的通信电压变成了跳变电压，说明通信信号已经送出，重点检查室外机主板上的通信电路。图 6-22 所示为室外机主板实物图。

故障处理：本例查到室外机主板上通信电路中电阻 R502 开路，更换 R502 后故障排除。

图 6-22　室外机主板实物图

提示：E6 代码为室内外通信故障。室外机主板型号为 W8423V。

例 11　格力 KFR-35W/FNC15-3 型变频空调开机几分钟后显示代码 E6

维修过程： E6 代码为通信故障。首先检查室内外机连接线路，没有接错、松脱现象，且加长连接线也没有不牢靠或氧化的情况；再打开室外机，观察发现主板指示灯点亮，但连续试机不工作。断电后再试，观察到室外机风机和压缩机都能工作，当压缩机高速运转时室外机骤停，灯灭，此时出现 E6 代码。检测室外机主板（如图 6-23）PFC 电路（常见管子短路、IC 损坏引起保险丝烧断）、开关电源（开关电源有问题引起 CPU 无正常工作电压）及通信电路（常见的故障是光耦至 CPU 端放大三极管的电阻变值），发现电源块 U121（P1027P65）3 脚对地电阻 R123 开路，使 3 脚电压失常（正常值为 3.2V），造成 IC 不工作，从而导致此故障的发生。

故障处理： 用同型号电阻更换 R123 后故障即可排除。

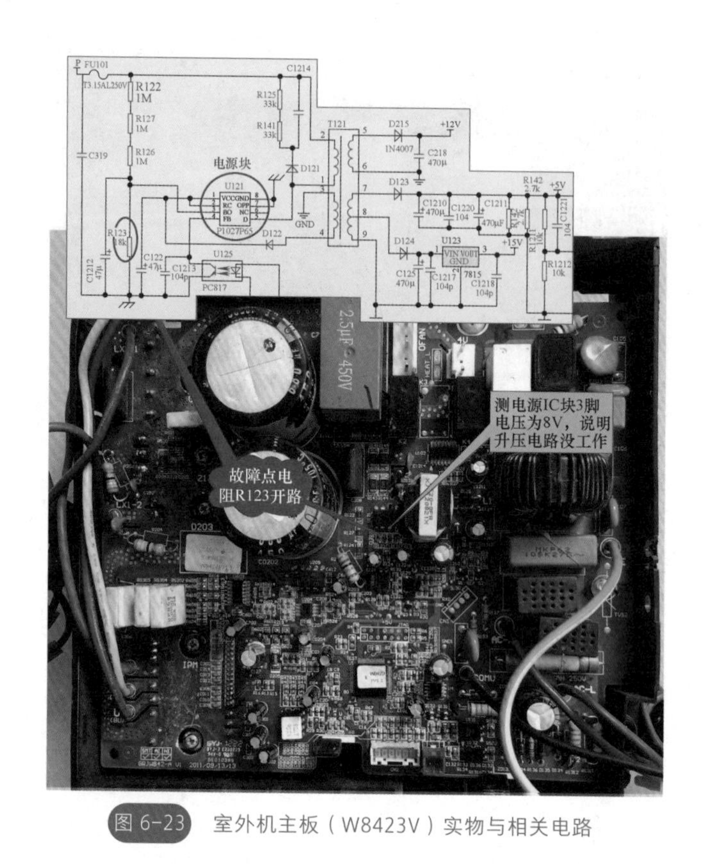

图 6-23　室外机主板（W8423V）实物与相关电路

提示：E6 为通信故障或变频板故障。

例 12　格力 KFR-35W/FND02-2（U 雅）变频空调不制冷，显示代码 E6

维修过程：出现 E6 通信故障时，首先检查室内外机各个线路接口是否正确和松脱，若室内外机电源连接线正常，则用万用表测电源电压是否正常；若测室外机主板信号端口的供电电压失常，则说明故障在室内机控制电路板上；若室外机主板信号端口的供电电压正常，说明通信无问题，应检查变频主板。

该机检测通信线路及供电电压正常，故重点检查室外机主板通信电路（如图 6-24 所示）。测室外机通信电路上发送光耦 U509 1、2 脚有 1V 左右跳变，3 脚也几十伏跳变电压；再测接收光耦 U510 1、2 脚有 0.3V 左右的跳变电压，但 3、4 脚无跳变电压，检查 U510 外围电阻 R509、D505、Q501 等元件，发现上偏置电阻 R509 变值，从而导致此故障。

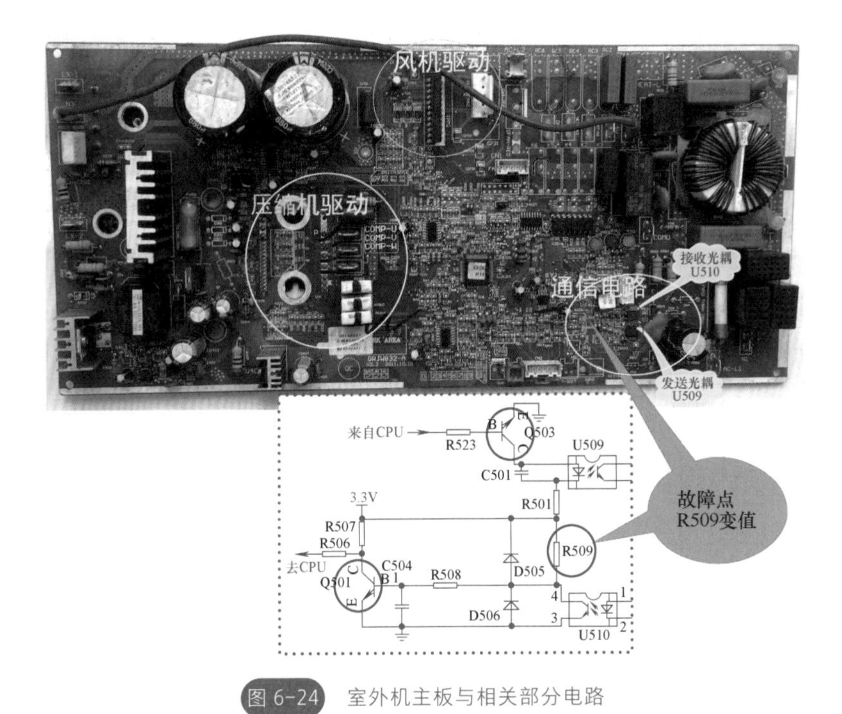

图 6-24　室外机主板与相关部分电路

故障处理：更换电阻 R509 后故障排除。

提示：室外机主板型号 GRJW832-A. 30148527。该机 1.2V 的电压经 R508 后使 Q501 饱和，集电极为低电位 0，当室内机发出低电位信号脉冲使光耦 U510 1、2 脚电流增大，4 脚电位下降，Q501 的基极也随着下降使 Q501 截止，集电极变高电位。该机电阻 R509 阻值变小，光耦 U510 4 脚电位无法下降到 Q501 截止电位，信号脉冲无法通过 Q501，从而导致 E6 通信故障。

例 13　格力 KFR-50LW/（50566）Aa-3（悦风）空调不制冷，且显示代码 E5

维修过程：当供电电源、系统控制电路、制冷环路有问题均会引起不制冷故障。检修时，首先从整机的供电是否正常入手进行检测，若电压过低，可考虑安装稳压器；若供电正常，则检查制冷系统的压力是否正常，若发现压缩机运转时风机不动，热交换器温度很高，说明系统压力过高造成了压缩机过流，此时检查风机或风机电容是否有问题；若检查供电电压与系统压力均正常，则检查电脑板是否有问题。

故障处理：本例测电源变压器 T1 输入与输出端的交流电压正常，但测三端稳压集成电路 7812 输出端的 12V 电压仅为 8.2V 左右，查 7812 输出端的负载元件或电路未发现异常，故判定是 7812 本身损坏，更换 7812 后故障排除。相关电源电路如图 6-25 所示。

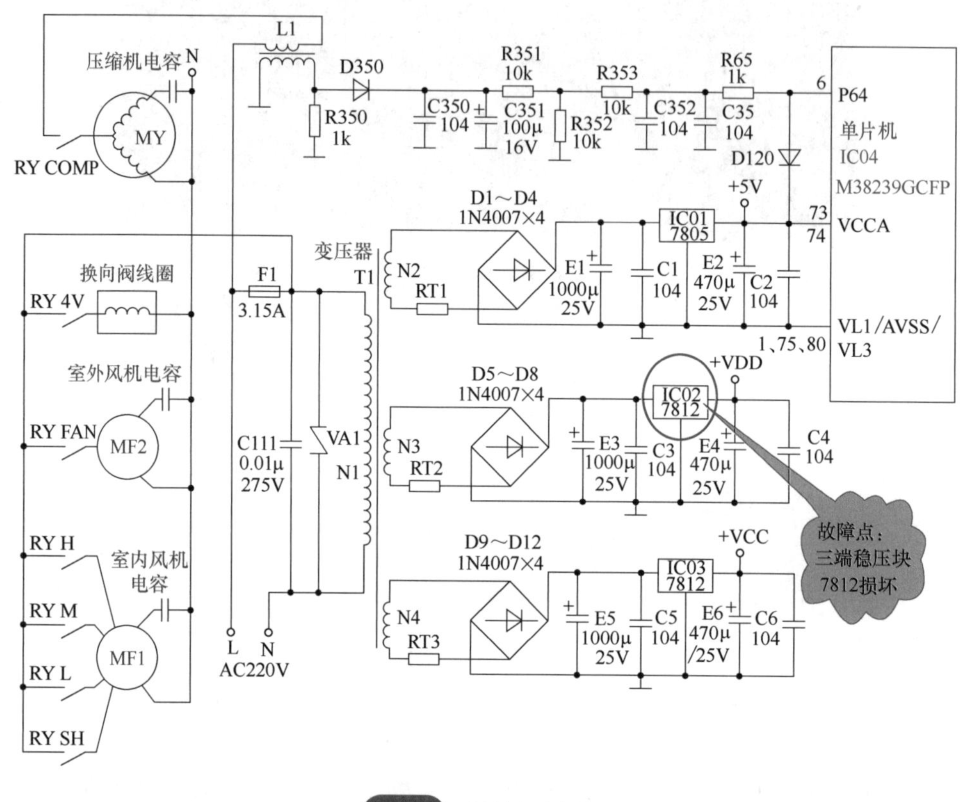

图 6-25 相关电源电路

> 提示：E5 代码为低电压保护或过流保护。该机直流电源电路由变压器 T1 接入 220V/50Hz 交流电，经次级线圈互感出来三组（约为 13.5V、13.5V、9.5V）低压交流电，分别经由 D1 ～ D4、D5 ～ D8、D9 ～ D12 组成的整流桥后得到十多伏的直流电，送到 7805、7812、7812 这三个直流稳压块上，输出的三组直流电压（5V、12V、12V）送往后级电路。

例 14 格力 KFR-72LW/（72553）FNAd-3（蓝海湾系列）变频空调显示 H5，且指示灯灭 3s 闪烁 5 次

维修过程： 当压缩机故障（如压缩机接线错误及存在杂质、卡缸、缺油、三

端引线开路等)、管路系统堵塞、室外机控制器有故障［如压缩机相电流采样电路故障、IPM 模块故障（IPM 的 6 个主回路端 P、N、U、V、W 等两两之间短路)］、室外机控制器模块驱动信号受到电磁干扰等都会造成模块保护。

首先用交流电压表测接线板 XT 的 L、N 之间电压是否在正常范围内、压缩机接线是否错误；然后观察室外机冷凝器是否脏堵以及是否存在冷媒泄漏或者过多的可能；最后排查室外机控制器部分。断开压缩机连接线，用万用表二极管挡检测功率部分，测 IPM 的 6 个主回路端的值有一个值不满足 0.3 ～ 0.8V 要求，说明 IPM 模块已损坏。该故障的电压检测点如图 6-26 所示。

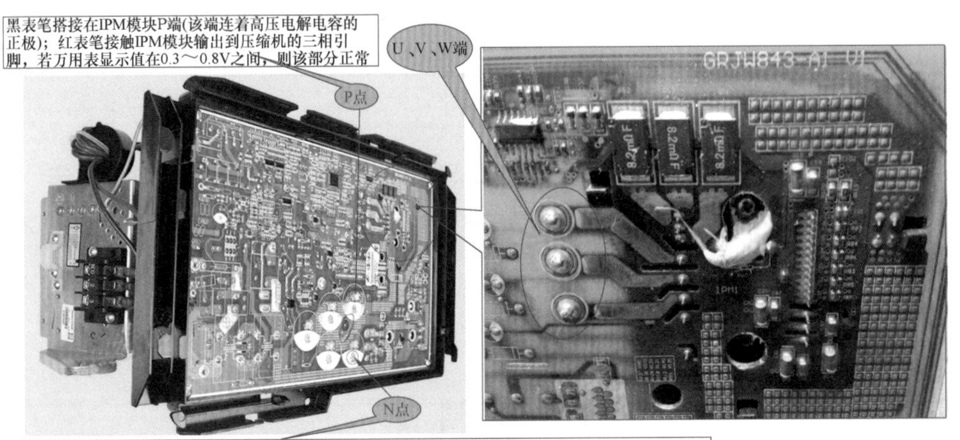

图 6-26　格力（蓝海湾）变频空调室外机主板（W8533）

故障处理：更换同型号 IPM 模块后故障排除。

提示：显示H5、指示灯灭3s闪烁5次，此代码与指示灯显示故障为IPM保护。模块保护时，先断开压缩机开机，如仍然出现模块保护说明室外机控制器故障；如压缩机运行一段时间出现故障说明系统负荷高、电流大。功率模块输入的直流电压（P、N之间）一般为 260 ～ 310V 左右，而输出的交流电压为一般不应高于 220V；如果功率模块的输入端无 310V 直流电压，则表明该机的整流滤波电路有问题，而与功率模块无关；如果有 310V 直流电压输入，而 U、V、W 三相间无低于 220V 均等的交流电压输出或 U、V、W 三相输出的电压不均等，则可初步判断功率模块有故障。

例 15　格力 KFR-72LW/E1（72588L1）D1-N1 空调开机制冷几分钟后显示 E1 代码

维修过程：首先检测室外机冷凝器是否太脏或有遮挡物等引起散热不良，若没有，则检查风机是否有问题；若在制冷时直观室内外风机能正常运行，则可排除风机有问题的可能，此时检测制冷剂充注量是否正常；若在制冷时用压力表测量低压压力在 0.5 ～ 0.6MPa，停机后平衡压力为 0.9MPa，说明系统里制冷剂充注正常，此时再检查毛细管是否存在堵塞；若毛细管没有堵塞，则检查室外机相序电流保护电路板是否有问题。

故障处理：本机为室外机冷凝器太脏引起空调过热保护，从而导致此故障，清洗空调室外机冷凝器后故障排除。

提示：E1 代码为电流过大保护（包括压缩机电流过大保护、压缩机过热保护、室外机排气温度过高保护、室外机相序电流保护、电路板损坏引起的保护）。

海信（科龙）空调

例 1　海信 KFR-26GW/VGFDBPJ-3 变频空调显示代码 7

维修过程：代码 7 为通信故障。首先检查室内外机（如图 6-27 所示）联机线连接是否良好，连接线插接是否正确；若室内外机连接线路正常，则检查室外机基板电源灯是否点亮；若室外机基板电源灯亮，故排除室内机有问题的可能，重点检查室外机控制基板；若室外机控制基板电源灯没亮，则检测室外机端子板 1、2 电压输出是否正常；若室外机端子板 1、2 输出电压失常，则检测室内机端子板 1、2 电压输出是否正常；若室内机端子板 1、2 电压输出失常，则检查室内机主继电器 RY01 是否有输出、室内机控制板是否有问题。

若室外机端子板 1、2 电压输出正常，则检查保险丝（3.15A）是否烧坏；若保险丝烧坏，则检查室外控制板是否有问题；若 3.15A 保险丝正常，则检查 20A 保险丝是否烧坏；若 20A 保险丝烧坏，则检查室外机连接线路、控制基板等是否有问题；若 20A 保险丝正常，则检查电抗器、滤波器是否开路；若否，则检查驱动 PFC 电路是否有问题。

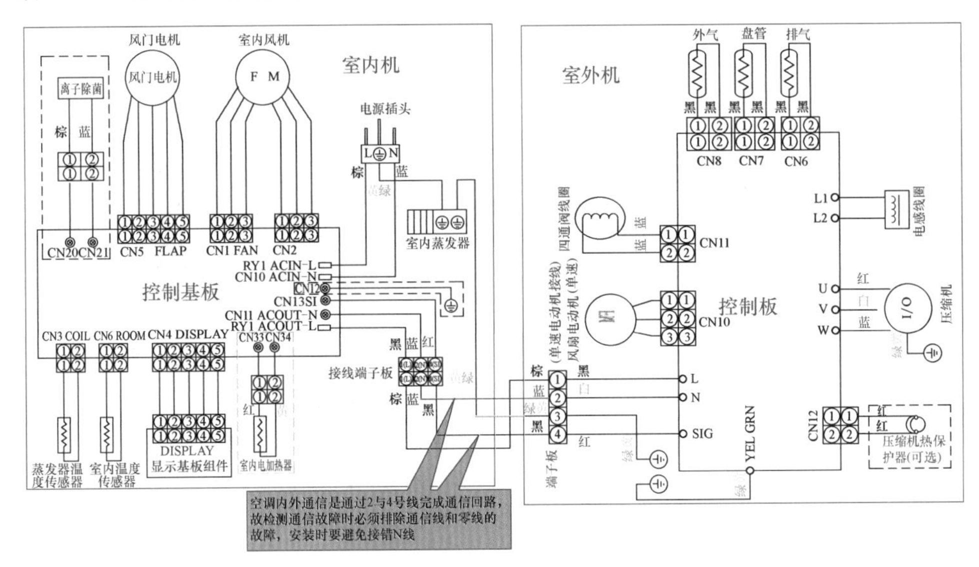

图 6-27　室内、外机接线

故障处理：本例查为通信线路不良所致，重新将连接线插接正确无误，接头连接可靠即可。

> 提示：室外机控制板上有储存高压能量的电解电容器，维修前应切断室外机电源，并等电解电容器放电完毕后，方可进行操作。确认电解电容器的放电状况，可使用万用表测试电解电容器 +、- 极之间电压，电压为 0 时，表明放电完毕。有些主板上有放电二极管指示灯，只有等指示灯不亮时，才能触摸电路板。

例 2　海信 KFR-32GW/29RBP 变频空调开机工作几十秒后室外风机、压缩机就停止工作

维修过程：检修时，首先拆开机壳，观察室外机主板上三个指示灯，发现 LED1、LED2 灯亮，LED3 灯闪，查询指示灯代码为过、欠压保护。用万用表检测室外机 L、N 接线端子，室内机主板供电电压正常；测模块 P、N 端子，开机时测量为 300V 正常，几十秒后降为零伏，查出保护电路中电阻 R109 变值（如图 6-28 所示）。

故障处理：更换电阻 R109 后故障排除。

> 提示：该机电压保护线路上 DC300V 电压是经过几个电阻分压后送至 CPU 的。

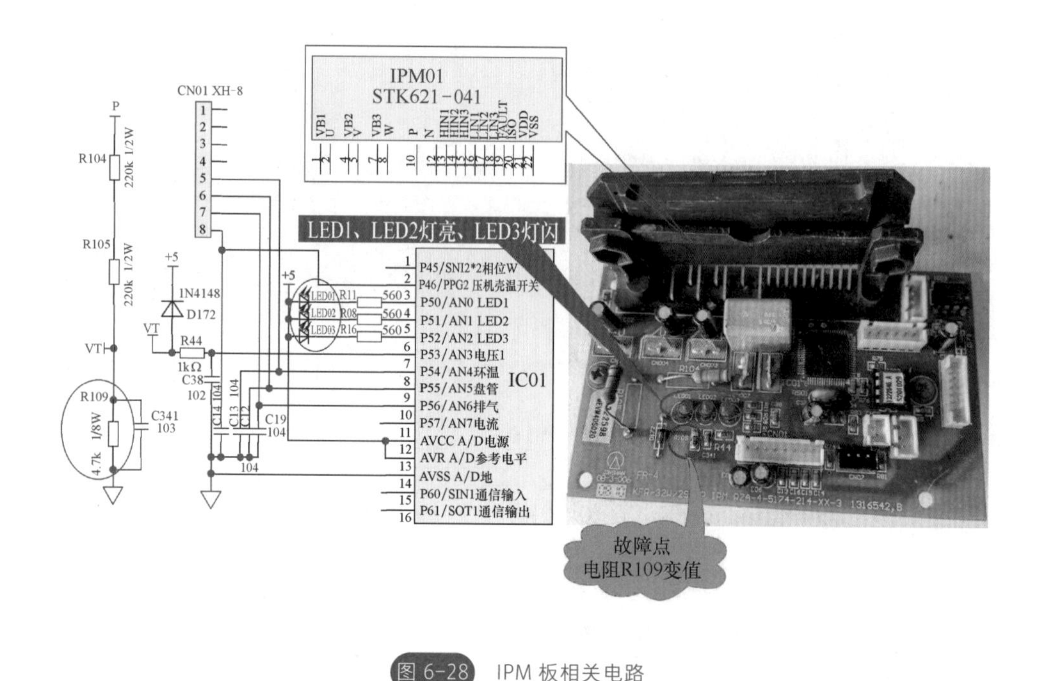

图 6-28　IPM 板相关电路

例 3　海信 KFR-35W/27FZBPHJ 变频空调开机制冷时，室外风机能运转，但压缩机不工作

维修过程：首先拆开室外机壳，开机观察主板上的三个指示灯，发现 LED1、LED3 灯闪烁，LED2 灯灭（含义为 BL DC64 驱动故障）。一般 BL DC64 驱动芯片（IC2）检测到故障时直流压缩机都会报失步，而引起此故障的部位有：功率模块板与室外机主板的通信、电压 / 电流检测电路、自举升压电路、相位检测电路等。经逐个对 IC2 芯片的 16 脚（模块保护）、1 和 58 脚（相位检测）、4 脚（交流电压检测）、57 脚（电流检测）电压进行检测，发现 57 脚电压失常（正常值为 2.5V），经查为其外围贴片电阻 R60 开路。相关电路与电路板实物如图 6-29 所示。

故障处理：更换电阻 R60 后故障排除。

提示：压缩机失步，其实就是没有检测到压缩机转子的位置。海信直流变频空调大多使用这类模块驱动（板上集成了驱动芯片、IPM、整流和 PFC 电路），该板若出现问题就会造成内外风机正常运转，但压缩机不能运转。

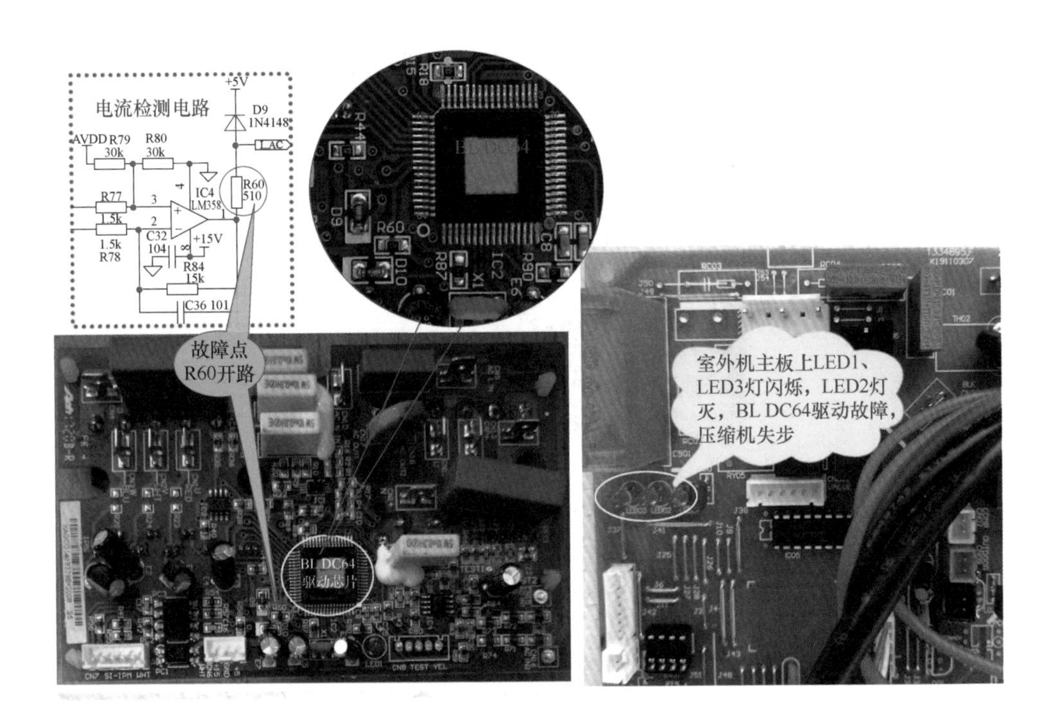

图 6-29 相关电路与电路板实物

例 4 海信 KFR-35W/A8X870HS 变频空调不制冷，室外机不工作

维修过程： 首先开机观察室外机风扇和压缩机运转是否正常，若室外风机不转，则风机及其控制部分是否有问题；若室外机风扇运转，则说明控制电路基本正常，此时应观察压缩机是否启动；若压缩机未工作，则检查室外机的变频压缩机控制电路（测压缩机控制电路的 +5V 供电电压是否正常，当 +5V 供电失常，则应检查相关电源供电电路元件）、功率模块和压缩机是否有问题。本例检测外机板上有 220V 电压，室外机主板（如图 6-30 所示）上 1、2 灯闪，3 灯常亮，经查为外机风机损坏。

故障处理： 更换外机风机后故障排除。

提示：一般没故障时室外机 3 个灯同时闪烁，且均匀有规律，若 3 个灯快速闪烁，说明可能是模块坏了。该机部分代码含义如下：灯 1 灯 3 灭、灯 2 闪为 IPM 模块保护；灯 1 灯 2 闪、灯 3 灭为直流压缩机启动失败；灯 1 灯 3 闪、灯 2 亮为压缩机预加热状态；灯 1 灯 2 闪、灯 3 亮为室外风机堵转保护。

图 6-30 室外机主板

例 5 海信 KFR-40GW/88FZBpC 变频空调显示代码 6

维修过程：代码 6 为室内风机故障。首先设定空调器送风状态，开启空调器观察室内风机是否运转；若室内风机运转，则关闭空调，观察风机是否停转，若风机不停转，则检查室内控制基板是否有问题；若室内风机不运转，则检测室内机

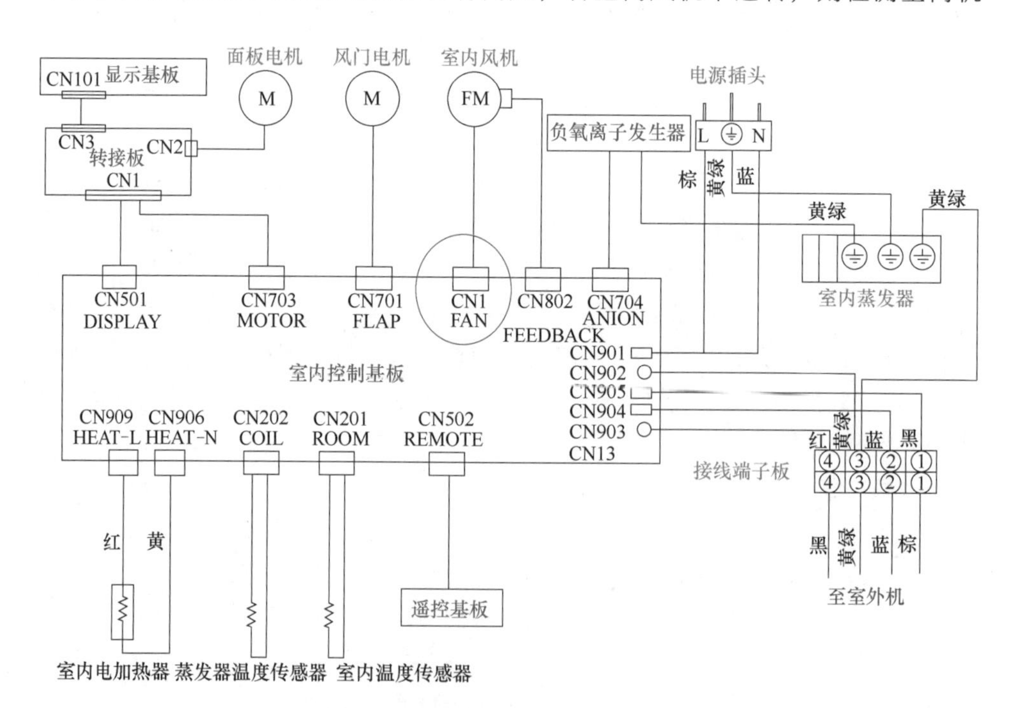

图 6-31 室内机接线

控制基板风机插座是否有电压输出，若无电压输出，则检查室内控制基板；若有电压输出，则检查室内风机主绕组是否开路；若室内风机绕组正常，则检查电动机是否卡轴、贯流风扇运转是否顺畅等。室内机接线如图 6-31 所示。

故障处理： 本例检查为风机插座 CN1 接触不良所致，重新插紧 CN1 后故障排除。

提示：室内风机型号是 YYW16-4-2041，相关技术资料如图 6-32 所示。

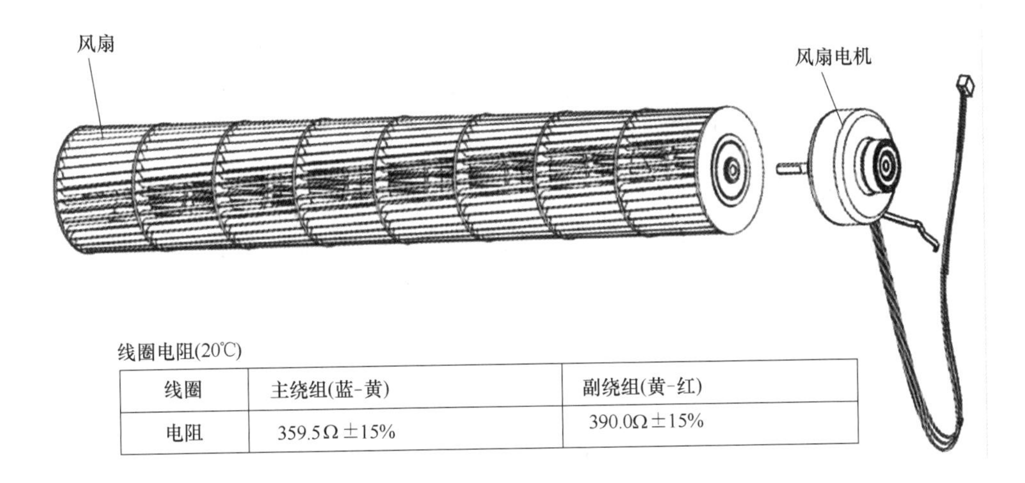

线圈电阻(20℃)

线圈	主绕组(蓝-黄)	副绕组(黄-红)
电阻	359.5Ω±15%	390.0Ω±15%

图 6-32 海信 KFR-40GW/88FZBpC 型室内风机电动机技术规格

例 6 海信 KFR-50LW/26VBP 变频空调开机后风机能运转，但压缩机不工作

维修过程： 首先拆开室外机机壳，查看室外机主板 3 个代码指示灯（如图 6-33 所示）的显示状态，发现 LED1 亮、LED2 亮、LED3 灭，其含义为排气温度传感器工作异常或相应检测电路故障。检查传感器插脚无松脱或接触不良现象，再检测排气、盘管及环境传感器的分压电阻 R39、R45~R47 是否有 2V 左右电压；若无 2V 左右电压，则检测传感器是否损坏（阻值不对）、控制电路板是否有故障。

故障处理： 本例检查为传感器供电电路中 L7 损坏后无法接收及发出控制信号，导致整个传感器电路不工作。更换 L7 后故障排除。

提示：该机采用主板模块一体板，其型号为 RZA-4-5174-097-XX-1。由于该机故障自诊断能显示，故判定 CPU 工作正常（即 5V 供电正常），从而将传感器供电电路作为检修重点。

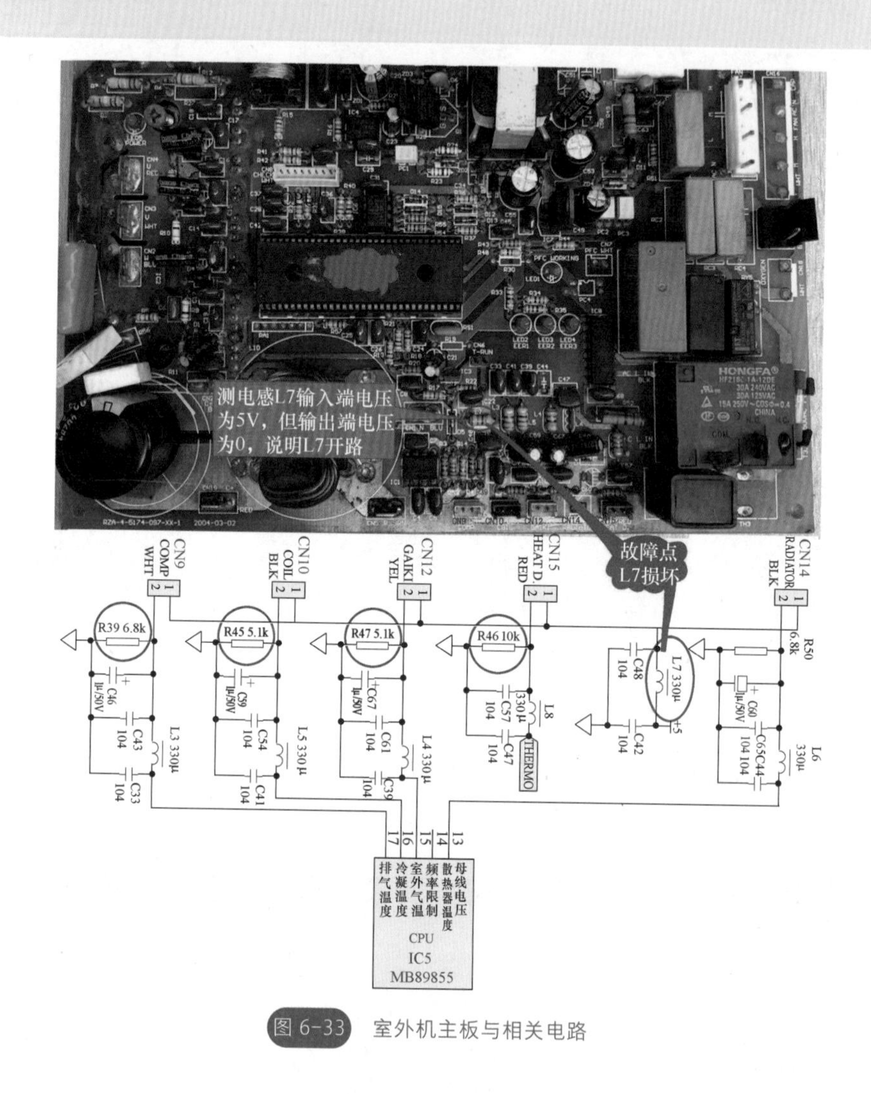

图 6-33 室外机主板与相关电路

例 7 海信 KFR-50LW/97FZBP 变频空调器开机室内机有风，室外机风机也转动，但压缩机不工作，机器不制冷

维修过程： 检修时首先拆开外机，观察主板的 3 个指示灯闪烁为“LED1 闪、LED2 灭、LED3 闪”，含义为直流压缩机失步。卸下模块，用 15V 和 5V 直流电源加电测试重要检测点电压。该机故障为模块自举电路贴片电阻 R28（20Ω）开

路所致。相关资料如图 6-34 所示。

故障处理： 更换 R28 后故障即可排除。

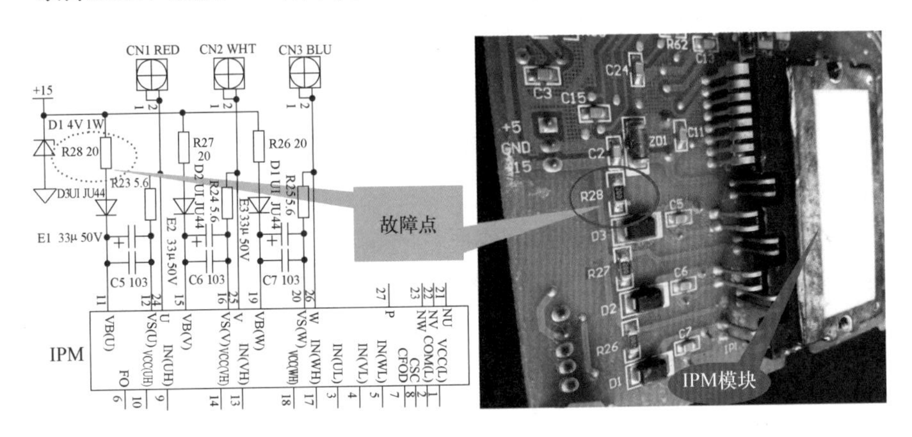

图 6-34 模块自举电路

例 8 海信 KFR-50LW/99Bp 变频空调开机后不能制冷，室内外风机都能运转，但压缩机不工作

维修过程： 拆开室外机机壳，首先查看室外机主板 3 个代码指示灯（如图 6-35 所示）的显示状态，发现 LED1 灯亮、LED2 灯闪、LED3 灯灭，其含义是电流过载保护。重点检查电流检测电路，其检测部位如下：将万用表置于 DC20V 挡，测电阻 R14 是否有 1.5V 左右的电压（随压缩机电流波动），若有 1.5V 左右电压，则问题出在芯片上；若无 1.5V 的电压，则检查 IC1（LM358）或前级电路；若测电压为 5V 时，则检查二极管 D5（钳位作用）是否击穿。测电阻 R11 电压是否正常（正常值为 0.09V 左右，且随压缩机电流波动），若电压正常，则检查 IC1 是否有问题；若无电压，则检查前级的采样电阻 R5、R1、R56 是否有问题。

故障处理： 本例检查为电阻 R11 开路造成此故障，更换 R11 后故障排除。

提示：电流检测电路的作用是用来检测压缩机供电电流的，保护压缩机在电流异常时避免损坏。该机电流检测电路的工作原理是：由采样电阻 R1、R56 进行取样，然后经电阻 R5、R11 送至 IC1（LM358）的 3 脚，再经 IC1 放大后由 1 脚输出的电压经 R14 送至 CPU 18 脚。

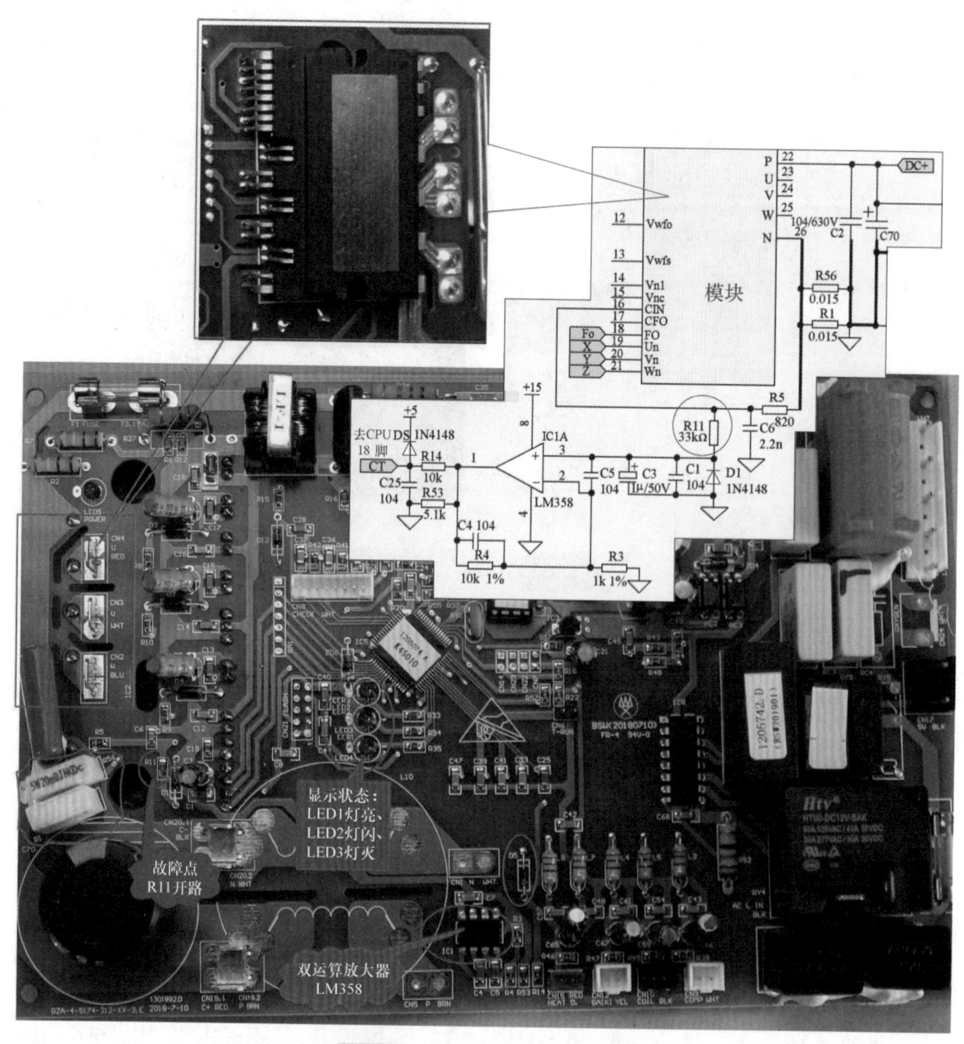

图 6-35　室外机电路板实物图

例 9　海信 KFR-72LW/16FZBpH-3 变频空调开机后压缩机不启动、室外风机不转

维修过程：首先检测室内机是否输出 220V 电压到室外机，同时检测室内外机的信号线电压是否正常；若均正常，则排除室内机主板有问题的可能，重点检查室外机主板和模块（如图 6-36 所示）。拆开室外机机壳，查看室外机主板上指示灯是否亮；若室外机指示灯亮，则检查室内外机通信是否有问题；若室外机主板指示灯不亮，则检查功率模块到主板信号连接线是否松动或接触不良，功率模块 P+、N 间是否有 300V 左右的直流电压，PFC 电路是否有问题（如整流桥、

IGBT 不良）。

图 6-36　室外机模块板

故障处理：本例检查为整流桥堆不良所致，更换整流桥即可。

提示：整流桥的常见故障模式为短路，可对三个引脚之间进行两两阻值测试，若阻值接近于零，则说明该器件短路，需要更换。更换整流桥时，应注意整流桥在散热器上的装配是否可靠。

例 10　海信 KFR-72LW/36FZBpJ 变频空调显示代码 5

维修过程：代码 5 为通信故障。首先检查室内外机连接线是否连接正确、接

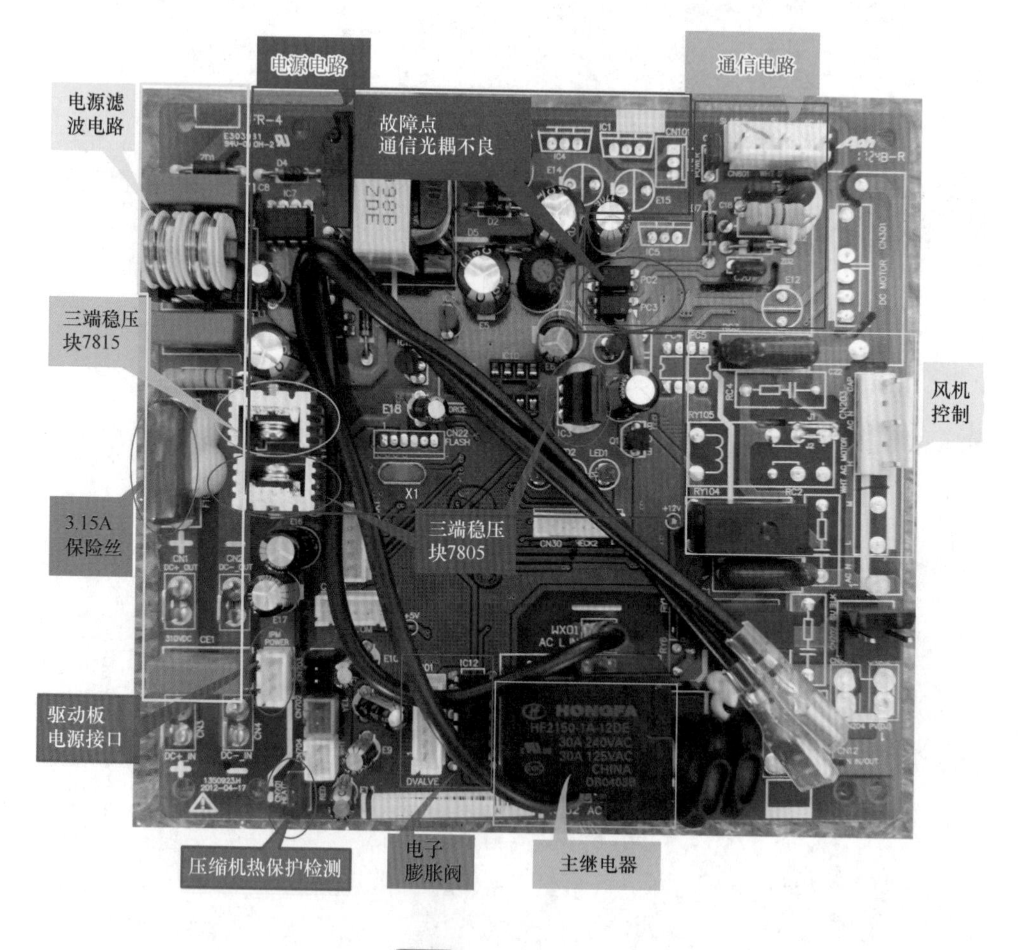

图 6-37　室外机控制板

触不良，若内外机连接线正常，则检查室外机主板上电源灯是否点亮；若室外机主板电源灯点亮，则检查室外控制板（如图 6-37 所示）是否有问题；若室外机主板电源灯未亮，则检查 3.15A 保险丝是否烧坏；若保险丝烧坏，则检查室外控制基板、IPM 基板是否有问题；若 3.15A 保险丝正常，则检查 20A 保险丝是否损坏；若 20A 保险丝损坏，则检查室外机是否存在短路故障，连接线、控制基板、IPM 是否有问题；若 20A 保险丝正常，则检查电抗器、整流桥是否有问题。

故障处理： 本例检测为室外机控制板上光电耦合器不良造成此故障，更换光电耦合器或更换电控板故障即可排除。

提示：该机室外机主板型号为 1350923.H。

第四节 美的空调

例 1 美的 KFR-26W/BP2-110 空调开机后室内机运行几分钟后显示 E1 代码，外机不启动

维修过程： 首先检测供电及信号连接线是否正常，通电检测室外机 L、N 接线端上电压是否有 220V 电压，若有 220V 电压，则检测 N（零线）与 S（通信线）之间是否有 3~24V 电压波动；若信号线有电压波动，则说明室内机无问题，应重点检查室外机。拆开室外机机壳，观测室外机主板（如图 6-38 所示）电源和故障指示灯的显示情况，发现指示灯均不闪亮，用万用表检测模块（模块型号 STK621-043A）的输入电压，测得无 5V 电压输入，对电源供电部分进行逐个检查，发现桥堆已损坏。

故障处理： 更换桥堆后，故障排除。

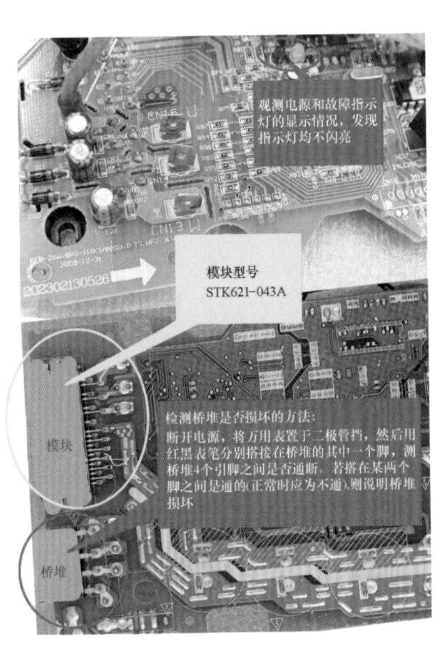

图 6-38 室外机主板

提示：若检测 N（零线）与 S（通信线）之间电压为 0 或稳定的 24V、或低于 5V 的波动电压，则判断为室内机主板损坏。

例 2　美的 KFR-35GW/BP2DN1Y-DA400 型空调室内机显示 P1，空调不制热

维修过程： 代码显示 P1 为电压过低或过高保护。测量用户电源电压 215V 正常，再测量室外机接线端 LN 为 215V 也正常，初步判断为室外机主板电压检测电路故障。拆开室外机，检查室外机主板电压检测电路电压取样电阻 R149、R45 阻值是否异常，如图 6-39 所示。经查，发现 R45 阻值变大。

故障处理： 更换室外机主板或 R45，即可排除故障。

图 6-39　电阻 R45 在室外机主板中的位置

提示：该机室外机主板电流检测电阻 R149、R45 将电压信号送到 CPU（IRMCK311）的 24 脚（AIND 电压检测）进行处理，当电阻 R45 损坏后，CPU 检测不到 AIND 信号，误采取电压过高保护措施。

例 3　美的 KFR-35GW/BP2DN1Y-QA300（A3）变频空调开机后显示 E1 代码

维修过程： E1 代码为室内外机通信故障。首先检测市电电压是否正常，若市电电压为 220V 正常，则检查室外机连接线是否存在接线错误、脱落等现象；若

连接线正常，则通电开机运行，测室外机 L、N 电压上是否有 220V 电压，N（零线）、S（通信线）上是否有波动电压。若无 220V 电压或 N、S 之间的电压值为固定数值，跳变电压值较小，则可判定故障出在室内机主板上。

若测 L、N 上有 220V 电压，N、S 上电压值为跳变较大的数值，可排除室内机主板问题，重点检查室外机。拆开室外机壳，观测变频室外机电控盒指示灯显示情况，若指示灯不亮，则将所有负载拔掉，此时指示灯点亮，说明问题出在室外负载部分；若拔掉负载后指示灯仍不亮，则检查电抗器、电感及室外电控盒是否有问题。若观测到变频室外机电控盒指示灯亮，则检查变频室外电控板上继电器、桥堆、滤波电容、光电耦合器等是否有问题。

故障处理：本例检查为室外机主板上滤波电容正极管焊盘有裂痕，重新焊接或更换室外机主板后故障即可排除。

提示：若测 N、S 之间跳变电压较大，且室外机刚开始工作正常，则在室外机电控盒上接上变频空调检测仪，观测室内 T1、T2 传感器温度数值；若 T1、T2 传感器温度值正常，则检查室内机主板是否有问题；若 T1、T2 传感器温度值为 -66，则判定问题出在室外机电控盒上。

例 4　美的 KFR-35GW/BP3DN1Y-C 变频空调开机后制冷效果差，并显示代码 P2

维修过程：P2 代码为压缩机顶部温度保护。首先检查系统是否缺制冷剂（若顶部温度保护是在压缩机运行一段时间后出现，大部分原因是系统缺制冷剂所致），将空调置于制冷状态，在室外机充制冷剂口测量压力，若低于 0.45MPa 说明系统存在缺制冷剂问题，应加制冷剂；若系统没有缺制冷剂现象，则检测过载保护器是否故障，用万用表检测过载保护器两端，若未导通，则说明过载保护器已损坏，应更换过载保护器；若以上检查均正常，则检查室外机主控板是否有问题。

故障处理：该机检查为电子膨胀阀（如图 6-40 所示）供电插头接插不良，导致电子膨胀阀开度不够，出现系统高压侧堵塞（检测系统低压回气压力为 0.2MPa，偏低；运行电流为 8A，偏大），从而导致此故障。

提示：当压缩机顶部温度超高时（高于 120℃），其过载保护器会自动断开，此时主芯片检测到断开信号使压缩机停止工作，并显示 P2；当压缩机顶部温度下降时（低于 105℃），过载保护器中的双金属片自动闭合，此时主芯片检测到闭合信号使压缩机重新启动工作。

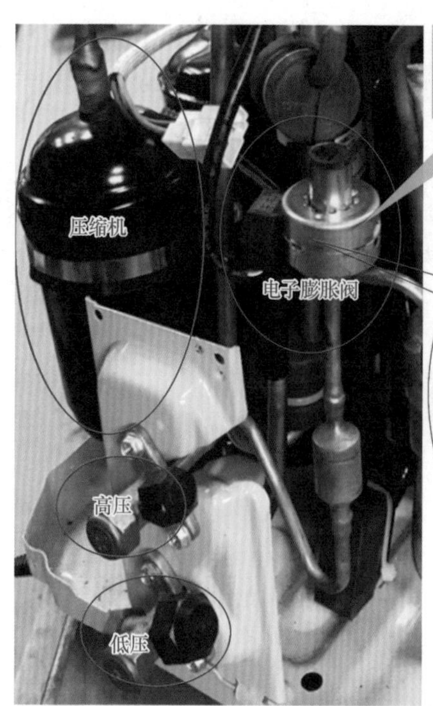

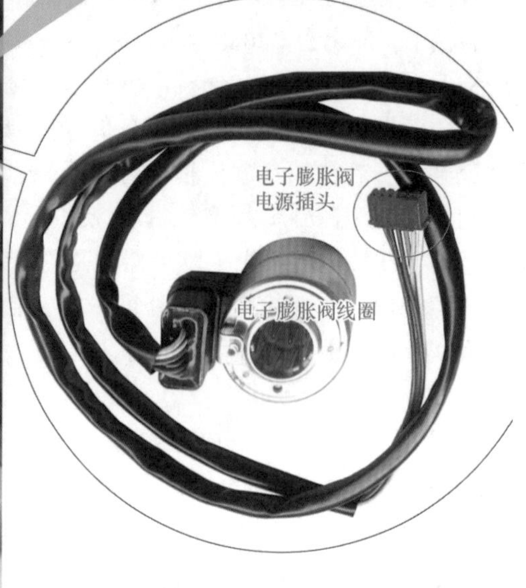

图 6-40　电子膨胀阀

例 5　美的 KFR-35GW/BP3DN1Y-LB（A2）变频空调开机后内外机都不工作，随后显示 E1 代码

维修过程：E1 代码为室内外机通信故障。首先检测室外机 L、N 上有 220V 电压，N 与 S 之间也有 2~24V 波动电压，故判定故障在室外机。拆开室外机机壳，观察室外机主板上指示灯微暗，检测 300V 直流电压为 190V，电压异常，室外机主板上三端稳压块的 5V 电压偏低，对电源负载部分进行逐个检查，发现当去掉 300V 负载直流风机插件，300V 立即恢复正常，经查为直流风机损坏造成 300V 直流电压过低，室外机开关电源工作不正常，从而使 5V 电压输出偏低造成 CPU 不能正常工作，造成通信异常。检测 300V 直流电压和直流风机如图 6-41 所示。

故障处理：更换室外机直流风机后故障即可排除。

提示：用万用表测试风机接线插头红、白、黄、蓝对黑（地线）的电阻只有几千欧（正常值为几十千欧或几百千欧），说明直流风机损坏。

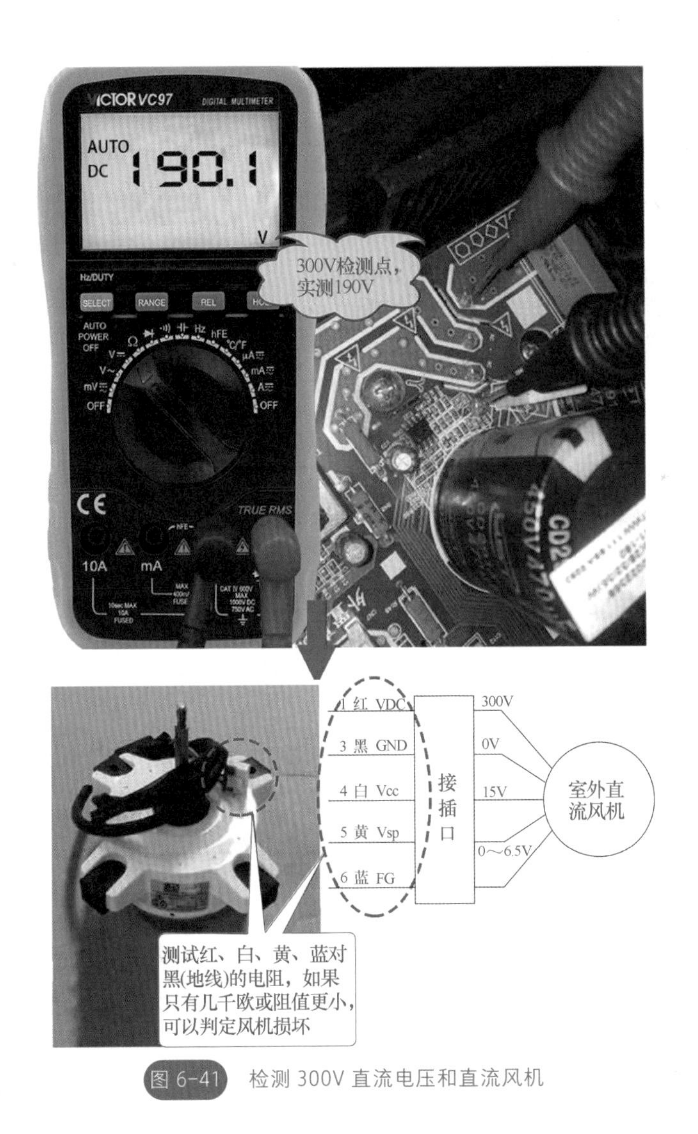

图 6-41　检测 300V 直流电压和直流风机

例 6　美的 KFR-35GW/BP3DN1Y-LB（B2）变频空调有空气吹出，但制冷 / 制热效果不好

维修过程：当出现此故障时，首先检查门窗是否未关好；检查温度设定是否合适；检查空气滤网是否被尘埃或污物阻塞，必要时清洁空气滤尘网；检查室内机或室外机进风口或出风口是否被阻塞，必要时清除阻塞物。若以上检查均正常，则检查空调制冷剂是否过少或泄漏，造成空调的工作压力不够；若制冷剂充注量正常，则检查电子膨胀阀是否有问题。图 6-42 所示为室外机电控盒。

故障处理：本例拆开室外机电控盒盖，发现电子膨胀阀插头接触不良，将电子膨胀阀插头重新插到位并固定好后故障排除。

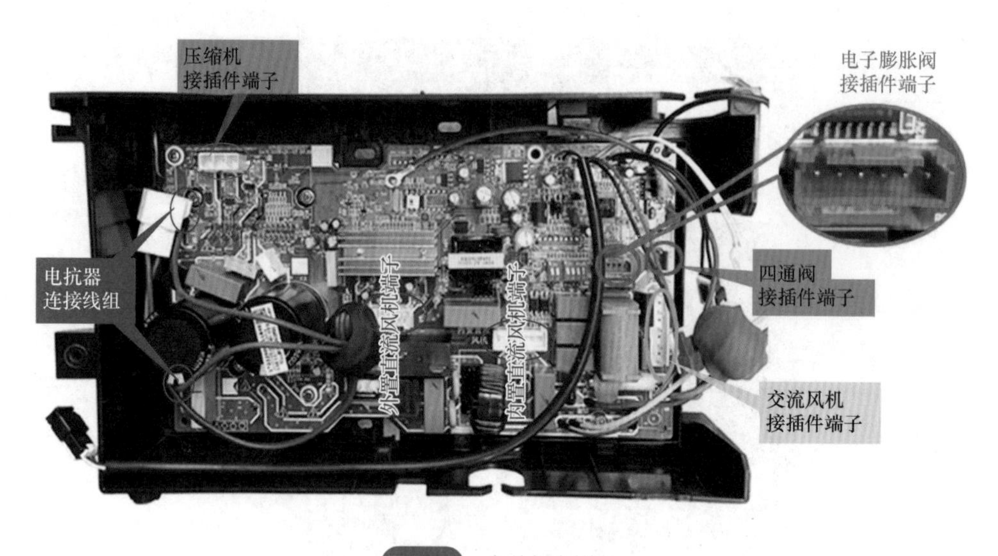

图 6-42 室外机电控盒

> 提示：滤尘网和出风口的清洁方法如图 6-43 所示。

滤尘网的清洁

■如果滤尘网被灰尘覆盖，制冷/制热效果将受影响。建议经常(两个星期一次)清洁滤尘网。

①抬起室内机面板，把滤尘网中间凸部抬起后向下拉出。

②用吸尘器或水冲洗滤尘网，将滤尘网放在阴凉处晾干。

③将滤尘网的上部插入机内直至完全固定后，合上室内机面板。

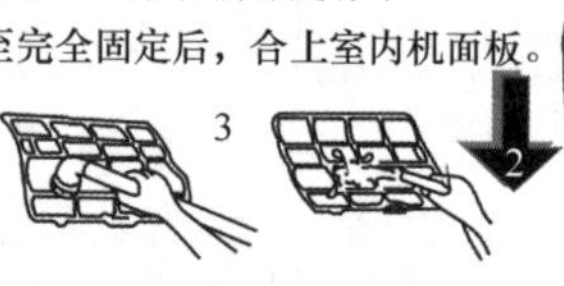

出风口的清洁

①将上下风向导风板转动一定角度，向外推插销。

②然后抓住上下风向导风板两端轻轻向中心拉，并且稍微往外掰，转动轴脱离定位后，即可取下上下风向导风板。

③可以用水冲洗上下风向导风板，将其在阴凉处晾干。使用抹布清洁出风口周围以及左右风向导风板。

④将上下风向导风板装回原处，向内推插销，合上导风板。

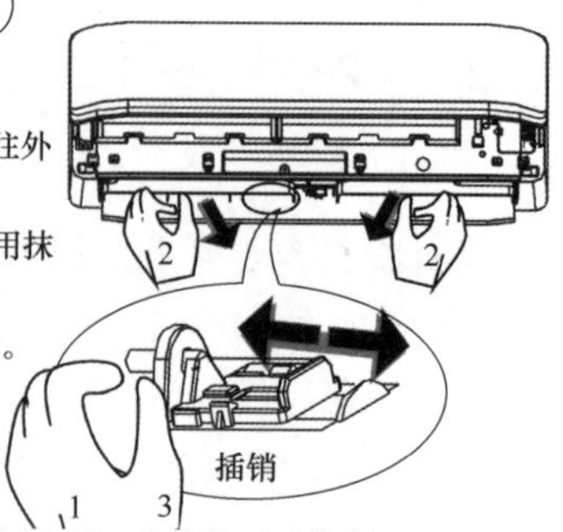

图 6-43 滤尘网和出风口的清洁方法

例7　美的KFR-35W/BP3N8-B08变频空调刚开机制热正常，但随后制热效果变差

维修过程：引起此故障的部位有四通阀、感温传感器、压缩机、室外机电控盒等。首先断开机子电源，将感温传感器调整到30℃，设定制冷16℃模式下运行，制冷效果良好；将遥控器设置在制热30℃开机运行，用压力表测系统低压阀侧压力，发现刚开机时压力升至1.5MPa，随后压力缓慢降至0.8MPa，此时用手摸系统管路，发现四通阀（如图6-44所示）三根接管均没有温度，故判定故障在四通阀上。

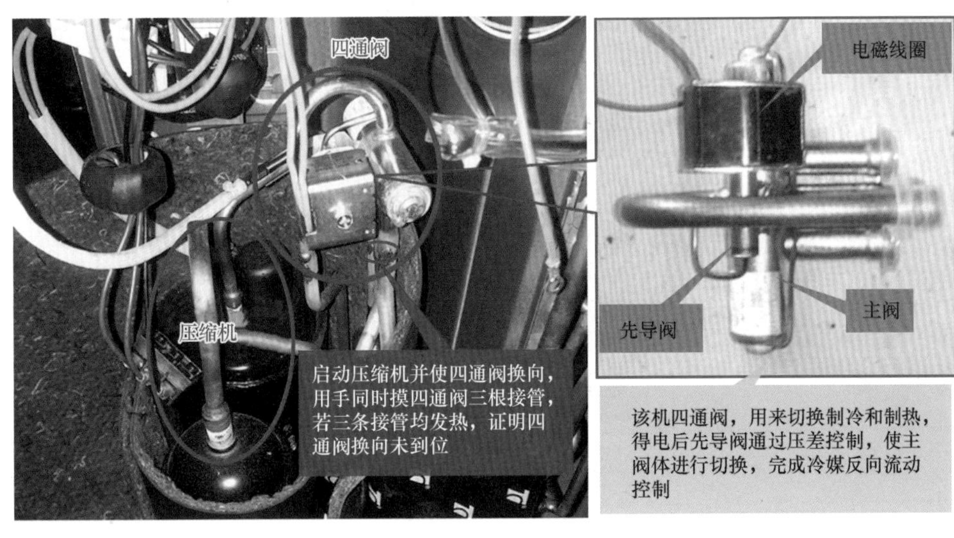

图6-44　四通阀

故障处理：该机为四通阀体串气，从而导致此故障，更换四通阀，抽真空、充制冷剂开机后故障排除。

提示：若滤尘网上面聚集很多的灰尘，会堵塞空气的流通，导致制热效果下降，此时取出滤尘网进行清洁，会让制热效果变得更好；另外用户家中的电压过低或不稳，也会导致空调长时间运行后温度没有提升。

例8　美的KFR-51W/BP2-190变频空调开机后室内机正常，但室外机不工作

维修过程：开机检测室内机L、N有220V电压输出到室外机，信号线间电压（N、S之间有2～24V）也正常，故说明故障在室外机。拆开室外机机壳，

观察指示灯亮，但压缩机和风机均不转，检测由整流桥为主组成的整流滤波电路正常；再将压缩机输入的插件（U、V、W）拔下，测压缩机三相绕组正常、无短路及漏电现象；最后检查变频 IPM 模块，测电控板上 U（蓝）、V（红）、W（黑）相互之间的阻值正常；再分别测 U、V、W 与 P 正极之间的电阻值（正常阻值范围为 200 ～ 800kΩ 之间），发现 P 与 W 之间阻值为 0，检查为模块 W 相与 P 正极端击穿短路，从而导致此故障。室外机电控板如图 6-45 所示。

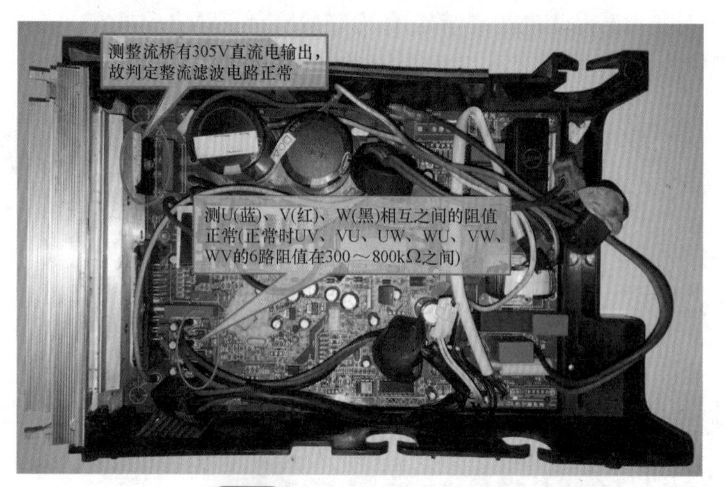

图 6-45 室外机电控板实物图

故障处理：更换 IPM 模块或室外机电控盒后故障排除。

提示：若测 IPM 模块 UV、VU、UW、WU、VW、WV 6 个组合的电阻其中出现电阻小于 100kΩ 或大于 3MΩ，或阻值不平衡（差值大于 30kΩ），则说明模块损坏。

例 9 美的 KFR-72LW/BP2DY-H（4）变频空调开机后室内机工作正常，外风机转，但压缩机不转，显示 P6 代码

维修过程：P6 代码为直流变频压缩机内置保护（包括 MCE 启动故障、MCE 缺相保护、MCE 零速保护、PWM 同步故障、通信故障等），而引起此故障的主要部位有压缩机本身和室外机电控盒。首先将万用表置于电阻挡，然后将机子断电，单独测试压缩机U、V、W三相绕组的阻值是否平衡。若检测阻值不平衡，则说明问题出在压缩机本身；若阻值正常，则检查室外机电控盒。

故障处理：本例故障大多发生在室外机电控盒上，更换室外机电控盒即可。

提示：美的直流变频空调采用的是双转子压缩机，压缩机停机启动时，如果压缩机停机时其电动机与带动的曲轴机构在同一条直线上，则电动机因扭力过大会启动不了，从而造成电动机过热烧坏。MCE（Motion Control Engine，运动控制引擎）控制就是控制压缩机在停机时电动机及其曲轴机构不在同一条直线上，以方便下次电动机启动，不烧坏电动机，这就是压缩机位置保护。

例 10　美的 KFR-72LW/DY-YA400（D3）定速空调开机后显示 Eb 代码

维修过程： Eb 代码为室内负载驱动板与显示按键板通信故障。首先检查显示连接线是否存在接触不良或断线，若是则重新连接线路；若显示连接线路正常，则目测室内机主控板上是否存在明显异常现象（如元件虚焊、烧毁、变色等情况）；若室内机主板上没有明显异常元件，则用万用表检测连接室外机电源的 L、N 接线端子是否有 220V 输出；若室外机接线端子上无 220V 电压输出，则说明问题出在室内机电控板（如图 6-46 所示）上；若有 220V 电压，则问题出在显示按键板上。

图 6-46　室内机电控板

故障处理： 本例检查为按键板与室内机主板间通信线接线端子插件 CN21 接触不良所致，重新插紧故障即可排除。

提示：该机故障代码含义：E60 为 T1 传感器故障，E61 为 T2 传感器故障，E52 为 T3 传感器故障，E2 为室内电动机过零信号故障，E3 为室内交流电动机失速故障，Eb 为室内负载驱动板与显示按键板通信故障，P90 为室内蒸发器保护（高温），P91 为室内蒸发器保护（低温），P49 为压缩机电流保护，PR 为室外冷凝器高温保护，P9 为防冷风关风机。

志高空调

例 1　志高 KFR-36GW/ABP123+3A 变频空调显示 F4 代码

维修过程：F4 代码为室内风机故障。首先检查室内风机线是否脱落或损坏，端子是否接插不牢固；若正常，则手拨风轮，观察风叶是否被卡住；若没有，则检测主板是否输出给电动机正常电压信号，若没有正常电压输出，则检查室内主板是否有问题；若更换新室内主板后室内风机仍不转，则说明问题出在电动机本身（本体是否卡死、损坏，异味、绕组开路或短路等均为不正常，测绕组阻值时，注意区分电动机壳体温度是否很高而导致热保护器动作）。

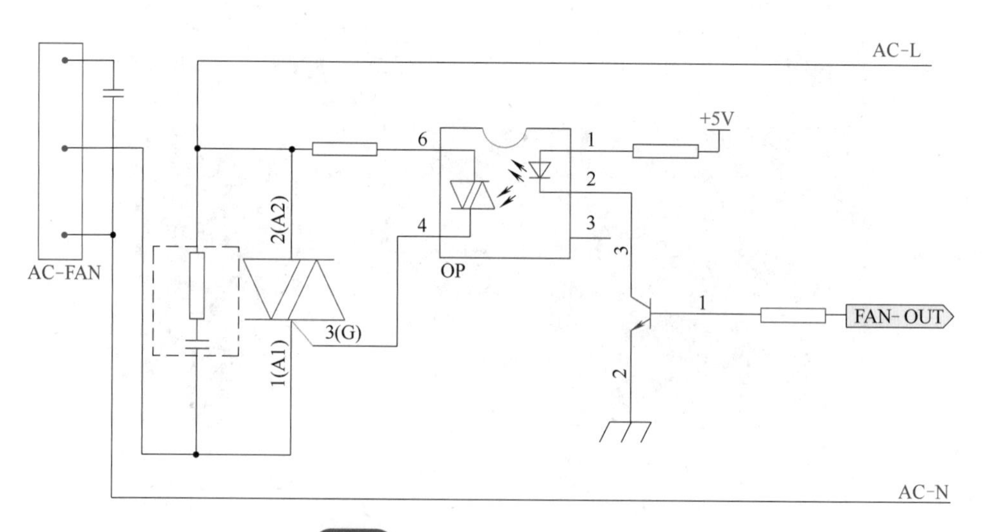

图 6-47　PG 电动机驱动电路原理图

故障处理：本机拨动风机叶片时，发现卡滞严重，检查为风机轴承缺油干涩。拆开电动机外壳，将其轴承部分放入煤油中浸泡并反复清洗后，重新注入适当的润滑油，将电动机按原样装好后故障排除。

提示：测试 PG 电动机时，可不带驱动板，接上风机电容后直接给电动机的电源端通入交流电源测试是否能正常运转。图 6-47 所示为 PG 电动机驱动电路原理图。

例 2　志高 KFR-26G/MX1DBPD（M89T）+4 变频空调开机后显示 F1 代码

维修过程：F1 代码为室内外机通信故障。首先检查室外电控连接线是否连接

图 6-48　电源板与模块板

正确或接触不良，若连接线正常，则检测室外机 L、N 是否有 220V 电压；若有 220V 电压，则检查 N、S 线是否有正常的跳变电压；若有正常的跳变电压，则说明故障在室外机。拆开室外机机壳，观测室外机电源灯是否亮，若不亮，则检查室外保险管及变频模块、整流桥、IGBT 是否损坏；若室外机指示灯亮，则检查电源板（重点查通信电路）和模块板（如图 6-48 所示）。

故障处理：本例检查为通信电路中 R510 电阻烧断，造成通信回路断开引起通信故障。更换电阻 R510 后故障排除。

提示：该机模块板型号 SALJ26W-VH4-3Z-1。

例 3　志高 KFR-35GW/ABP117+N3A 变频空调显示故障代码 F1

维修过程：F1 代码为室内外机通信故障。首先检查室内外机连接线正确，通信线接触良好；再用万用表检测室外机 1、2 端接线没有 220V 电压，说明故障在室内机，经查为室内机继电器不良所致。如图 6-49 所示。

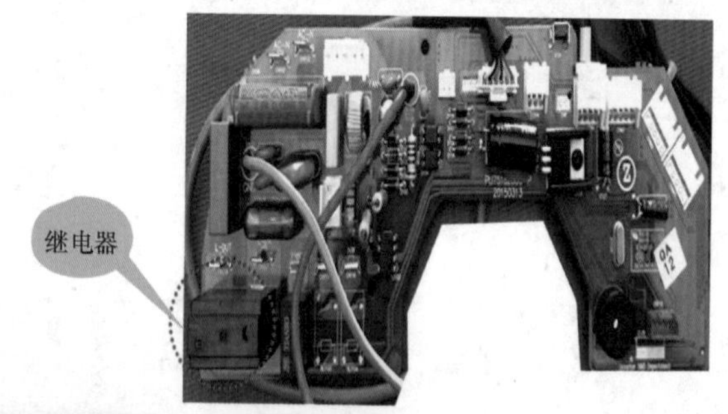

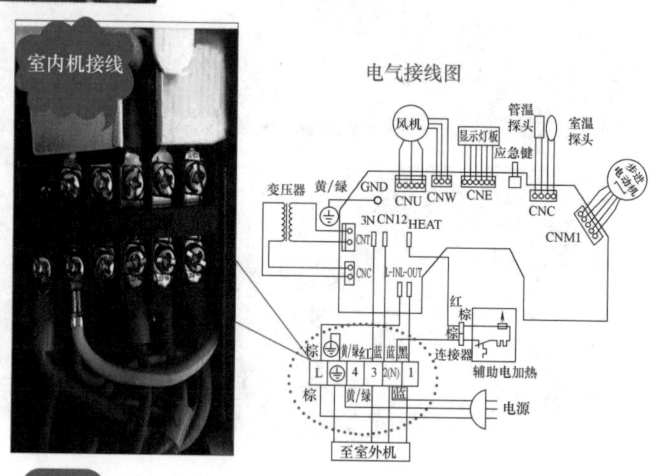

图 6-49　室内机电气接线及电路板

故障处理： 更换继电器故障即可排除。应急处理时，可直接短接 L 和 1 端（棕色）。

提示：一般室内机连接线是出厂连接好的，安装时只接室外机 4 根线就行，1（L）（棕）、2（N）（蓝）、3（黑）地线、接机壳（黄 / 绿）。

例 4　志高 KFR-35W/E+N2 型空调器压缩机刚一启动就停机

维修过程： 当电源电路、压缩机启动电路、系统控制电路出现问题均会引起此故障。检修时，首先通电开机观察，若机器刚一启动电源灯就灭，则重点检查电源电路是否有问题（供电线路是否正常、电源熔丝是否正常等）；若运转灯一亮即灭，则是压缩机及其回路不良；若测得的电流快速升高后停机，则是压缩机运转电容器（如图 6-50 所示）不良。

图 6-50　志高 KFR-35W/E+N2 空调压缩机运转电容器

故障处理： 该机故障为压缩机运转电容器不良所致，更换压缩机运转电容器即可。

提示：压缩机停机时，观察室外风机是否停止；若室外风机也停，说明是传感器有问题，如果风机不停是室外机的压缩机有问题。

例 5　志高 KFR-36W/ABP+3A 变频空调通电后室内机工作，室外机不工作，并显示 F1 代码

维修过程： F1 代码为室内外通信故障。首先检查室内外机连接线是否接错，接插件是否有松脱或氧化情况；若连接线及接插件正常，则将万用表置于直流电压挡，检测室外机 L、N 上是否有 220V 电压；若有 220V 电压，则检测端子板通信线 S 和零线 N 之间的电压是否在 0~24V 之间变化；若电压值为固定数值、跳变电压值较小，则检查室内机主板；若有 0~24V 之间跳变电压，则问题出在室外

机，主要检查室外机电控盒（如图 6-51 所示）上保险管、IGBT 管、整流桥、变频模块及通信电路是否有问题。

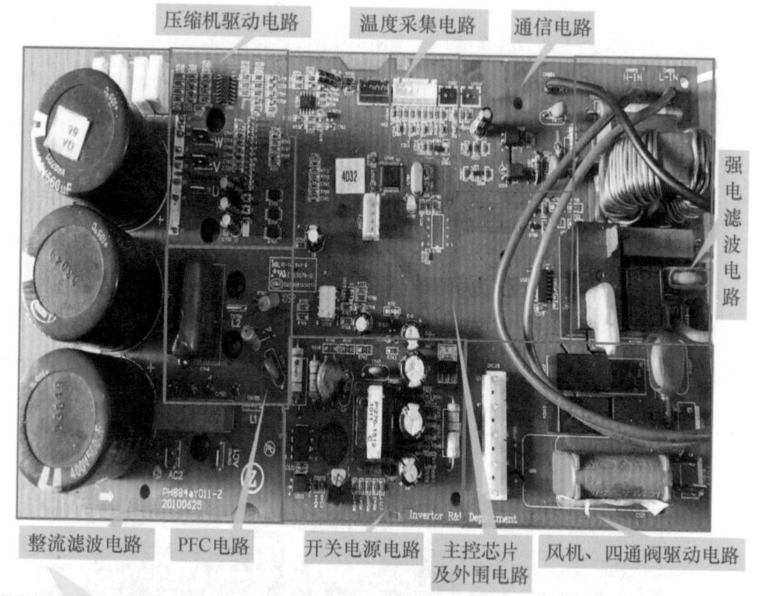

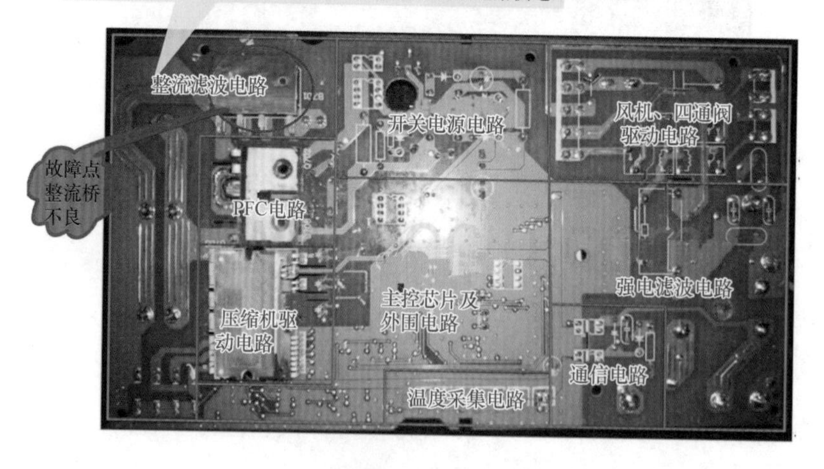

图 6-51　室外机电控盒

故障处理：本例检查为整流桥不良所致，更换整流桥后故障排除。

提示：该机室外机电控主板型号为 PH884aY011-Z。

例 6　志高 KFR-36W/MX1DBPD+4 变频空调不能制热

维修过程：首先检查温度设置合适，内外过滤网及室外机的冷凝器也没有存在脏污严重现象；检测室内电源电压正常，拆开室外机机壳，用万用表检测四通阀电压，发现其无 220V，沿线路检查，发现电源板上电容 E402、E403、E404 失效，造成 12V 电压失常，无法带动继电器工作，从而导致此故障。室外机电控盒如图 6-52 所示。

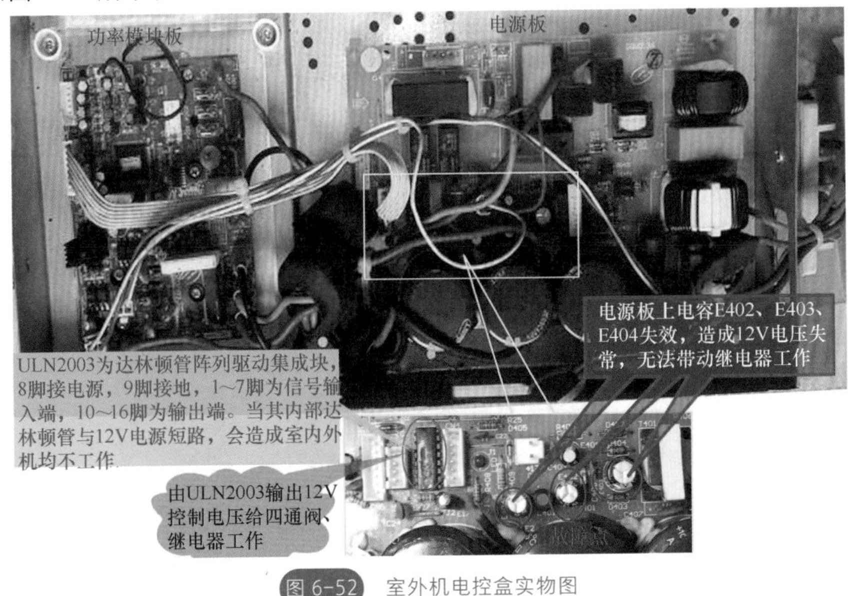

图 6-52　室外机电控盒实物图

故障处理：更换电容 E402、E403、E404 后故障排除。

提示：四通阀信号由功率模块输出到电源板上的集成电路 ULN2003，再由 ULN2003 输出 12V 控制电压给四通阀、继电器工作。

TCL 空调

例 1　TCL KFR-26W/0233BP 变频空调开机后室内机运转正常，但室外机不启动，随后显示 E0 代码

维修过程：E0 代码为室内外通信故障。检查室内外机连接线正常，测室外机

接线端子 L、N 电压为 220V，信号线有 30V 电压，但没有跳动，测室外机模块有 300V 供电，然后测模块上的整流桥、快恢复二极管等是否存在击穿短路现象；若没有损坏，则检测 DC+ 与 DC− 之间直流电，如果有 300V 电压，则问题出在电源板；若 DC+ 与 DC− 之间无电压，则问题出在 PFC 板。本例故障为整流桥不良所致。图 6-53 所示为室外机模块板。

图 6-53 室外机模块板

故障处理： 更换整流桥后故障排除。

提示：若更换模块板故障依旧，则更换整套电控板。

例 2　TCL KFR-72LW/EHBp 变频空调显示代码 E0

维修过程： E0 代码为室内外通信故障。首先检测室内外机连接线是否连接正确；若连接正确，则检测室外机接线端子 L、N 电压及 N、1 之间电压是否在 0~24V 间变化；若测 L、N 上电压为 0，或者 L、N 上电压正常，但室外机端子上 N、1 之间电压有 0~24V 电压变化，则重点检查室内机电源驱动电控板（如图 6-54 所示）；若测 L、N 电压正常，但测 N、1 之间电压为 0~13V，无 24V 电压，则说明问题出在室外机，检查室外机主板上整流桥、快恢复二极管、IGBT 等元件是否有问题。

图 6-54　室内机电源驱动电路板与室外机接线端子

故障处理： 本例检查为电控板上整流桥 DB1 不良所致，更换 DB1 后故障排除。

提示：该机室内机电源驱动电路板型号 210900013、显示电路板型号 210900012。控制器出现故障时，控制器长鸣三声，并显示故障代码；若同时存在多个故障，则显示第一个故障代码。

例 3　TCL KFRD-26GW/CQ33BP 变频空调器开机后显示代码 EA

维修过程： EA 代码为电流传感器故障。首先应检查系统是否缺冷媒，检查是否有冷媒泄漏，如冷媒正常，则检查四通阀换向是否正常。相关维修资料如图 6-55 所示。

图 6-55　TCL KFRD-26GW/CQ33BP 变频空调器四通阀

故障处理： 经查为四通阀线圈损坏所致，换新四通阀后故障排除。

提示：若有型号相同的四通阀线圈，可以单独更换线圈，不需要整套更换；若无相同型号的四通阀线圈，则需要更换整套。故四通阀线圈出现问题时，应优先选择更换线圈，如果需要更换整套四通阀，则需进行放掉冷媒、拆管、焊管、充冷媒等操作，相对来说会麻烦一点。

例 4　TCL KFRD-26GW/CQ33BP 变频空调器开机显示 E1

维修过程：E1 代码为室内环境温度传感器故障。首先检查室内机控制板（如图 6-56 所示）上温度传感器接插件 CN6（RT、IPT）是否接触良好，如果松动，重新接插。如果 CN6 接插件接触良好，则测量室内温度传感器两端电阻阻值（正常应为 25℃ /5kΩ）。

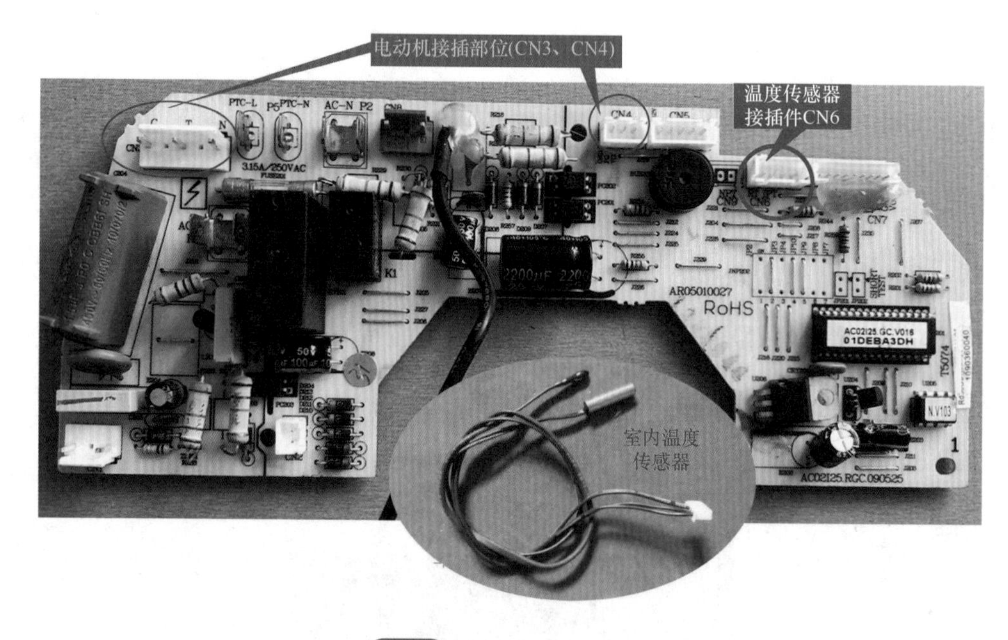

图 6-56　室内机控制板实物

故障处理：如果温度传感器电阻值异常，应更换温度传感器；如果以上检测均正常，则换室内机控制板。

提示：温度传感器本身故障主要表现为电阻值发生漂移、开路、短路等。

例 5　TCL KFRD-35GW/DJ12BP 变频空调显示代码 EP

维修过程： EP 代码为压缩机顶部温度开关故障。首先检查室外机电源板上压缩机顶部温度开关连接线接插部位 CN10 是否接插良好（无压缩机顶部开关机型检查是否有跳线短接）；检查压缩机温度，如果温度确实很高并伴随异味，则检查压缩机连线 U、V、W 接线是否正确（包括连接压缩机的接线部分）；检查系统冷媒不足或冷媒过量；检查室外机通风是否良好。相关维修资料如图 6-57 所示。

故障处理： 如果压缩机温度不高，则短接 CN10，查看故障是否解除，如果故障解除，则为壳顶温度开关自身损坏，更换新器件；如果故障仍存在，更换室外机电源板。

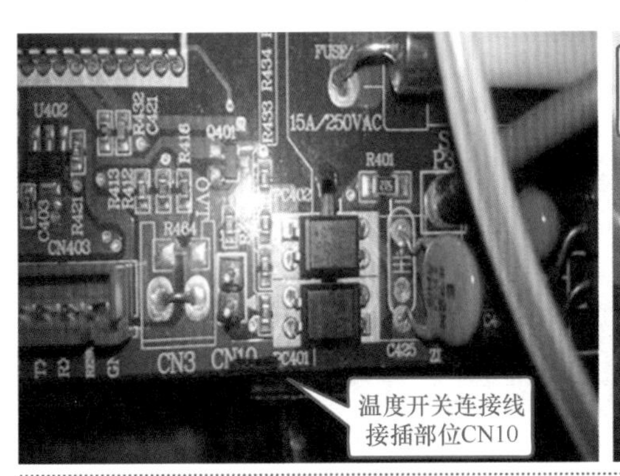

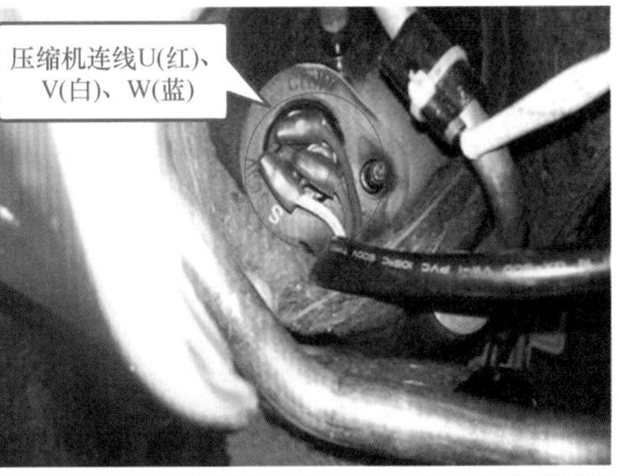

图 6-57　接插部件 CN10 及压缩机连线

第七节　格兰仕空调

例 1　格兰仕 KFR-35GW/RDVdLD47-150（2）变频空调不能进行制冷与制热转换

维修过程： 此类故障一般是因四通阀（如图 6-58 所示）不能正常换向所致。故障原因有：电磁线圈损坏，先导阀不起作用；四通阀内滑阀被系统内部的脏物卡住；四通阀内部间隙过大；先导阀内腔脏堵，导致先导阀不能工作；四通阀本身损坏。

图 6-58 四通阀

故障处理：该机故障因四通阀内滑阀被系统内部的脏物卡住所致。用木棒敲打四通阀，用温开水往四通阀上浇，制冷制热来回转换下，若以上办法仍不能解决，就需要更换四通阀。

提示：在维修四通阀时一定要注意不要轻易更换，轻微卡死的现象可用简单的物理方法修复，尤其是使用不久的机器。判断四通阀的好坏一定要非常慎重，判断时首先看四通阀有没有转换，如有则四通阀肯定是好的，如没有转换则看有没有电送到四通阀，如有则肯定是四通阀本身的机械故障，如没有则一定是控制电路的故障。

例 2　格兰仕 KFR-35GW/RDVdLD47-150（2）变频空调通电后室内机正常，但室外机不工作

维修过程：首先检测室内机端子排处 L、N 有交流 220V 送出，测 N 和 S 间的电压在 5 ～ 40V 之间跳变，室内机输出正常，说明故障在室外机。用万用表检测室外机电路板上整流桥 BR1 电压输出正常；测压缩机三相绕组阻值正常；测变频 IPM 模块上 U、V、W 相互之间的 6 组电阻值正常；测模块 U、V、W 分别与 P 正极之间的电阻值时，发现 P 与 V 之间的阻值失常，经查为模块 V 相与 P 正极端击穿短路。如图 6-59 所示为室外机电脑板。

故障处理：更换室外机电控盒即可。

图 6-59 室外机电脑板

提示：该机采用松下直流变频压缩机，压缩机型号为 5RS102ZBE21，制冷剂使用 R410A。

例 3 格兰仕 KFR-35GW/RDVdLC15-150 变频空调室内机正常，室外机不启动

维修过程：室外机不启动的原因有：空调环境温度失常；温度传感器或检测电路异常；室外机电抗器接插件松动；室外机主板通信信号异常，室内机电脑板输出控制部分损坏；压缩机的温度保护继电器跳开或损坏；变频功率管烧毁等。该机故障为室外机电抗器接插件松动所致。图 6-60 所示为室外机电路板与电抗器。

图 6-60 室外机电路板与电抗器

故障处理：拔出电抗器插件重新插紧即可。

提示：室内机控制电路应重点检查微处理器部分中的供电电路、复位电路以及时钟晶振和 EEPROM 等部分；如果微处理器的供电电路、复位电路、时钟晶振和 EEPROM 等部分都正常，而空调器室内机不能正常工作，则故障应为微处理器（TMPM370FYAFG）本身，此时应使用同型号的微处理器进行更换。

例 4　格兰仕 KFR-72L/DLB12-330 柜式定频空调导风板无法摆动

维修过程：该型空调左右导风板由两组两个步进电动机带动，上下导风板由一个步进电动机带动。首先检查电动机插头与控制板插座接触良好；然后检查齿轮的配合情况，空载时用手慢慢地转动转轴，受力均匀，电动机没有存在被卡住现象；再按动“风摆”按钮，测电脑板步进电动机插座供电电压（正常时每相均在 +12V 左右），如果此时步进电动机有“哒哒”或无声音，则说明步进电动机可能损坏（检测步进电动机线圈方法：拔下电动机插头，用万用表欧姆挡测量电动机插头各脚间的电阻值，若引脚之间电阻为无穷大说明该电动机线圈已开路，若阻值过小说明线圈已短路)。当排除步进电动机有问题后，可将电动机插头插到控制板上，分别测量电动机工作电压及电源线与各相之间的电压，若电源电压或相电压有异常，说明问题出在控制电路。

故障处理：该机为步进电动机损坏，换用与原型号相同的步进电动机。若要换用其他型号的步进电动机，则需注意步进电动机插头的公共端，应与电脑板上步进电动机插座的公共端对应，如果不对应，则对电动机插头跳线，即将公共端插到对应的插孔中。

提示：该机控制电路如图 6-61 所示，当发出“风摆”指令时，单片机相应引脚周期性依次发出较低频率的高电平，通过反向驱动器 IC1 的 13 ～ 16 脚驱动步进电动机快速打开或关闭，或较慢地上下摆动。

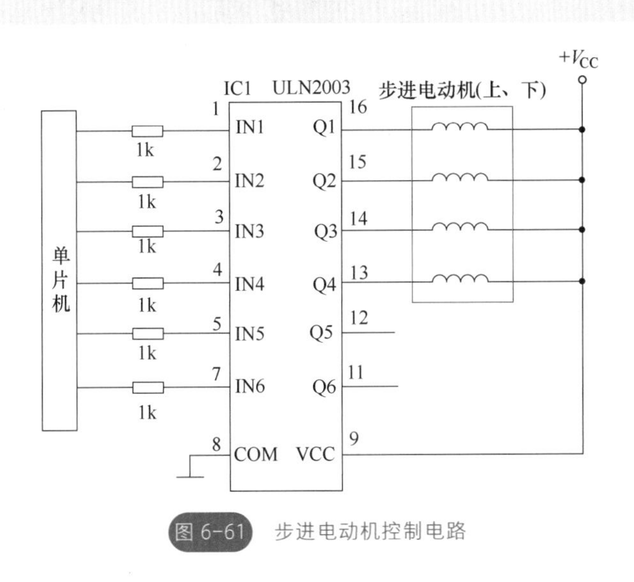

图 6-61 步进电动机控制电路

第八节 长虹空调

例 1 长虹 KFR-35GW/ZDHIC（W1-H）+A3 变频空调开机后显示 F8 代码

维修过程：首先检测室外机电脑板与功率模块之间的通信信号线线束是否接

触不良或线束脱落，若是则重新连接或调整线束插头线；若线路连接正常，则检查变频功率模板是否有问题；若变频功率模板正常，则检查室外机电脑板是否有问题。变频功率模板与室外机电脑板如图 6-62 所示。

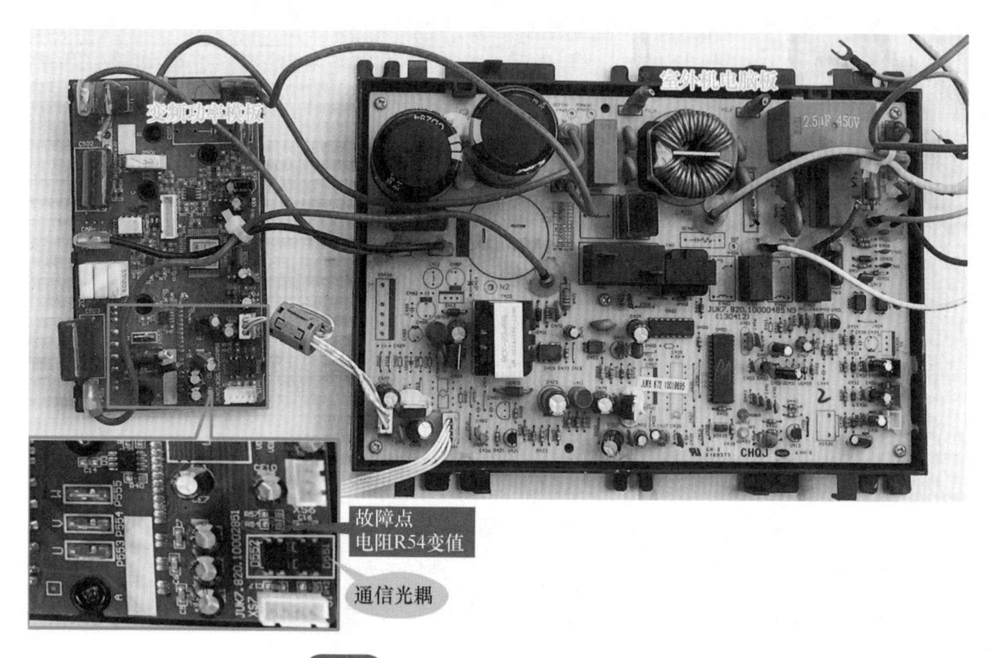

图 6-62 变频功率模板与室外机电脑板

故障处理： 本例检查为变频功率模块板上电阻 R54 变值，从而造成此故障，更换电阻 R54 后故障排除。

提示：该机故障代码：F0 为 PG 电动机故障；F1 为室温传感器故障；F2 为室外温度传感器故障；F3 为内盘温度传感器故障；F4 为外盘温度传感器故障；F5 为压缩机排气温度传感器故障；F6 为室内通信无法接收；F7 为室外通信无法接收；F8 为室外机与 IPDU（变频控制板）通信故障。

例 2 长虹 KFR-50LW/Q1B 变频空调显示 F8 代码

维修过程： F8 代码为室外主控板、模块板通信电路故障。首先检查室外机电脑板无脏污，然后用数字万用表直接测量室外机主控板两只光耦（D401、D402）没有存在短路现象（如图 6-63 所示）；再用万用表测室外板和通信电路串联电阻的直流电压无变化，则检查 R421（560）、R422（10kΩ）、R423（22kΩ）、R424（100Ω）、R425（2kΩ）、V421 等是否有问题。本例为电阻 R422 损坏所致。

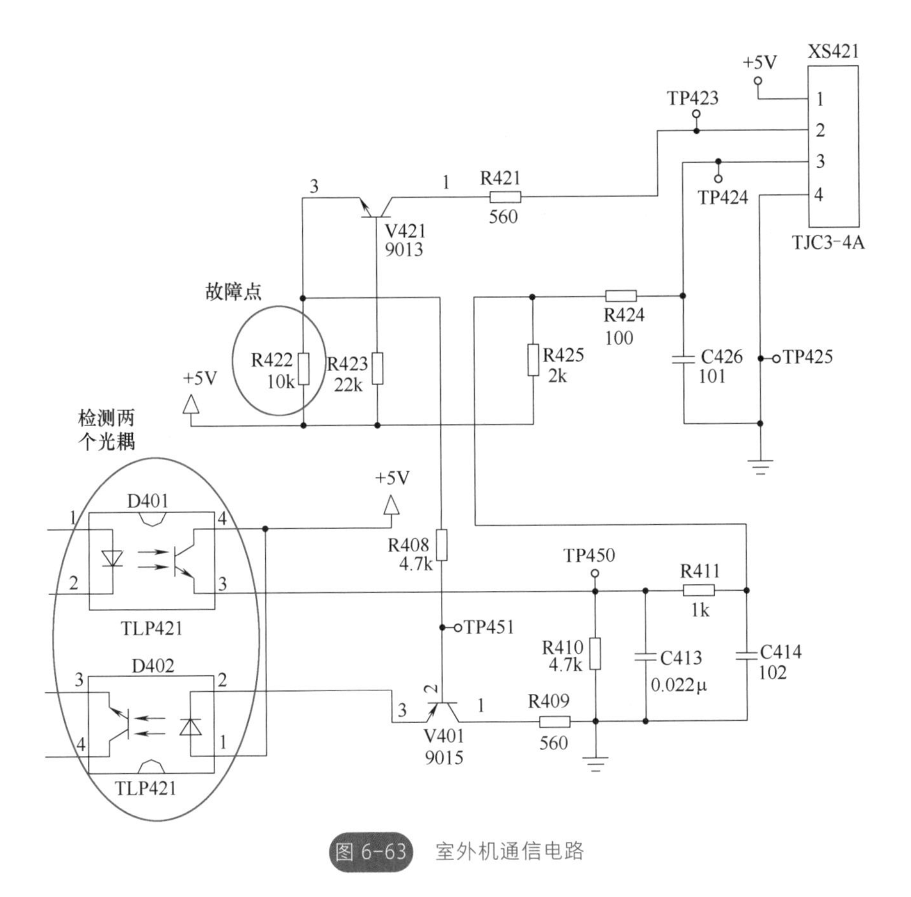

图 6-63 室外机通信电路

故障处理：更换电阻 R422 后故障排除。

提示：测量室内外主板 CPU 到光耦输入端有无电压变化，就可以判断室内外接收或发送是否正常；检查重点是室外板通信串联电阻、室内外主板 CPU 至光耦输入端有无电压变化，光耦及相关的电阻等元件是否正常。

例 3 长虹 KFR-50LW/Q1B 圆柱形变频空调器不制热

维修过程：当室内机进风口堵、室外机进出风口堵、缺氟、四通阀不吸合、压缩机有问题等均会引起不制热。检修时首先检查室内外机进出风口都没堵塞物，清洗滤尘网后故障依旧；然后用温度计测室内机进出风口的温差值正常（效果好的空调差值可达 15℃左右，温度过低则缺氟），用压力表检测空调运转压力也正常，说明空调不存在缺氟现象；再检查四通阀及其控制电路（如图 6-64 所示），查微处理电路 D450（M37544）、驱动芯片 D462（ULN2003AN）、继电器 K463 是否存在问题。该机为继电器 K463 损坏所致。

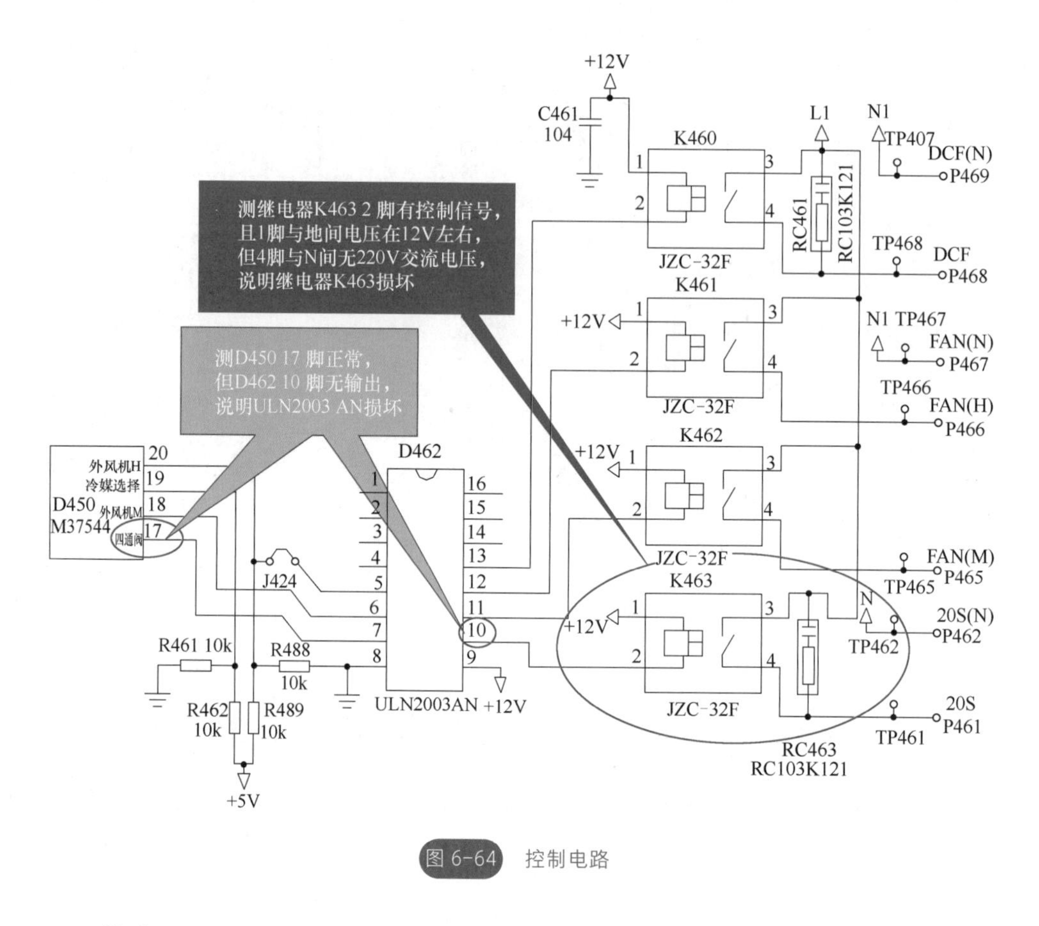

图 6-64 控制电路

故障处理：更换 K463 后故障即可排除。

提示：若测 D450 的 17 脚正常而 D462 的 10 脚无输出，说明 ULN2003AN 损坏；若测继电器 K463 的 2 脚有控制信号，且 1 脚与地间电压在 12V 左右，但 4 脚与 N 间无 220V 交流电压，说明继电器 K463 损坏。

例 4 长虹 KFR-50LW/Q1B 圆柱形变频空调制冷效果差

维修过程：当系统制冷剂不足、排气管检测电路异常、压缩机有故障等均会引起制冷效果差。首先观察室外机截止阀管口无油渍，手摸室外机回管感觉冰凉且有水珠，故排除系统缺制冷剂故障。使机子处于制冷状态，十几分钟后检测压缩机电流是否正常；若电流大于该机铭牌标注的制冷剂额定电流，说明此机组确实工作电流过大，则检测压缩机三端之间电阻值（正常的三端阻值应平衡）；若电流仍低于 3.6A，进入测试状态查看无法升频，故判定问题出在温度检测电路

（如图 6-65 所示），重点检查各传感器及电路中相关部分各元件。

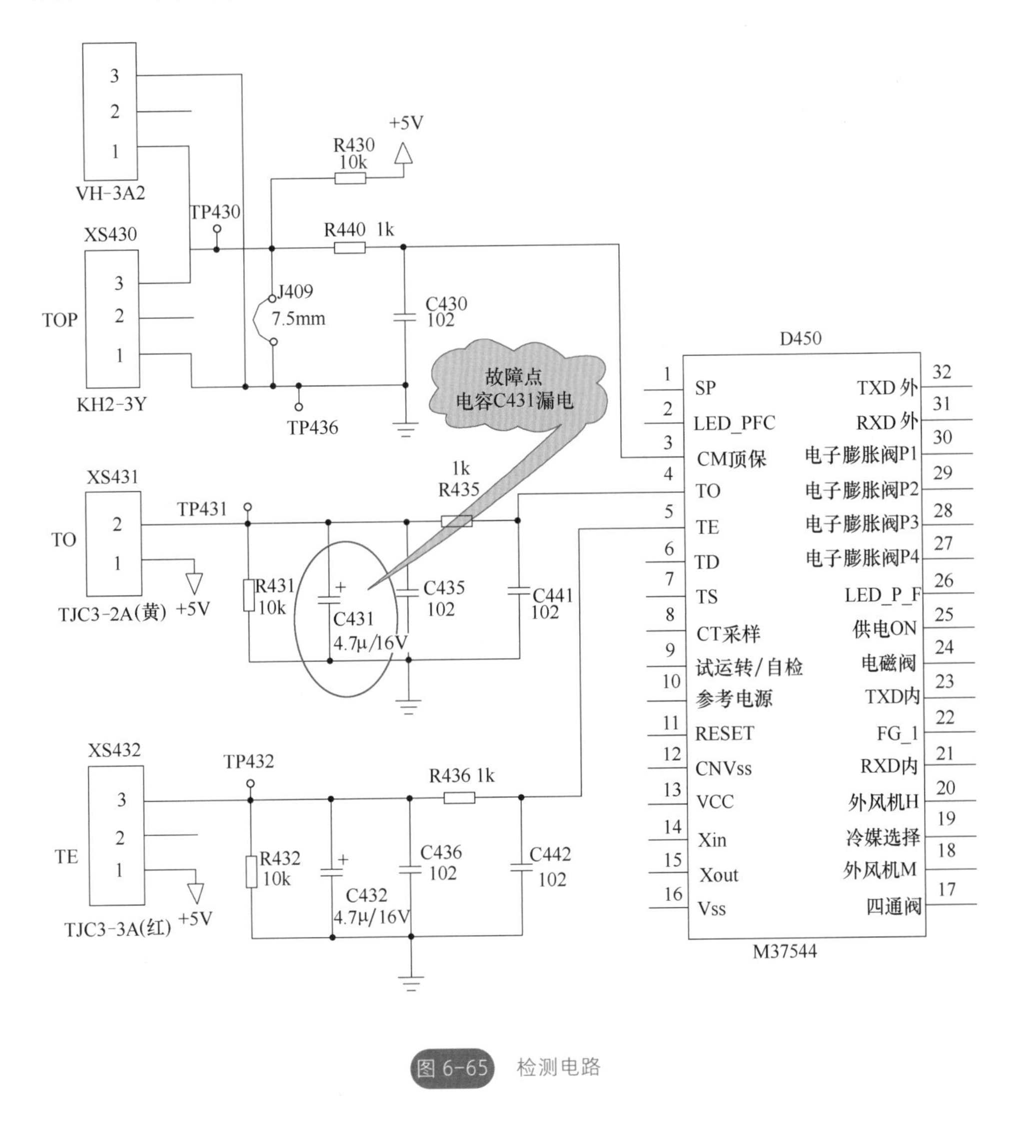

图 6-65　检测电路

故障处理： 本例检查检测电路中电容 C431（4.7μF/16V）漏电严重，使传输给 CPU 的室外环境温度检测信号异常，从而导致此故障。更换 C431 后故障排除。

提示：室外机回管不结霜，是系统制冷剂不足的表现。为了快速判断问题是否在电脑板上，可更换室外电脑板，若故障消失，说明问题出在室外电脑板。

例 5　长虹 KFR-50LW/WBQ 空调工作几分钟后室外机停机，并显示 P2 代码

维修过程： 代码 P2 为 CT 电流异常。出现此类故障时，首先检查电源线是否穿过电流互感器 CT301，若否则重新将电源线穿过互感器；若电源线穿过互感器中，则检查系统是否存在泄漏，若是则查找系统漏点，并补焊加制冷剂；若否则检测电流互感器线圈是否断路；若电流互感器线圈断路则更换电流互感器 CT301；若以上检查均正常，则检查电脑板上 CT 电流检测电路是否有问题。室外机电路板及相关电路如图 6-66 所示。

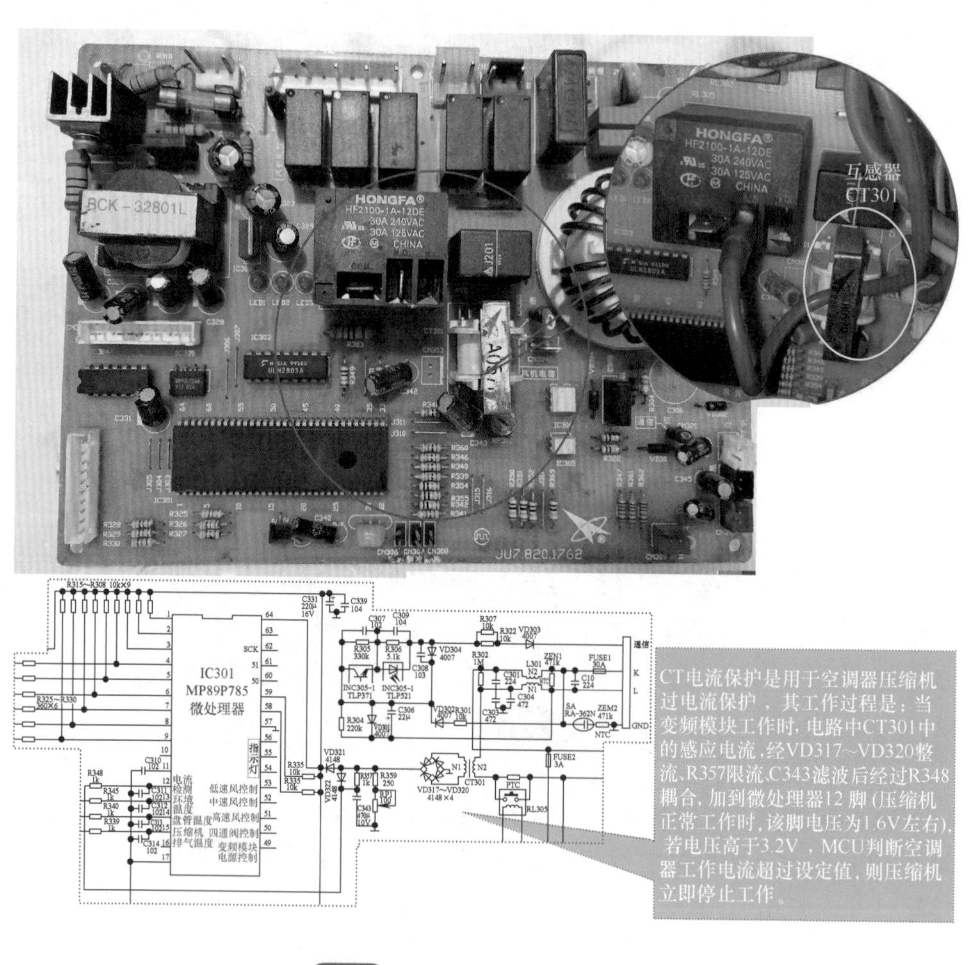

图 6-66　室外机电路板及相关电路

故障处理： 本例检查为前维修人员在更换室外机主板后，未把压缩机连接线（蓝色线）从电流互感器 CT301 的磁芯穿过，导致检测不到电流引起保护，从而

导致此故障。

提示：CT 电流检测电路主要是用来检测变频模块工作电流大小，并根据所检测到的结构与内部程序进行比较，输出相应的控制指令；当检测到的电流过大时，微处理器 IC301 将发出停机指令，使空调停止工作。

第九节 奥克斯空调

例 1　奥克斯 KFR-35GW/BPSFD 变频空调开机后显示 E5 代码

维修过程： E5 代码为室内外机通信故障。首先检测室外机 L、N 有 220V 电压，但测 S、N 端电压为 0V（正常值应有跳变电压），故判断故障在室内机（如图 6-67 所示）。检查室内机主板上通信电路中光电耦合器（IC1、IC2）、供电电源、二极管、电容、信号连接线及电路中各元器件的焊点脱焊等是否有问题；若正常，则检查通信回路外部的相关电路［如 IC6 及外围元件、光耦（IC1、IC2）与 IC6 间的连接电路、IC6 供电电源等］是否有问题。

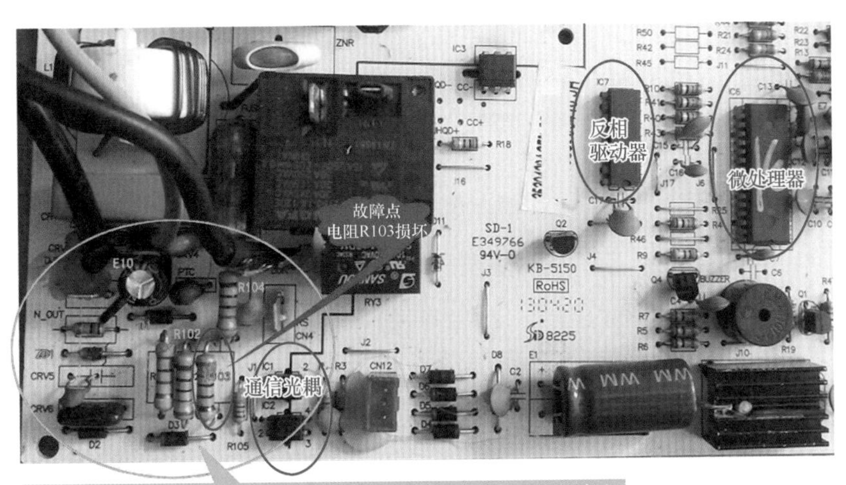

图 6-67　室内机主板

故障处理：本例检查为通信电压形成电路中电阻R103损坏造成此故障，更换电阻R103后故障排除。

提示：当显示通信故障代码时，说明通信回路中没有正常的通信信息传输，但检查范围不能局限于通信电路之内，还应从通信回路外部的相关电路（包括MPU电路、电源电路等）中分析查找与故障现象有关的各种因素，通过仔细检测对各因素造成该故障的可能进行一一排除，直到找到真正的故障点。

例2 奥克斯KFR-35W/BPS-AB变频空调开机后显示F8代码

维修过程：F8代码为模块板与主控板通信故障。首先检测室内外通信插件CN4是否有+5V和+15V直流电压，电压正常则更换主控板，无电压更换模块板；然后将万用表置于电阻挡，测主控板与模块板通信连接线是否有问题，有问题则修复接线或更换主控板；若主控板与模块板连接线正常，则将万用表置于直流电压挡，测模块板与主控板CN3插件通信是否有3.3V变化的电压，若有3.3V电压变化则更换模块板，若无3.3V电压变化则更换主控板。图6-68所示为室外机电脑板实物图。

故障处理：本例检查为模块板上FSBB20CH60F不良造成此故障，更换FSBB20CH60F后故障排除。

提示：出现F8代码故障，一般是模块板损坏的可能性较大，故维修之前应准备好模块板，以便采用替换法进行维修。

例3 奥克斯KFR-35WBPSA（4）变频空调显示E5代码

维修过程：E5代码为室内外机通信故障。首先检查通信电路各插件、电源线与通信线是否接触良好或接错，若均正常，则用万用表测室外端子板的N与S线上是否有24V左右的波动电压，若拔下CN4插件测量有稳定的24V电压，则说明问题出在室外机。拆开室外机外壳，观察主控板上指示灯显示情况，若故障指示灯呈闪、亮、亮，但电源指示灯没亮，则检查室外机整流桥、通信电路等是否有问题。图6-69所示为室外机主控板。

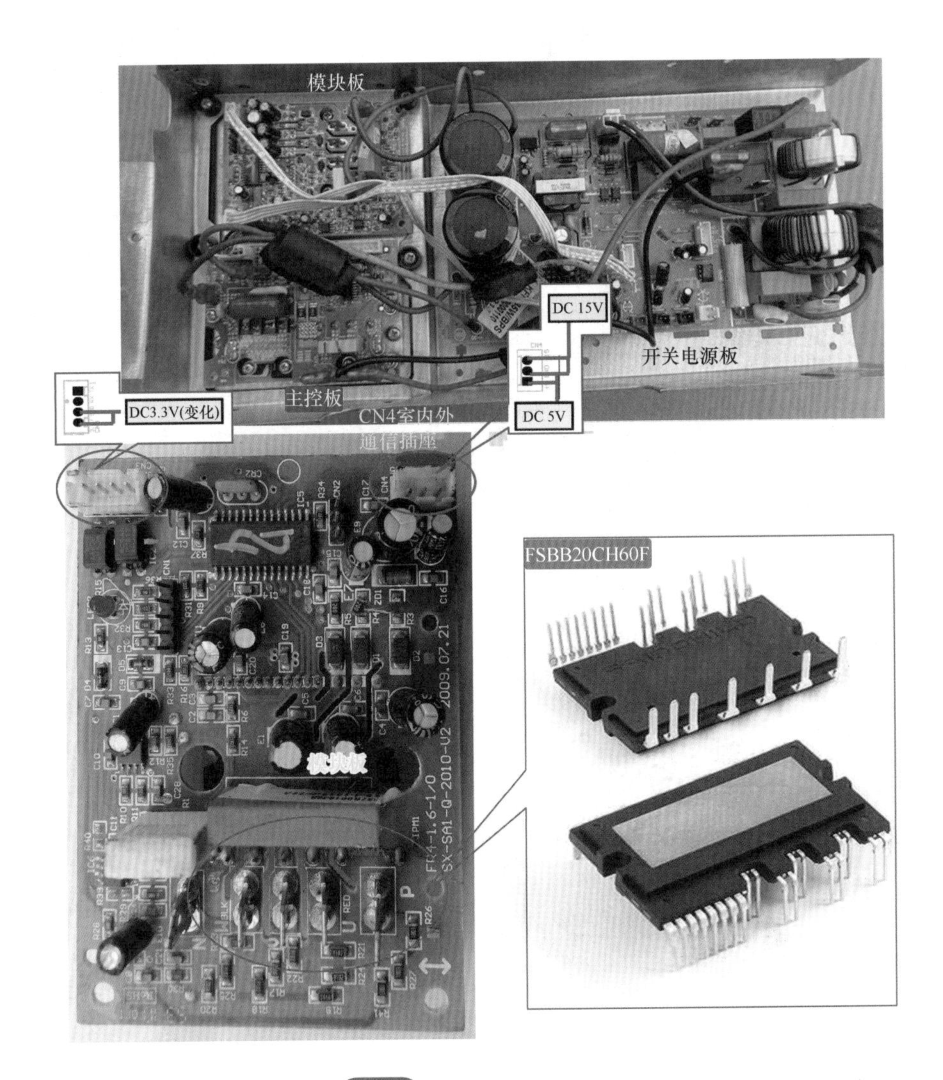

图 6-68 室外机电脑板实物

故障处理：本例检查为室内外机通信插座接触不良所致，重新插紧插座即可。

提示：当怀疑主控板有问题时，可直接更换主控板进行维修，如果模块板故障不是因模块板及其后级电路短路引起的话，则不会显示 E5 故障代码，故更换主控板依旧显示 E5 代码再考虑更换模块板。主控板型号 11500215101（SX-SA1-W-45J10）。

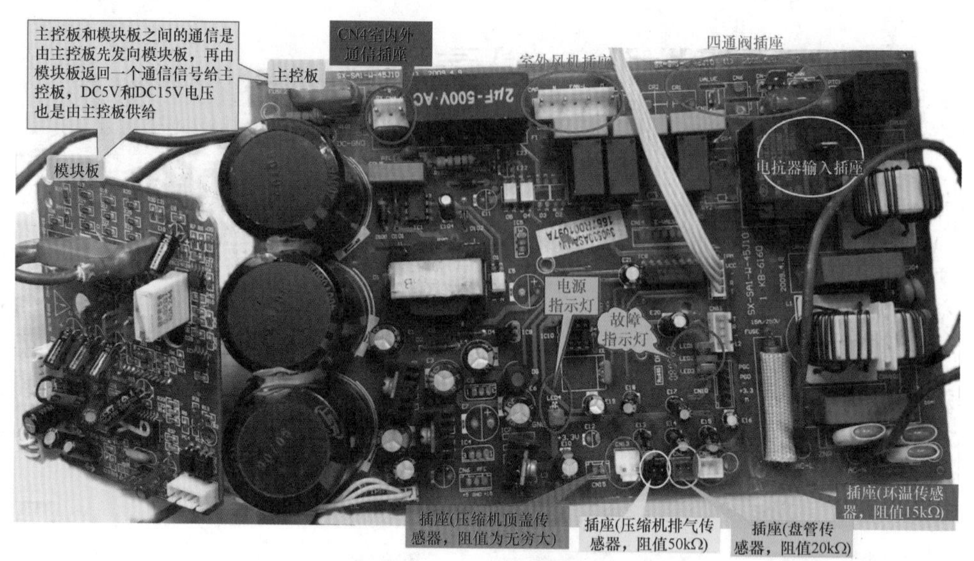

室外主控板检测点

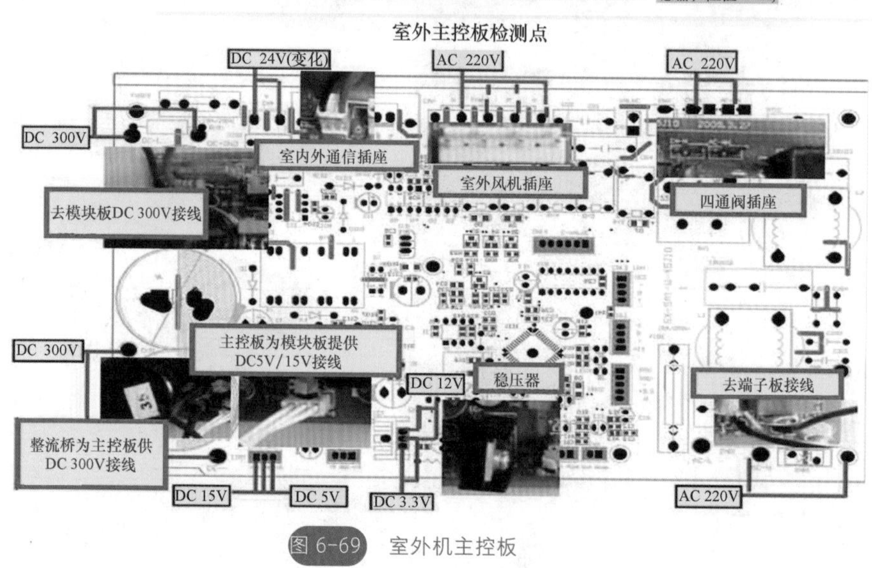

图 6-69 室外机主控板

例 4 奥克斯 KFR-51LW/BPSF（3）变频空调开机后显示 E5 代码

维修过程：E5 代码为室内外机通信故障。首先检测室外机接线端子 N（零线）、L（火线）是否有 220V 交流电压，L、N 线是否接错或接触不良，室外机端子排是否存在锈蚀严重接触不良；若室外机接线端子正常，再检测 N 线与信号线之间是否有波动电压；若以上检查均正常，则排除室内机有问题的可能，则检查室外机电抗器（如图 6-70 所示）是否损坏、接线是否接触不良或接线脱落，室外机直流开关电源电路是否有元件（如电源 IC、三端稳压块等）损坏，通信电路中光电耦合器及电阻电容是否有问题。

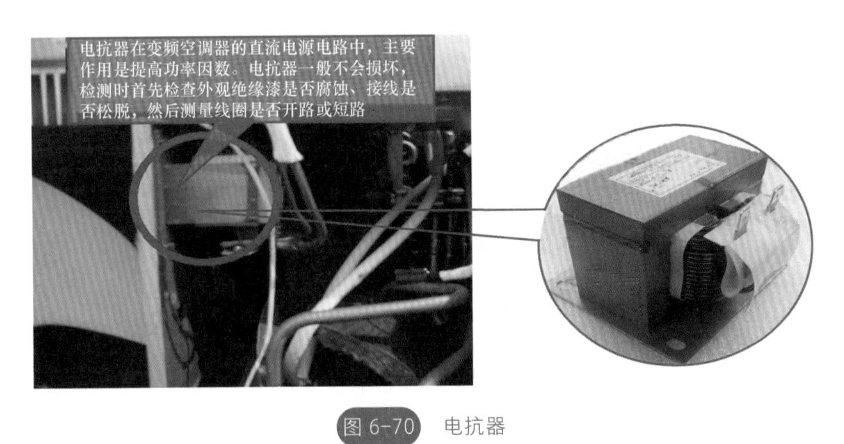

图 6-70　电抗器

故障处理： 本例检查为室外机电抗器接线脱落，重新连接电抗器后故障排除。

> 提示：当柜机电抗器损坏或接线脱落时，无法组成一个闭合回路，会直接导致室外机主控板无法供电，而出现通信故障，故在检修柜机（报代码 E5）时，应首先检查电控器是否损坏、接线是否接触不良或接线脱落，然后再检查通信电路。

附 录 空调维修参考资料

一、24C01A

脚号	引脚符号	引脚功能	备注
1	A0	片选地址输入	该集成电路为 I^2C 串行 EEPROM，内部框图及应用电路如附图 1 所示（以应用在海信 KFR-32GW/29RBP 空调器 IPM 板上为例）
2	A1	片选地址输入	
3	A2	片选地址输入	
4	GND	地	
5	SDA	串行地址 / 数据输入与输出	
6	SCL	串行时钟	
7	WP	写保护输入	
8	VCC	电源（+5V）	

二、595N

脚号	引脚符号	引脚功能	备注
1	QB	8 位并行数据输出	595N 是一个 8 位串行输入、并行输出的移位寄存器，其应用电路可参考 M37546 集成电路应用于长虹 KFR-50LW/Q1B 圆柱形变频空调器室内主板上
2	QC	8 位并行数据输出	
3	QD	8 位并行数据输出	
4	QE	8 位并行数据输出	
5	QF	8 位并行数据输出	
6	QG	8 位并行数据输出	
7	QH	8 位并行数据输出	
8	GND	地	
9	QH′	串行输出口	

续表

脚号	引脚符号	引脚功能	备注
10	SRCLR	移位寄存器清零端	595N 是一个 8 位串行输入、并行输出的移位寄存器，其应用电路可参考 M37546 集成电路应用于长虹 KFR-50LW/Q1B 圆柱形变频空调器室内主板上
11	SRCLK	输入数据移位时钟	
12	RCLK	储存寄存器的时钟	
13	OE	输出使能端	
14	SER	串行数据输入	
15	QA	8 位并行数据输出	
16	VCC	电源	

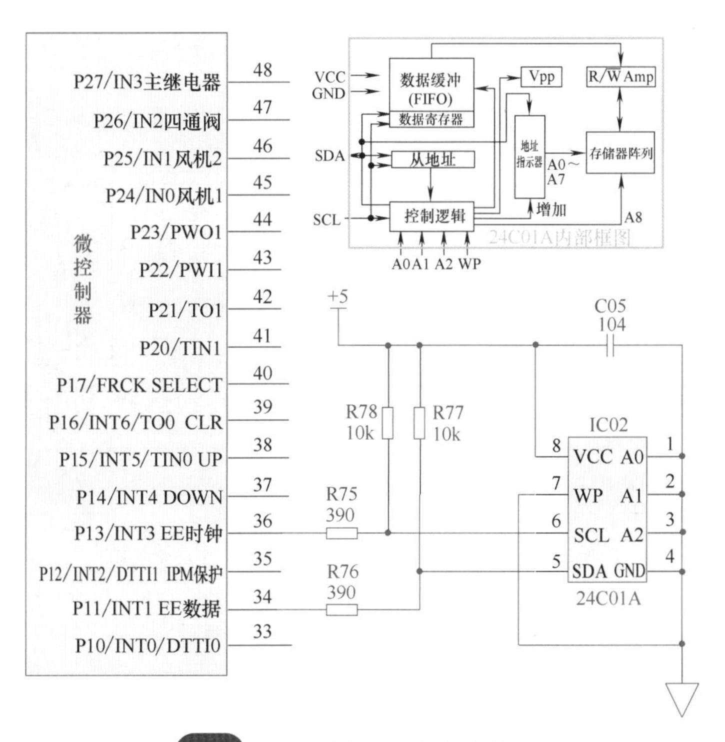

附图 1 24C01A 内部框图及应用电路

三、AT24C02

脚号	引脚符号	引脚功能	备注
1	A0	地址输入	AT24C02 是美国 ATMEL 公司的低功耗 CMOS 串行 EEPROM，它内含 256×8 位存储空间，具有工作电压宽（2.5～5.5V）、擦写次数多（大于 10000 次）、写入速度快（小于 10ms）等特点，内部框图及应用电路如附图 2 所示［以应用在海尔 KFR-50GW/02S（R2DBPXF）-S1 变频空调器室内机主板上为例］
2	A1	地址输入	
3	A2	地址输入	
4	GND	地	
5	SDA	串行数据	
6	SCL	串行时钟	

续表

脚号	引脚符号	引脚功能	备注
7	WP	写保护	AT24C02 是美国 ATMEL 公司的低功耗 CMOS 串行 EEPROM，它内含 256×8 位存储空间，具有工作电压宽（2.5 ~ 5.5V）、擦写次数多（大于 10000 次）、写入速度快（小于 10ms）等特点，内部框图及应用电路如附图 2 所示［以应用在海尔 KFR-50GW/02S（R2DBPXF）-S1 变频空调器室内机主板上为例］
8	VCC	电源	

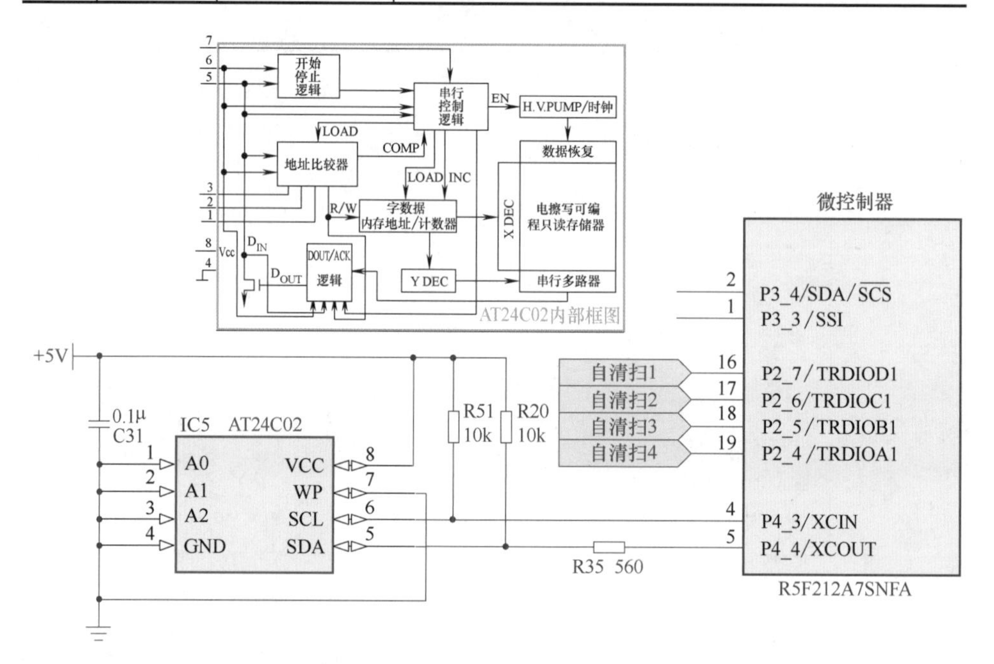

附图 2　AT24C02 内部结构及应用电路

四、BR24C02F-W

脚号	引脚符号	引脚功能	备注
1	NC	空脚	该集成电路为串行接口电可擦写存储器，采用双列 8 脚封装。互换或兼容的型号有：BR24C01AF-W、BR24C04F-W，应用在海信 KFR-26GW/77ZBP 变频空调器室外机控制板上
2	NC	空脚	
3	NC	空脚	
4	GND	地	
5	SDA	串行数据输入与输出	
6	SCL	串行移位时钟输入	
7	TEST	测试	
8	VCC	电源	

五、FSBB15CH60、FSBB20CH60F、FSBB30CH60

脚号	引脚符号	引脚功能	备注
1	$VCC_{(L)}$	电源（低边公共偏置）	FSBB15CH60 为快捷半导体新推出的功率模块（SPM），应用在海信 KFR-26GW/27FZBP 等空调上，采用 DIP 封装，其封装及内部结构如附图 3 所示。此表同时适用于 FSBB20CH60F（应用在奥克斯 KFR-35W/BPS-AB 变频空调上）、FSBB30CH60
2	COM	公共电源地	
3	$IN_{(UL)}$	低边 U 相信号输入	
4	$IN_{(VL)}$	低边 V 相信号输入	
5	$IN_{(WL)}$	低边 W 相信号输入	
6	V_{FO}	故障输出	
7	C_{FOD}	电容器（输出持续时间选择）	
8	C_{SC}	低通滤波电容（短路电流检测）	
9	$IN_{(UH)}$	高边 U 相信号输入	
10	$V_{CC(UH)}$	电源（U 相高边偏置）	
11	$V_{B(U)}$	U 相 IGBT 驱动高边偏置电压	
12	$V_{S(U)}$	U 相 IGBT 驱动高边偏置电压地	
13	$IN_{(VH)}$	高边 V 相信号输入	
14	$V_{CC(VH)}$	电源（高边偏置）	
15	$V_{B(V)}$	V 相 IGBT 驱动高边偏置电压	
16	$V_{S(V)}$	V 相 IGBT 驱动高边偏置电压	
17	$IN_{(WH)}$	高边 W 相信号输入	
18	$V_{CC(WH)}$	电源（W 相高边偏置）	
19	$V_{B(W)}$	W 相 IGBT 驱动高边偏置电压	
20	$V_{S(W)}$	高边偏置电压地（W 相 IGBT 驱动）	
21	N_U	U 相负直流链输入	
22	N_V	V 相负直流链输入	
23	N_W	W 相负直流链输入	
24	U	U 相输出	
25	V	V 相输出	
26	W	W 相输出	
27	P	正相直流链输入	

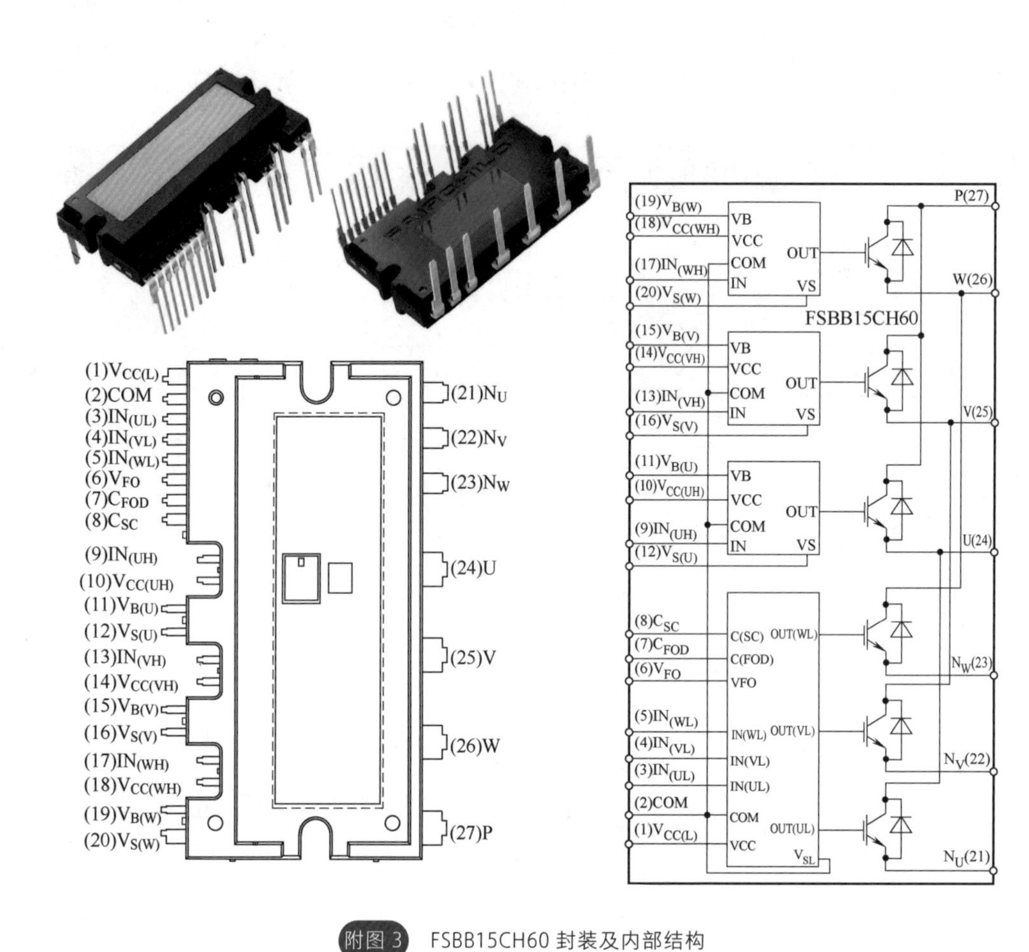

附图 3 FSBB15CH60 封装及内部结构

六、M37544、M37546

脚号	引脚符号	引脚功能	备注
1	P12/SCLK1	输入与输出端口 / 系统时钟	N37544、M37546微处理器应用在长虹、奥克斯等变频空调上。M37546 应用电路如附图 4 所示（以应用在长虹 KFR-50LW/Q1B 圆柱形变频空调器室内主板上为例），M37544 应用电路如附图 5 所示（以应用在长虹 KFR-50LW/Q1B 圆柱形变频空调器室外主板上为例）
2	P13/SRDY1	输入与输出端口 / 就绪	
3	P14/CNTR0	输入与输出端口 / 定时器输入与输出	
4	P20/AN0	输入与输出端口 /ADC 输入	
5	P21/AN1	输入与输出端口 /ADC 输入	
6	P22/AN2	输入与输出端口 /ADC 输入	
7	P23/AN3	输入与输出端口 /ADC 输入	
8	P24/AN4	输入与输出端口 /ADC 输入	

续表

脚号	引脚符号	引脚功能	备注
9	P25/AN5	输入与输出端口 /ADC 输入	N37544、M37546 微处理器应用在长虹、奥克斯等变频空调上。M37546 应用电路如附图 4 所示（以应用在长虹 KFR-50LW/Q1B 圆柱形变频空调器室内主板上为例），M37544 应用电路如附图 5 所示（以应用在长虹 KFR-50LW/Q1B 圆柱形变频空调器室外主板上为例）
10	Vref	基准电压	
11	RESET	复位信号	
12	CNV_{SS}	地	
13	V_{CC}	电源	
14	Xin	系统时钟输入	
15	Xout	系统时钟输出	
16	V_{SS}	地	
17	P30（LED10）/CAP1	输入与输出端口（发光二极管）/ 捕获	
18	P31（LED11）/CMP2	输入与输出端口（发光二极管）/ 比较	
19	P32（LED12）/CMP3	输入与输出端口（发光二极管）/ 比较	
20	P33（LED13）/INT1	输入与输出端口（发光二极管）/ 中断输入	
21	P34（LED14）	输入与输出端口（发光二极管）	
22	P37（LED17）/INT0	输入与输出端口（发光二极管）/ 中断输入	
23	P00（LED00）/CAP0	输入与输出端口（发光二极管）/ 捕获	
24	P01（LED01）/CMP1	输入与输出端口（发光二极管）/ 比较	
25	P02（LED02）/CMP1	输入与输出端口（发光二极管）/ 比较	
26	P03（LED03）/TXOUT	输入与输出端口（发光二极管）/ 发送输出	
27	P04（LED04）/RXD2	输入与输出端口（发光二极管）/ 接收	
28	P05（LED05）/TXD2	输入与输出端口（发光二极管）/ 发送	
29	P06（LED06）/SCLK2	输入与输出端口（发光二极管）/ 系统时钟	
30	P07（LED07）/SRDY2	输入与输出端口（发光二极管）/ 就绪	
31	P10/RXD1/CAP0	输入与输出端口 / 接收 / 捕获	
32	P11/TXD1	输入与输出端口 / 发送	

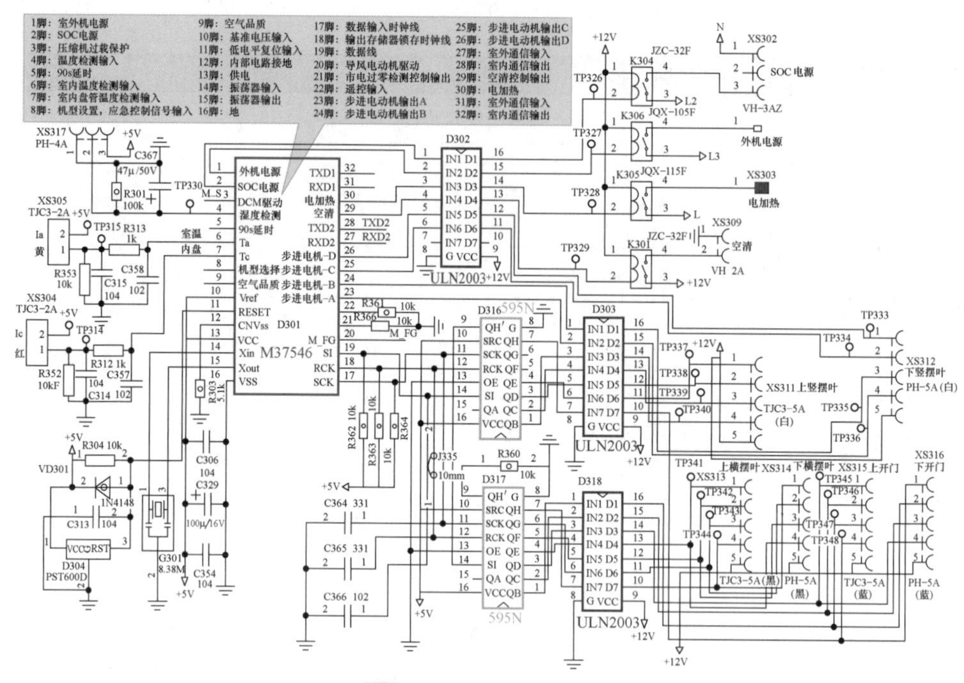

附图4　M37546应用电路

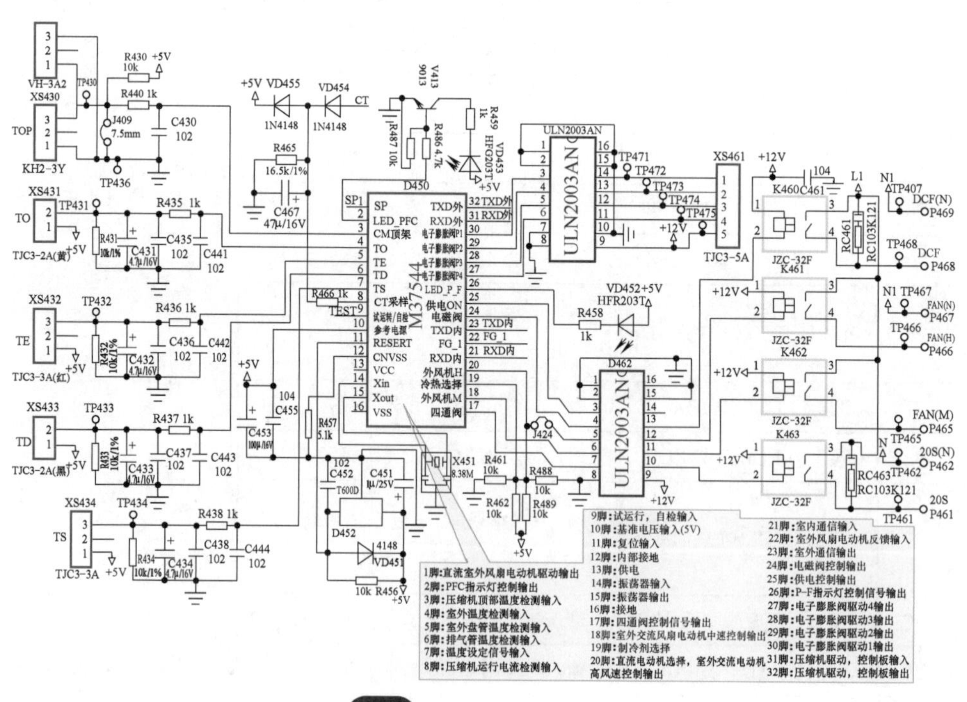

附图5　M37544应用电路

七、M38588

脚号	引脚符号	应用在具体机型上的引脚功能	备注
1	VCC	电源	应用在海尔KFR-26GW/02S（R2DBPQXF）-S1直流变频空调室内机上
2	VREF	参考电压	
3	AVSS	地	
4	P44/INT3/PWM	直流风机调速	
5	P43/INT2/SCMP2	直流风机反馈	
6	P42/INT1	室内通信输出	
7	P41/INT0	室内通信输入	
8	P40/CNTR1	空脚	
9	P27/CNTR0/SRDY1	空脚	
10	P26/SCLK1	PC-EN	
11	P25/TXD	模块通信输出	
12	P24/RXD	模块通信输入	
13	P23/CNTR3	地	
14	P22/CNTR2	TEST-EN	
15	CNVSS	CNVSS	
16	P21/XCIN	COOL-EN	
17	P20/XCOUT	HEAT-EN	
18	RESET	RES	
19	XIN	XIN	
20	XOUT	XOUT	
21	VSS	VSS	
22	P17（LED7）	电子膨胀阀 A	
23	P16（LED6）	电子膨胀阀 B	
24	P15（LED5）	电子膨胀阀 C	
25	P14（LED4）	电子膨胀阀 D	
26	P13（LED3）	PTC	
27	P12（LED2）	电加热	
28	P11（LED1）	四通阀	
29	P10（LED0）	风机开关	
30	P07/AN8	高风 / 低风	
31	P06/AN7	SCL	
32	P05/AN6	SDA	
33	P04/AN5	风机 / 阀选择	
34	P03/SRDY2	NC	
35	P02/SCLK2	NC	
36	P01/SOUT2	NC	
37	P00/SIN2	故障灯	
38	P34/AN4	频率调节	

续表

脚号	引脚符号	应用在具体机型上的引脚功能	备注
39	P33/AN3	环温	应用在海尔KFR-26GW/02S（R2DBPQXF）-S1直流变频空调室内机上
40	P32/AN2	除霜	
41	P31/AN1	吸气	
42	P30/AN0	吐气	

八、MB89850、MB89855

脚号	引脚符号	引脚功能	备注
1	P31/SO_1	通用输入与输出端口/UART数据输出	MB89850与MB89855集成电路为8位单芯片微控制器，采用64脚DIP封装，工作电压为2.7～6V，应用在长虹、海信等变频空调上，其应用电路如附图6所示（以应用在海信KFR-50LW/26VBP变频空调上为例）
2	P31/SCK1	通用输入与输出端口/UART时钟输入与输出	
3	P47/TRGI	通用输入与输出端口/定时器单元触发输入	
4	P46/Z	通用输入与输出端口/非重叠三相输出	
5	P45/Y	通用输入与输出端口/非重叠三相输出	
6	P44/X	通用输入与输出端口/非重叠三相输出	
7	P43/RT03/W	通用输入与输出端口/定时器单元脉冲输出/非重叠三相波形输出	
8	P42/RT02/V	通用输入与输出端口/定时器单元脉冲输出/非重叠三相波形输出	
9	P41/RT01/U	通用输入与输出端口/定时器单元脉冲输出/非重叠三相波形输出	
10	P40/RTO0	通用输入与输出端口/定时器单元脉冲输出	
11	P50/AN0	N总开漏输出端口/AD转换模拟输入	
12	P51/AN1	N总开漏输出端口/AD转换模拟输入	
13	P52/AN2	N总开漏输出端口/AD转换模拟输入	
14	P53/AN3	N总开漏输出端口/AD转换模拟输入	
15	P54/AN4	N总开漏输出端口/AD转换模拟输入	
16	P55/AN5	N总开漏输出端口/AD转换模拟输入	
17	P56/AN6	N总开漏输出端口/AD转换模拟输入	
18	P57/AN7	N总开漏输出端口/AD转换模拟输入	
19	AVCC	模拟电源	
20	AVR	A/D转换参考电压输入	
21	AVSS	模拟地	
22	P64/DTTI	通用输入端口/死区时间计时器禁用输入	
23	P63/INT3/ADST	通用输入端口/外部中断输入/滞后输入	
24	P62/INT2	通用输入端口/外部中断输入	
25	P61/INT1	通用输入端口/外部中断输入	
26	P60/INT0	通用输入端口/外部中断输入	

续表

脚号	引脚符号	引脚功能	备注
27	$\overline{\text{RST}}$	复位输入与输出	MB89850 与 MB89855 集成电路为 8 位单芯片微控制器，采用 64 脚 DIP 封装，工作电压为 2.7 ~ 6V，应用在长虹、海信等变频空调上，其应用电路如附图 6 所示（以应用在海信 KFR-50LW/26VBP 变频空调上为例）
28	MOD_0	操作模式选择	
29	MOD_1	操作模式选择	
30	X0	晶体振荡器	
31	X1	晶体振荡器	
32	VSS	地	
33	P27/ALE	通用输出端口 / 地址锁存信号输出	
34	P26/ $\overline{\text{RD}}$	通用输出端口 / 读信号输出	
35	P25/ $\overline{\text{WR}}$	通用输出端口 / 写信号输出	
36	P24/CLK	通用输出端口 / 时钟输出	
37	P23/RDY	通用输出端口 / 延迟输入	
38	P22/HRQ	通用输出端口 / 保持请求输入	
39	P21/ $\overline{\text{HAK}}$	通用输出端口 / 保持应答输出	
40	P20/BUFC	通用输出端口 / 缓冲控制输出	
41	P17/A15	通用输入与输出端口 / 地址输出	
42	P16/A14	通用输入与输出端口 / 地址输出	
43	P15/A13	通用输入与输出端口 / 地址输出	
44	P14/A12	通用输入与输出端口 / 地址输出	
45	P13/A11	通用输入与输出端口 / 地址输出	
46	P12/A10	通用输入与输出端口 / 地址输出	
47	P11/A09	通用输入与输出端口 / 地址输出	
48	P10/A08	通用输入与输出端口 / 地址输出	
49	P07/A07	通用输入与输出端口 / 地址输出	
50	P06/A06	通用输入与输出端口 / 地址输出	
51	P05/A05	通用输入与输出端口 / 地址输出	
52	P04/A04	通用输入与输出端口 / 地址输出	
53	P03/A03	通用输入与输出端口 / 地址输出	
54	P02/A02	通用输入与输出端口 / 地址输出	
55	P01/A01	通用输入与输出端口 / 地址输出	
56	P00/A00	通用输入与输出端口 / 地址输出	
57	VSS	地	
58	P37/PTO2	通用输入与输出端口 /8 位 PWM 定时器 2 脉冲输出	
59	P36/PTO1	通用输入与输出端口 /8 位 PWM 定时器 1 脉冲输出	

续表

脚号	引脚符号	引脚功能	备注
60	P35/SI2	通用输入与输出端口 /8 位串行数据输入	MB89850 与 MB89855 集成电路为 8 位单芯片微控制器，采用 64 脚 DIP 封装，工作电压为 2.7 ～ 6V，应用在长虹、海信等变频空调上，其应用电路如附图 6 所示（以应用在海信 KFR-50LW/26VBP 变频空调上为例）
61	P34/SO2	通用输入与输出端口 /8 位串行数据输出	
62	P33/SCK2	通用输入与输出端口 /8 位串行时钟输入与输出	
63	P32/SI_1	通用输入与输出端口 /UART 数据输入	
64	VDD	电源	

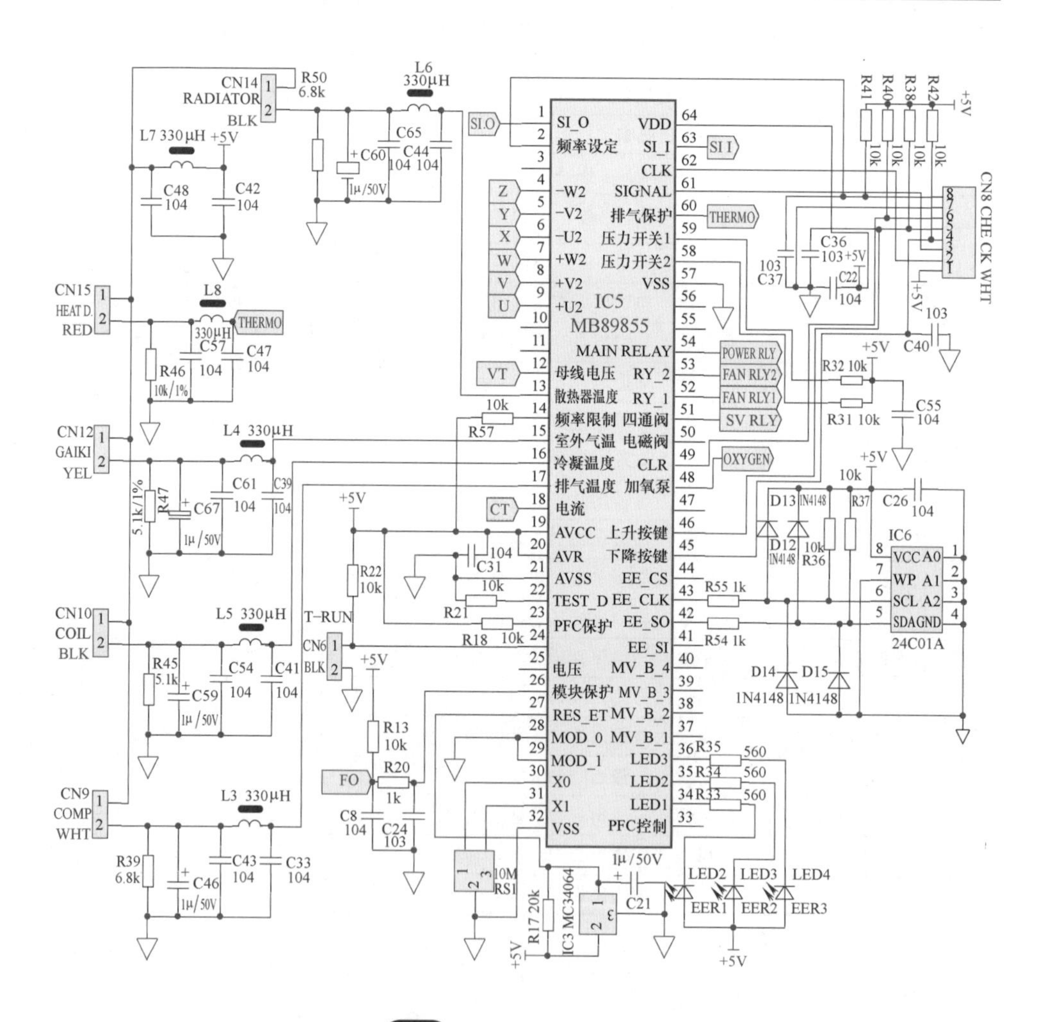

附图 6　MB89855 应用电路

九、MC9S08AW60

脚号	引脚符号	应用在具体机型上的引脚功能	备注
1	PTC4	负离子 / 紫外线	其应用电路如附图7所示（以应用在海尔KFR-28_35GW/01B（R2DBPQXF）-S直流变频空调上为例）
2	IRQ	下拉	
3	RST	复位	
4	PTF0/TACH2	遥控接收	
5	PTF1/TACH3	应急开关	
6	PTF2/TBCH2	换新风	
7	PTF3/TBCH3	蜂鸣器	
8	PTF4/TBCH0	电磁阀	
9	PTC6	右开关	
10	PTF7	室内外机通信输入	
11	PTF5/TBCH1	室内外机通信输出	
12	PTF6	室外机上电	
13	PTE0/TXD	网络输出	
14	PTE1/RXD	网络输入	
15	PTE2/TACH0	直流风机反馈	
16	PTE3/TACH1	直流风机输出	
17	PTE4/SS	右摆风步进电动机	
18	PTE5/MISO	右摆风步进电动机	
19	PTE6/MOSI	右摆风步进电动机	
20	PTE7/SPSCK	右摆风步进电动机	
21	VSS	地	
22	VDD	电源	
23	PTG0/KBD0	左开关	
24	PTG1/KBD1	自检 / 缩时	
25	PTG2/KBD2	机型选择	
26	PA0	上导板步进电动机	
27	PA1	上导板步进电动机	
28	PA2	上导板步进电动机	
29	PA3	上导板步进电动机	
30	PA4	下导板步进电动机	
31	PA5	下导板步进电动机	

续表

脚号	引脚符号	应用在具体机型上的引脚功能	备注
32	PA6	下导板步进电动机	其应用电路如附图7所示（以应用在海尔KFR-28_35GW/01B（R2DBPQXF）-S直流变频空调上为例）
33	PA7	下导板步进电动机	
34	PTB0/ATD0	空气质量传感器	
35	PTB1/ATD1	盘管传感器	
36	PTB2/ATD2	室温传感器	
37	PTB3/ATD3	光感传感器	
38	PTB4/ATD4	左摆风步进电动机	
39	PTB5/ATD5	左摆风步进电动机	
40	PTB6/ATD6	左摆风步进电动机	
41	PTB7/ATD7	左摆风步进电动机	
42	PTD0/ATD8	湿度传感器	
43	PTD1/ATD9	显示位扫描 -L	
44	VDDAD	VCC	
45	VSSAD	GND	
46	PTD2/KBI1P5/ATD10	显示位扫描 -DIG2	
47	PTD3/KBI1P6/ATD11	显示位扫描 -DIG1	
48	PTG3/KBI1P3	远程通信输入	
49	PTG4/KBI1P4	远程通信输出	
50	PTD4/TBCLK/ATD12	自清扫步进电动机 A	
51	PTD5/ATD13	自清扫步进电动机 B	
52	PTD6/TACLK/ATD14	自清扫步进电动机 C	
53	PTD7/KBI1P7/ATD15	自清扫步进电动机 D	
54	VREFH	VCC	
55	VREFL	GND	
56	BKGD/MS	空（烧写用）	
57	PTG5/XTAL	OSC2	
58	PTG6/EXTAL	OSC1	
59	VSS	GND	
60	PTC0/SCL1	EEPROM-SCL	
61	PTC1/SDA1	EEPROM-SDA	
62	PTC2/MCLK	595-SCK	
63	PTC3/TACLK	595-SER	
64	PTC5/RXD2	595-RCK	

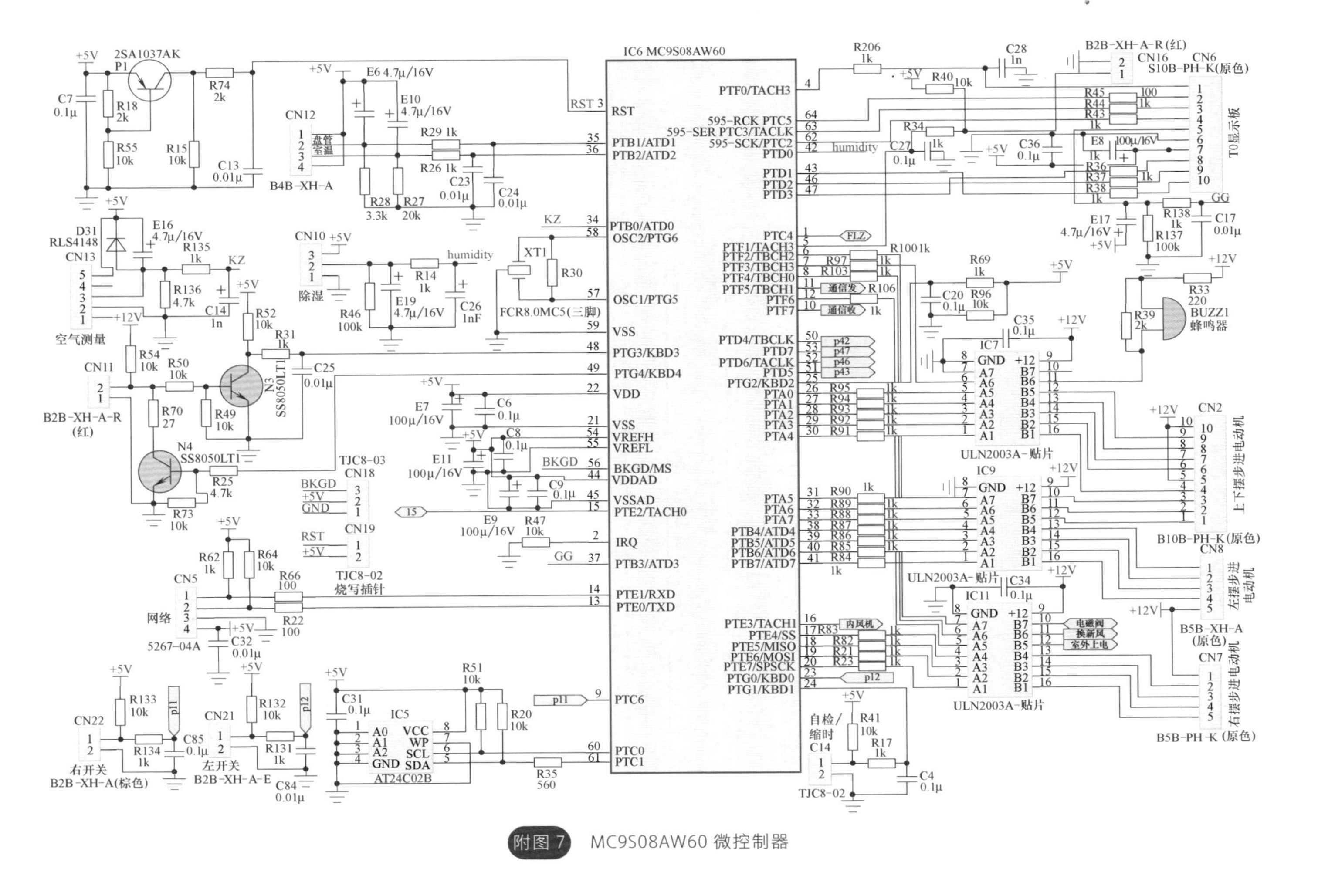

附图 7 MC9S08AW60 微控制器

十、R5F212A7SNFA

脚号	引脚符号	引脚功能（应用在具体机型上的引脚功能）	备注
1	P3_3/SSI	CMOS 输入与输出端 / 数据输入与输出（右开关）	该集成电路为微控制器，采用64脚LQFP封装，应用在海尔KFR-35/50GW/S（DBPF）、KFR-72LW/01S（R2DBPQXF）-S1等变频空调器上，其应用电路如附图8所示（以应用在海尔KFR-72LW/01S（R2DBPQXF）-S1直流变频空调室内机主板上为例）
2	P3_4/SDA/SCS	CMOS 输入与输出端 / 数据输入与输出 / 片选信号输入与输出（左开关）	
3	MODE	模式	
4	P4_3/XCIN	CMOS 输入与输出端 / 时钟产生电路输入（EE 时钟）	
5	P4_4/XCOUT	CMOS 输入与输出端 / 时钟产生电路输出（EE 数据）	
6	$\overline{RESET}$	复位	
7	P4_7/XOUT	输入端 / 时钟产生电路输出（时钟信号输出）	
8	VSS/AVSS	地	
9	P4_6/XIN	输入端 / 时钟发生电路输入（时钟信号输入）	
10	VCC/AVCC	电源	
11	P5_4/TRCIOD	CMOS 输入与输出端 / 定时器输入与输出（蜂鸣器）	
12	P5_3/TRCIOC	CMOS 输入与输出端 / 定时器输入与输出（右摆步进电动机）	
13	P5_2/TRCIOB	CMOS 输入与输出端 / 定时器输入与输出（右摆步进电动机）	
14	P5_1/TRCIOA/TRCTRG	CMOS 输入与输出端 / 定时器输入与输出 / 外部触发输入（右摆步进电动机）	
15	P5_0/TRCCLK	CMOS 输入与输出端 / 外部时钟输入（右摆步进电动机）	
16	P2_7/TRDIOD1	CMOS 输入与输出端 / 定时器输入与输出（换新风）	
17	P2_6/TRDIOC1	CMOS 输入与输出端 / 定时器输入与输出（负离子）	
18	P2_5/TRDIOB1	CMOS 输入与输出端 / 定时器输入与输出（室内风机）	
19	P2_4/TRDIOA1	CMOS 输入与输出端 / 定时器输入与输出（电磁阀）	
20	P2_3/TRDIOD0	CMOS 输入与输出端 / 定时器输入与输出（自清洁步进电动机）	
21	P2_2/TRDIOC0	CMOS 输入与输出端 / 定时器输入与输出（自清洁步进电动机）	
22	P2_1/TRDIOB0	CMOS 输入与输出端 / 定时器输入与输出（自清洁步进电动机）	

续表

脚号	引脚符号	引脚功能（应用在具体机型上的引脚功能）	备注
23	P2_0/TRDIOA0/TRDCLK	CMOS 输入与输出端 / 定时器输入与输出 / 外部时钟输入（自清洁步进电动机）	该集成电路为微控制器，采用 64 脚 LQFP 封装，应用在海尔 KFR-35/50GW/S（DBPF）、KFR-72LW/01S（R2DBPQXF）-S1 等变频空调器上，其应用电路如附图 8 所示（以应用在海尔 KFR-72LW/01S（R2DBPQXF）-S1 直流变频空调室内机主板上为例）
24	P1_7/TRAIO/INT1	CMOS 输入与输出端 / 定时器输入与输出 / 中断信号（PG 反馈中断）	
25	P1_6/CLK0	CMOS 输入与输出端 / 时钟信号（上下摆步进电动机 4）	
26	P1_5/RXD0	CMOS 输入与输出端 / 接收信号（网络通信输入）	
27	P1_4/TXD0	CMOS 输入与输出端 / 发送信号（网络通信输出）	
28	P8_6	CMOS 输入与输出端（上下摆步进电动机 3）	
29	P8_5/TRFO12	CMOS 输入与输出端 / 定时输出（上下摆步进电动机 2）	
30	P8_4/TRFO11	CMOS 输入与输出端 / 定时输出（上下摆步进电动机 1）	
31	P8_3/TRFO10/TRFI	CMOS 输入与输出端 / 定时输出 / 定时输出（上下摆步进电动机 9）	
32	P8_2/TRFO02	CMOS 输入与输出端 / 定时输出（上下摆步进电动机 8）	
33	P8_1/TRFO01	CMOS 输入与输出端 / 定时输出（上下摆步进电动机 7）	
34	P8_0/TRFO00	CMOS 输入与输出端 / 定时输出（上下摆步进电动机 6）	
35	P6_0/TREO	CMOS 输入与输出端 / 分频时钟输出（室外机上电）	
36	P4_5/$\overline{\text{INT0}}$	CMOS 输入与输出端 / 中断信号（遥控接收）	
37	P6_6/$\overline{\text{INT2}}$/TXD1	CMOS 输入与输出端 / 中断信号 / 发送信号（显示位扫描 -L）	
38	P6_7/$\overline{\text{INT3}}$/RXD1	CMOS 输入与输出端 / 中断信号 / 发送信号（显示位扫描 DIG1-H）	
39	P6_5/CLK	CMOS 输入与输出端 / 时钟信号（外机通信辅助口）	
40	P6_4/RXD2	CMOS 输入与输出端 / 接收信号（外机通信接收）	
41	P6_3/TXD2	CMOS 输入与输出端 / 发送信号（外机通信发送）	
42	P3_1/TRBO	CMOS 输入与输出端 / 定时输出（人体感应 2）	

续表

脚号	引脚符号	引脚功能（应用在具体机型上的引脚功能）	备注
43	P3_0/TRAO	CMOS 输入与输出端 / 定时输出（显示位扫描 -DIG2）	该集成电路为微控制器，采用64脚LQFP封装，应用在海尔KFR-35/50GW/S（DBPF）、KFR-72LW/01S（R2DBPQXF）-S1等变频空调器上，其应用电路如附图8所示（以应用在海尔KFR-72LW/01S（R2DBPQXF）-S1直流变频空调室内机主板上为例）
44	P3_6/INT1	CMOS 输入与输出端 / 中断信号（SCK 数据输入时钟线）	
45	P3_2/INT2	CMOS 输入与输出端 / 中断信号（过零信号检测）	
46	P1_3/KI3/AN11	CMOS 输入与输出端 / 键控信号中断 /AD 转换器模拟输入（SER 串行数据输入端）	
47	P1_2/KI2/AN10	CMOS 输入与输出端 / 键控信号中断 /AD 转换器模拟输入（RCK 输出存储器锁存时钟）	
48	P1_1/KI1/AN9	CMOS 输入与输出端 / 键控信号中断 /AD 转换器模拟输入（光感）	
49	P1_0/KI0/AN8	CMOS 输入与输出端 / 键控信号中断 /AD 转换器模拟输入（应急开关）	
50	P0_0/AN7	CMOS 输入与输出端 /AD 转换器模拟输入（左摆步进电动机）	
51	P0_1/AN6	CMOS 输入与输出端 /AD 转换器模拟输入（左摆步进电动机）	
52	P0_2/AN5	CMOS 输入与输出端 /AD 转换器模拟输入（左摆步进电动机）	
53	P0_3/AN4	CMOS 输入与输出端 /AD 转换器模拟输入（左摆步进电动机）	
54	P0_4/AN3	CMOS 输入与输出端 /AD 转换器模拟输入（室温）	
55	P6_2	CMOS 输入与输出端（远程输出）	
56	P6_1	CMOS 输入与输出端（远程输入）	
57	P0_5/AN2/CLK1	CMOS 输入与输出端 /AD 转换器模拟输入 / 时钟信号（盘管温度）	
58	P0_6/AN1/DA0	CMOS 输入与输出端 /AD 转换器模拟输入 /DA 转换器输出（空气质量）	
59	VSS/AVSS	地（地）	
60	P0_7/AN0/DA1	CMOS 输入与输出端 /AD 转换器模拟输入 /DA 转换器输出（湿度）	
61	VREF	参考电压	
62	VCC/AVCC	电源	
63	P3_7/SSO	CMOS 输入与输出端 / 数据输入与输出（人体感应 1）	
64	P3_5/SCL/SSCK	CMOS 输入与输出端 / 时钟输入与输出 / 串行时钟输入与输出（缩时）	

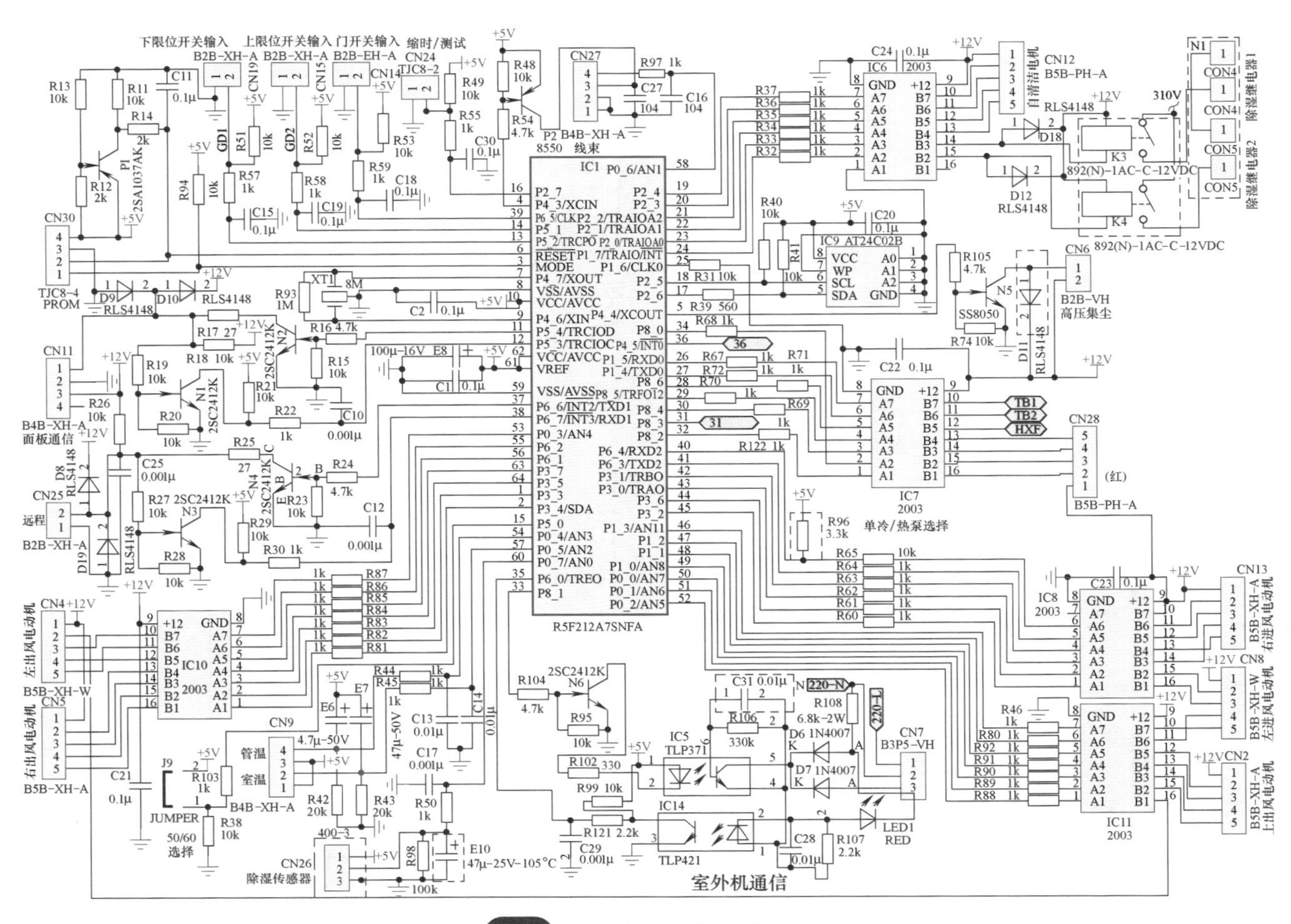

附图 8 R5F212A7SNFA 应用电路

十一、STK621-041

脚号	引脚符号	引脚功能	备注
1	VB1	连接正电源（预驱动器电路）	STK621-041是由三洋半导体公司推出的空调三相压缩机电动机驱动器IMST逆变电源混合IC，采用22脚SIP封装，其外形、内部框图及应用电路如附图9所示（以应用在海信KFR-32GW/29RBP空调器IPM板上为例）。VCC电压为280～400V，VB1、VB2、VB3脚电压为12.5、15、17.5V，HIN1、HIN2、HIN3、LIN1、LIN2、LIN3脚输入电压为0～1V
2	U	电动机U相	
3	NC	空脚	
4	VB2	连接正电源（预驱动器电路）	
5	V	电动机V相	
6	NC	空脚	
7	VB3	连接正电源（预驱动器电路）	
8	W	电动机W相	
9	NC	空脚	
10	P（+）	主回路电源输入	
11	NC	空脚	
12	N（-）	主回路电源输入	
13	HIN1	输入端（U、V和W相上侧功率器件）	
14	HIN2	输入端（U、V和W相上侧功率器件）	
15	HIN3	输入端（U、V和W相上侧功率器件）	
16	LIN1	输入端（低功率设备）	
17	LIN2	输入端（低功率设备）	
18	LIN3	输入端（低功率设备）	
19	FAULT	故障端（开漏输出）	
20	ISO	电流监测	
21	VDD	电源	
22	VSS	地	

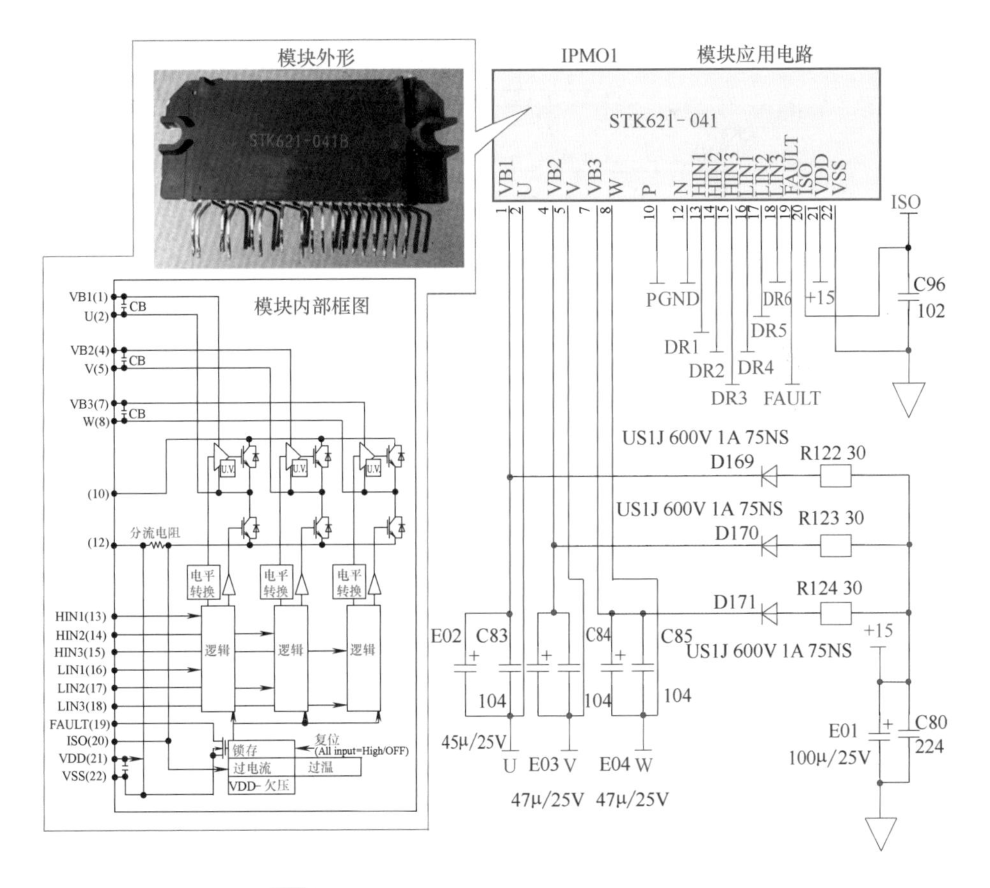

附图 9　STK621-041 外形、内部框图及应用电路

十二、TNY277P

脚号	引脚符号	引脚功能	备注
1	EN/UV	使能 / 欠压	该集成电路为离线式开关 IC，采用 DIP-8 封装，应用电路如附图 10 所示（以应用在长虹 KFR-50LW/Q1B 圆柱形变频空调器室外机主板上为例）
2	BP/M	旁路 / 多功能	
3	/	/	
4	D	功率 MOSFET 的漏极连接点	
5	S	内部连接到 MOSFET 的源极，用于高压功率的回路	
6	S	内部连接到 MOSFET 的源极，用于高压功率的回路	
7	S	内部连接到 MOSFET 的源极，用于高压功率的回路	
8	S	内部连接到 MOSFET 的源极，用于高压功率的回路	

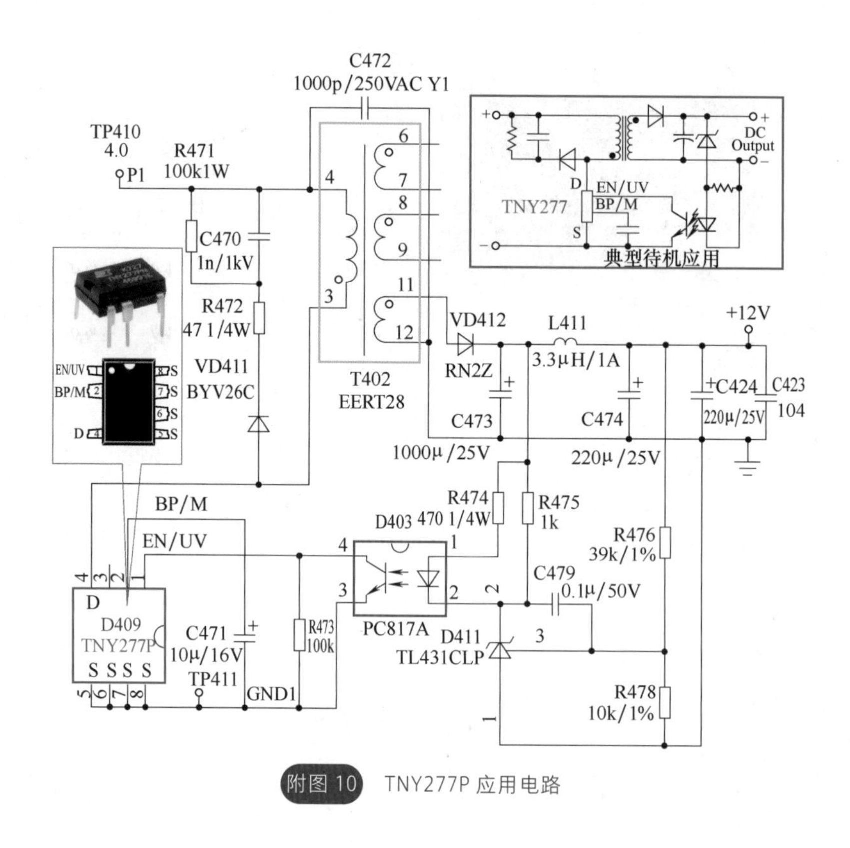

附图 10 TNY277P 应用电路

十三、TOP264

脚号	引脚符号	引脚功能	备注
1	V	电压监测（用于过压、欠压、降低 DC_{MAX} 的线电压前馈、输出过压保护和远程开 / 关控制的输入）	该集成电路为离线式开关IC，采用 DIP-12 脚封装，应用电路如附图 11 所示（以应用在长虹 KFR-50LW/Q1B 圆柱形变频空调器室内机主控板上为例）
2	X	外部限流（用于外部限流调节、远程开 / 关控制及器件复位的输入）	
3	C	控制脚（误差放大器及反馈电流的输入）	
4	F	频率选择（连接到源极引脚则开关频率为 132kHz，连接到控制脚则开关频率为 66kHz）	
5	NC	空脚	
6	D	漏极（高压功率 MOSFET 漏极）	
7	S	源极（输出 MOSFET 的源极连接点，用于高压功率的回路）	
8	S	源极（输出 MOSFET 的源极连接点，用于高压功率的回路）	
9	S	源极（输出 MOSFET 的源极连接点，用于高压功率的回路）	
10	S	源极（输出 MOSFET 的源极连接点，用于高压功率的回路）	
11	S	源极（输出 MOSFET 的源极连接点，用于高压功率的回路）	
12	S	源极（输出 MOSFET 的源极连接点，用于高压功率的回路）	

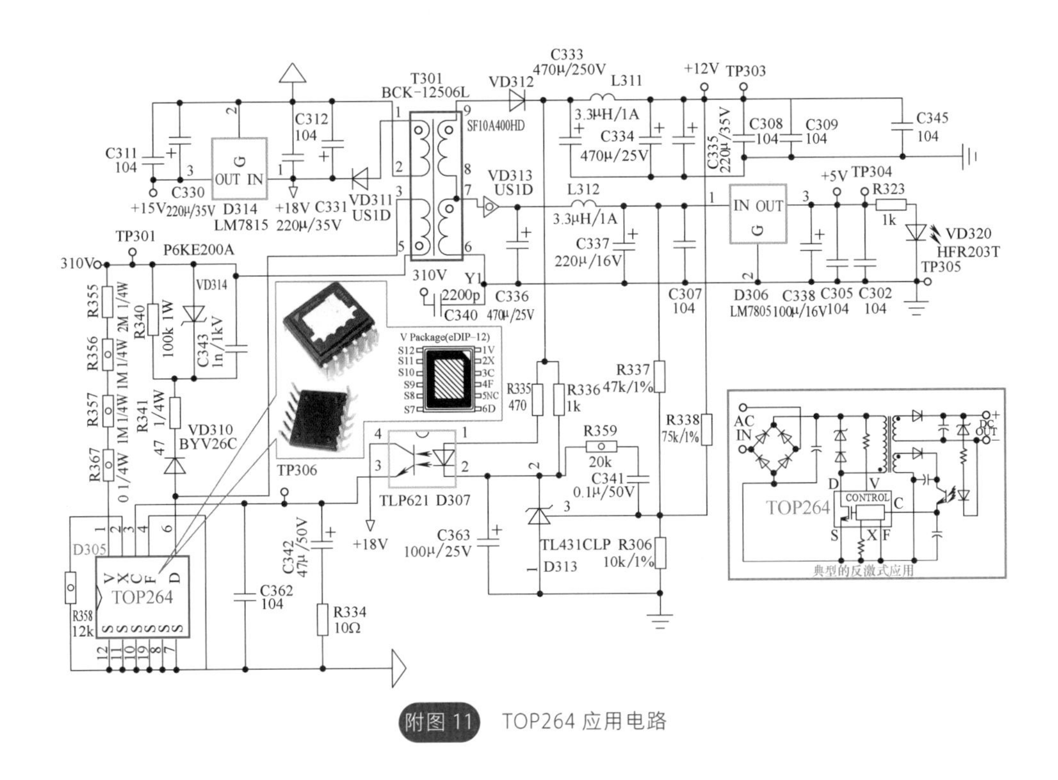

附图 11 TOP264 应用电路

十四、ULN2003

脚号	引脚符号	引脚功能	备注
1	INPUT1	输入端	ULN2003 为多路反相驱动集成电路，是高耐压、大电流达林顿阵列，由 7 个硅 NPN 达林顿管组成，每一对达林顿都串联一个 2.7k 的基极电阻，在 5V 的工作电压下它能与 TTL 和 CMOS 电路直接相连，可以直接处理原先需要标准逻辑缓冲器来处理的数据，应用在海信、海尔、格力、长虹等变频空调器上。ULN2003 可用 MC1413 代用。ULN2002、ULN2003、ULN2004 均采用 DIP-16 或 SOP-16 塑料封装
2	INPUT2	输入端	
3	INPUT3	输入端	
4	INPUT4	输入端	
5	INPUT5	输入端	
6	INPUT6	输入端	
7	INPUT7	输入端	
8	GND	地	
9	CommON	公共端	
10	OUT7	输出端	
11	OUT6	输出端	
12	OUT5	输出端	
13	OUT4	输出端	
14	OUT3	输出端	
15	OUT2	输出端	
16	OUT1	输出端	

十五、VIPER22A

脚号	引脚符号	引脚功能	备注
1	SOURCE	场效应管源极	该集成电路为低功率离线开关电源初级开关，SO-8 封装，应用在长虹、海信等变频空调上，应用电路如附图 12 所示（以应用在海信 KFR-32GW/21MBP 变频空调外机板上为例）
2	SOURCE	场效应管源极	
3	FB	反馈输入	
4	VDD	电源	
5	DRAIN	场效应管漏极	
6	DRAIN	场效应管漏极	
7	DRAIN	场效应管漏极	
8	DRAIN	场效应管漏极	

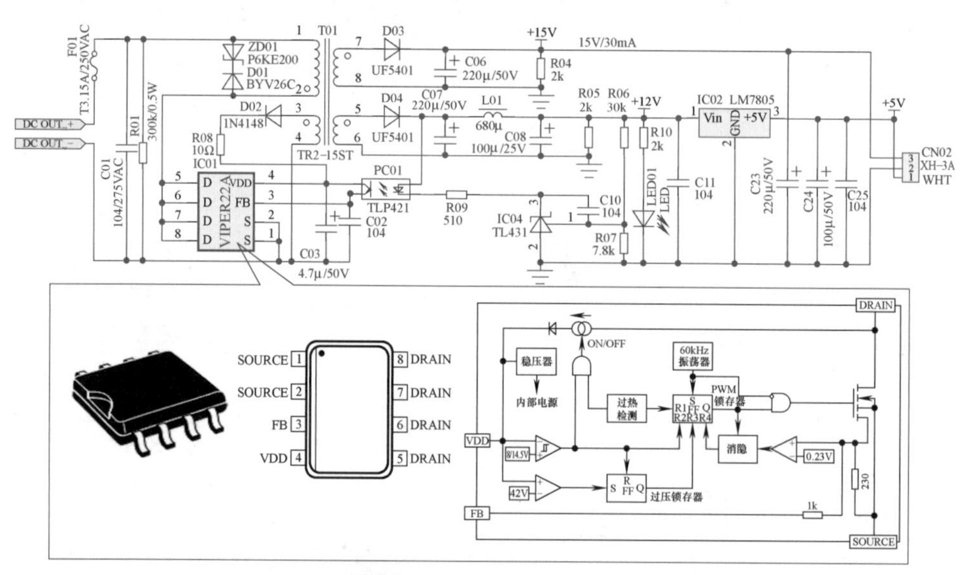

附图 12　VIPER22A 应用电路

十六、TCL 变频空调故障代码

代码	代码含义	室外板指示灯闪烁次数	备注
P0	模块保护（变频模块自身过温、过流保护）	1	若上电后压缩机不启动直接报 P0，更换模块板；若压缩机能启动，运行后报 P0，则查模块板是否安装牢固和平稳、有无松动；无松动则模块板有问题
P1	欠压保护（低于 160V ± 5V）	2	查市电电压是否正常，测室外机白色接线端子上 N、L 线两端输入电压是否正常，电压采样回路是否发有问题，电源板及模块板是否有问题

续表

代码	代码含义	室外板指示灯闪烁次数	备注
P2	过电流保护	3	电源板上电流检测电路是否有问题，模块板是否有问题
P4	排气温度过高保护	4	排气温度传感器是否漏插，排气温度传感器是否损坏，室外风机是否停转运行
P5	制冷防过冷保护（室内管温低于设定值）	32	室内风机电动机、风机电容是否损坏，贯流风扇是否被卡住，室内机进出风口是否顺畅，内盘温度传感器是否良好，室内控制板是否有问题
P6	制冷防过热保护（室外管温超过设定值）	5	风扇运行是否正常，室外管温传感器是否良好，室外机电源板是否有问题
P7	制热防过热保护（室内管温超过设定值）	33	室内风扇电动机运转是否正常，室内盘管温度传感器是否良好，室内机电控板是否有问题，室外机电源板是否有问题
P8	室外机温度过高、过低保护（低于0℃或高于32℃）	31	室外进风温度传感器是否良好，室外机电源板是否有问题
P9	驱动保护（压缩机驱动异常或不启动）	6	压缩机不能启动时报P9，查压缩机U、V、W三相是否接错、接反；压缩机运行后报P9，则检查模块板
E0	室内外机通信故障	7	若查室外机电源板上指示灯不亮，则查室外机电路板是否有问题（查电源板与模块板）；若室外机电源板指示灯亮，则查室内外机连接线连接是否松脱或错误、通信回路是否有问题、室内机控制板是否有问题
EC	室外机通信故障（室外电源板与模块通信异常）	15	查电源板到模块板之间的通信线连接是否良好，电源板与模块板是否有问题
E1	室内环境温度传感器短路或开路	25	查室内传感器是否插好，室内传感器本身及其控制电路是否有问题
E2	室内盘管温度传感器短路或开路	26	查室内机传感器是否插好，传感器本身及其控制电路是否有问题
E3	室外盘管温度传感器短路或开路	10	查室外机传感器是否插好，传感器及其控制电路是否有问题
E4	系统异常（制冷或制热内管温无正常变化）	23	此功能默认不开放给用户，若出现应先查室外机电源板主芯片附近的JP4跳线是否存在，若有该跳线，则剪断该跳线；若室外机电源板无JP4跳线，请更换室外机电源板
E6	室内风机故障（室内风扇不转或转速异常）	21、28	查电动机接插部位是否松动，启动运转电容容值是否正确，室内风扇叶是否卡死，电控板电动机驱动或反馈回路是否损坏，电动机本身是否损坏
E7	室外环境温度传感器短路或开路	9	查室外机进风温度传感器是否松脱、损坏，室外机电源板传感器检测电路是否有问题

续表

代码	代码含义	室外板指示灯闪烁次数	备注
E8	室外排气温度传感器短路或开路	11	查室外机排气温度传感器是否松脱、损坏，室外机电源板传感器检测电路是否有问题
E9	变频驱动、模块故障（30min 内出现多次驱动或模块保护）	14、30	变频模块板是否有问题
EF	室外风机故障（室外直流风扇电动机不转或转速异常）	16、20	若风机不能启动，测风机无输出信号电压，则查室外机电源板；若风机有正常电压，则查室外直流风扇电动机
EA	电流传感器故障（系统采样不到电流）	13	若是有 N 线穿过电流互感器的机器，查该线是否穿过电流互感器，若穿过则更换电源板；若是无须 N 线穿过电流互感器的机型，则直接更换电源板
EE	读不到室内机 EEPROM 数据	27	查室内机主板上 EEPROM 是否安插到位，室内机电控板是否有问题
EE	读不到室外机 EEPROM 数据	19	查室外机电源板上 EEPROM 是否安插到位，室外机电源板是否有问题
EP	压缩机壳顶温度过高或温度开关坏	8	查壳顶温度开关连接线是否接触良好，壳顶温度保护开关是否损坏，室外机电源板是否有问题
EU	电压传感器故障（系统采样不到电压）	12	电源板有问题
EH	回气温度传感器短路或开路	18	查传感器是否松脱、损坏，传感器及其检测电路是否有问题

十七、奥克斯变频空调故障代码

代码	故障代码含义	备注
E1	TA 异常（室温传感器断路或短路）	室内机显示板显示代码
E2	室外盘管传感器异常	
E3	TE 异常（盘管传感器断路或短路）	
E4	滑动门故障（柜机）、室内风机故障（挂机）	
E5	室内外机通信故障	
E8	显示灯板通信故障	
F0	室外风机故障	
F1	模块保护故障	
F3	压缩机运行失败故障	
F4	室外机排气传感器故障	
F5	压缩机顶盖保护故障	

续表

<table>
<tr><th colspan="3">代码</th><th>故障代码含义</th><th>备注</th></tr>
<tr><td colspan="3">F6</td><td>室外机环境温度传感器故障</td><td rowspan="4">室内机显示板显示代码</td></tr>
<tr><td colspan="3">F7</td><td>过欠压保护故障</td></tr>
<tr><td colspan="3">F8</td><td>室外机模块通信故障</td></tr>
<tr><td colspan="3">F9</td><td>室外机 EEPROM 故障</td></tr>
<tr><td colspan="3">室外机主板上指示灯</td><td rowspan="2">指示代码含义</td><td rowspan="28">室外机指示灯指示代码</td></tr>
<tr><td>LED1</td><td>LED2</td><td>LED3</td></tr>
<tr><td>灭</td><td>灭</td><td>灭</td><td>正常（停机）</td></tr>
<tr><td>闪</td><td>闪</td><td>闪</td><td>正常（运行）</td></tr>
<tr><td>亮</td><td>亮</td><td>亮</td><td>强制运行或定频运行</td></tr>
<tr><td>闪</td><td>闪</td><td>亮</td><td>模块保护故障</td></tr>
<tr><td>闪</td><td>闪</td><td>灭</td><td>PFC 保护故障</td></tr>
<tr><td>闪</td><td>亮</td><td>闪</td><td>压缩机启动失败或运行失步故障</td></tr>
<tr><td>闪</td><td>灭</td><td>亮</td><td>压缩机排气传感器故障</td></tr>
<tr><td>亮</td><td>闪</td><td>闪</td><td>室外盘管温度传感器故障</td></tr>
<tr><td>灭</td><td>闪</td><td>闪</td><td>室外环境温度传感器故障</td></tr>
<tr><td>闪</td><td>亮</td><td>亮</td><td>室内外机通信故障</td></tr>
<tr><td>闪</td><td>亮</td><td>灭</td><td>主控板与驱动板通信故障</td></tr>
<tr><td>闪</td><td>灭</td><td>亮</td><td>室外 EEPROM 故障</td></tr>
<tr><td>闪</td><td>灭</td><td>灭</td><td>室外风机故障</td></tr>
<tr><td>亮</td><td>闪</td><td>亮</td><td>室内环境温度传感器故障</td></tr>
<tr><td>亮</td><td>闪</td><td>灭</td><td>室内盘管温度传感器故障</td></tr>
<tr><td>灭</td><td>闪</td><td>亮</td><td>室内风机故障</td></tr>
<tr><td>灭</td><td>闪</td><td>灭</td><td>其他故障</td></tr>
<tr><td>亮</td><td>亮</td><td>闪</td><td>压缩机壳体保护或制冷剂泄漏</td></tr>
<tr><td>亮</td><td>灭</td><td>闪</td><td>四通阀转换异常</td></tr>
<tr><td>灭</td><td>亮</td><td>闪</td><td>压缩机超功率保护</td></tr>
<tr><td>灭</td><td>灭</td><td>闪</td><td>过电流保护</td></tr>
<tr><td>亮</td><td>亮</td><td>灭</td><td>压缩机排气保护</td></tr>
<tr><td>亮</td><td>灭</td><td>亮</td><td>制冷防过载保护</td></tr>
<tr><td>灭</td><td>亮</td><td>亮</td><td>制热室内防高温保护</td></tr>
<tr><td>亮</td><td>灭</td><td>灭</td><td>制冷室内防冻结保护</td></tr>
<tr><td>灭</td><td>亮</td><td>灭</td><td>压缩机壳体温度保护</td></tr>
<tr><td>灭</td><td>灭</td><td>亮</td><td>过欠压保护</td></tr>
</table>

十八、长虹直流变频机故障代码

代码	代码含义	代码	代码含义	备注
F0	PG电动机故障	┌0	逆变器直流过电压故障	符号代码识别读法："┌"读作"倒L"，"┘"读作"J"
F1	室温传感器故障	┌1	逆变器直流低电压故障	
F2	室外温度传感器故障	┌2	逆变器交流过电流故障	
F3	内盘温度传感器故障	┌3	失步检出	
F4	外盘温度传感器故障	┌4	欠相检出故障（速度推定脉动检出法）	
F5	压缩机排气温度传感器故障	┌5	欠相检出故障（电流不平衡检出法）	
F6	室内机通信无法接收	┌6	逆变器IPM故障	
F7	室外机通信无法接收	┌7	PFC_IPM故障	
F8	室外机与驱动板（IP DU）通信故障	┌8	PFC输入过电流检出故障	
E0	压缩机顶置保护	┌9	直流电压检出异常	
E1	室内机无法接收显示面板通信信号	┘0	PFC低电压检出故障	
E2	室外直流（交流）风机故障	┘1	AD Offset异常检出故障	
E3	显示面板无法接收室内机通信信号	┘2	逆变器PWM逻辑设置故障	
E4	室内直流风机故障	┘3	逆变器PWM初始化故障	
P1	压缩机排气温度保护	┘4	PFC_PWM逻辑设置故障	
P2	过电流保护	┘5	PFC_PWM初始化故障	
P3	制热除霜	┘6	温度异常	
P4	制热过载保护	┘7	Shunt电阻不平衡调整故障	
P5	制冷防冻结	┘8	通信断线检出	
P6	制冷过载保护	┘9	电动机参数设置故障	
P7	室外机模块过温保护	C0	直流电压突变故障	
P8	运转频率低于最低频率	C1	EEPROM数据错	
		C2	EEPROM初始化错	

十九、格力变频空调故障代码

室外机故障代码			
室外机控制板显示灯状态	故障含义	代码	备注
黄灯闪 1 次	压缩机启动	—	压缩机启动
黄灯闪 2 次	进入化霜模式	H1	化霜
黄灯闪 3 次	漏气、室内机进风口堵、风量小	E2	防冻结保护
黄灯闪 4 次	模块电流过大	H5	IPM 过电流保护
黄灯闪 5 次	室外机电流过大，实际环境恶劣	E5	过电流保护
黄灯闪 6 次	管温过高	H4	过负荷保护
黄灯闪 7 次	制冷剂量不足、过滤器被堵	E4	排气停机保护
黄灯闪 8 次	压缩机壳顶温度过高	H3	压缩机过载保护
黄灯闪 9 次	压缩机功率过大	—	功率保护
黄灯闪 10 次	模块过热	H5	模块温度过高
黄灯闪 11 次	记忆芯片损坏	—	EEPROM 读写故障
黄灯闪 12 次	直流侧电压过低	PL	直流侧电压过低保护
黄灯闪 13 次	直流侧电压过高	PH	直流侧电压过高保护
黄灯闪 14 次	PFC 电流过大	—	PFC 过电流保护
黄灯闪 16 次	室内外机型不匹配	—	室内外机型不匹配
红灯闪 1 次	限频（电流）	—	电流过大、实际环境恶劣、系统脏或堵
红灯闪 2 次	限频（排气）	—	实际环境恶劣、漏气、系统堵
红灯闪 3 次	限频（过负荷）	—	实际环境恶劣、漏气、系统堵
红灯闪 4 次	降频（防冻结）	—	漏气、内机进风口堵、风量小
红灯闪 5 次	室外管温感温包故障	F3	端子接插不牢固、感温包温度传感器故障
红灯闪 6 次	室外环境感温包故障	F4	端子接插不牢固、感温包温度传感器故障
红灯闪 7 次	室外排气感温包故障	F5	端子接插不牢固、感温包温度传感器故障
红灯闪 8 次	达到开机温度	—	达到开机温度
红灯闪 11 次	限频（模块温度）	—	模块温度过高

续表

室外机故障代码			
室外机控制板显示灯状态	故障含义	代码	备注
红灯闪 12 次	限频（模块电流）	—	模块电流过大
红灯闪 13 次	限频（功率）	—	压缩机功率过大
绿灯灭	通信故障	E6	通信线故障、变频板故障
—	室内环境感温包故障	F1	端子接插不牢固、感温包温度传感器故障
—	室内管温感温包故障	F2	端子接插不牢固、感温包温度传感器故障
室内机故障代码			
室内机指示灯显示状态	故障含义	代码	备注
制冷灯灭 3s 闪烁 1 次	室内环境感温包开路或短路	F1	室内环境感温包与控制板的连接端子不良、室内环境感温包损坏、控制板有问题
制冷灯灭 3s 闪烁 2 次	室内蒸发器感温包开路或短路	F2	室内蒸发器感温包与控制板的连接端子不良、室内蒸发器感温包损坏、控制板有问题
制冷灯灭 3s 闪烁 3 次	室外环境感温包开路或短路	F3	室外环境感温包与控制板的连接端子不良、室外环境感温包损坏、控制板有问题
制冷灯灭 3s 闪烁 4 次	室外冷凝器感温包开路或短路	F4	室外冷凝器感温包与控制板的连接端子不良、室外冷凝器感温包损坏、控制板有问题
制冷灯灭 3s 闪烁 5 次	室外排气感温包开路或短路	F5	室外排气感温包与控制板的连接端子不良、室外排气感温包损坏、控制板有问题
运行灯灭 3s 闪烁 11 次	PG 电动机（内风机）不运行	H6	PG 电动机反馈端子或控制端接触不良、风叶未转动、电动机安装不正确、电动机本身或控制板有问题
运行灯灭 3s 闪烁 15 次	跳线帽故障保护	C5	控制器上没有跳线帽、跳线帽未正确插装或已损坏、控制板有问题
运行灯灭 3s 闪烁 17 次	PG 电动机（内风机）过零检测电路故障	U8	控制板有问题
运行灯灭 3s 闪烁 1 次（变频机），运行灯闪烁（定频柜机），其他机子参考具体的功能要求	系统高压保护	E1	冷媒过量、主板上 OVC 端子与整机上的高压开关接触不良、高压开关的线路接线松脱、高压开关损坏、室内外机滤尘网或换热翅片脏堵、系统管路堵塞

续表

室内机故障代码			
室内机指示灯显示状态	故障含义	代码	备注
运行灯灭3s闪烁2次（变频机），运行灯闪烁（定频柜机），其他机子参考具体的功能要求	防冻结保护	E2	风机转速异常、蒸发器脏污、室内管温感温包阻值异常
运行灯灭3s闪烁4次（变频机），运行灯闪烁（定频柜机），其他机子参考具体的功能要求	压缩机排气高温保护	E4	系统异常（如堵塞）、室外电动机转速异常、压缩机排气感温包阻值异常或接触不良
运行灯灭3s闪烁5次（变频机），运行灯闪烁（定频柜机），其他机子参考具体的功能要求	过流保护	E5	电源电压不稳定、室内外热交换器过脏或进出风口被堵、风扇电动机有问题、压缩机有问题（异响、漏油、壳体温度过高等）、系统内部堵塞（脏堵、冰堵、油堵、角阀未开全）
运行灯灭3s闪烁6次（变频机），运行灯闪烁（定频柜机），其他机子参考具体的功能要求	通信故障	E6	通信线有问题（如松动、接触不良、接错等）、主板和显示板匹配有误、控制板有问题

注：该表适用于格力凯迪斯系列变频空调。

二十、海尔变频挂式空调故障代码

代码	代码含义	备注
室内机故障代码		适用于海尔KFR-28（35）GW/U（DBPZXF）、KFR-35GW/15DCA21AU1、KFR-35GW/08PJA21AU1等无氟直流变频机型
E1	室温传感器故障	
E2	热交换传感器故障	
E3	总电流过流	
E4	EEPROM 错	
E5	制冷结冰	
E6	复位	
E7	室内外机通信故障（2010年检后出厂的海尔空调，E7都统一为“室内外机通信故障”）	
E8	面板与室内机间通信	
E9	高负荷保护	
E10	湿度传感器故障	

续表

代码	代码含义	备注
E11	步进电动机故障	
E12	高压静电器故障	
E13	瞬时停电	
E14	室内风机故障	
E15	集中控制故障	
E16	高压静电集尘故障	
室外机故障代码		
F1	模块故障（过热过流短路）	
F2	无负载	
F3	通信故障	
F4	压缩机过热	
F5	总电流过流	
F6	环温传感器故障	
F7	热交换传感器故障	
F8	风机启动异常	
F9	PFC 保护	
F10	制冷过载	
F11	压缩机转子电路故障	
F12	室外机 EEPROM 错	
F13	压缩机强制转换失效	
F14	风机霍尔元件故障	
F15	风机 IPM 过热	
F16	风机过流	
F17	单片机 ROM 坏	
F18	电源过压保护	
F19	电源欠压保护	
F20	压力保护	
F21	除霜温度传感器异常	
F22	AC 电流保护	
F23	DC 电流保护	
F24	CT 断线保护	
F25	排气温度传感器异常	
F26	电子膨胀阀异常	适用于海尔 KFR-28（35）GW/U（DBPZXF）、KFR-35GW/15DCA21AU1、KFR-35GW/08PJA21AU1 等无氟直流变频机型

二十一、海尔变频柜式空调故障代码

室内机故障代码		
代码	故障代码含义	备注
F1	室内温度传感器异常	传感器短路、断路或传感器相关元器件损坏
F2	室内热交换传感器异常	传感器短路、断路或传感器电路相关元器件损坏
F3	室内机 EEPROM 异常	电源电压低或电源线过细过长、单片机相关主要部件有问题
F4	室内制热过载保护	滤尘网脏堵、内盘管传感器不良、制冷剂过多
F5	室内制冷防冻结保护	滤尘网脏堵、内盘管传感器不良
F7	面板与室内机通信故障	面板与主板连线问题、面板问题、主板相关通信问题
FC	开门指示灯	—

室外机故障代码			
代码	故障代码含义	室外故障灯闪次数	备注
E1	IPM 模块故障	2	模块本身有问题、直流滤波电容容量变小或失效、模块插件不良、压缩机有问题、外机散热不良、外风机异常、系统压力过高、外电脑板有问题
E2	无负载（保留）	—	电源线未穿过 CT、CT 线圈已断、CT 检测回路有问题
E3	室内外机通信故障	15	连接线路有问题、室内外机通信回路元件有问题
E4	压缩机过热	8	环境温度过高、制冷剂不足、排气传感器变质、传感器插件接触不良、冷凝器过脏或室外机散热不良、系统堵塞、压缩机本身问题
E5	CT 电流异常，过流或 CT 传感器有问题	3	电源电压过低、电源线有问题、强电部分整流滤波不良、制冷剂过多、CT 检测电路有问题
E6	室外环温传感器问题	12	传感器短路 / 断路、传感器电路有问题
E7	室外热交换传感器问题	10	传感器短路 / 断路、传感器电路有问题
E8	单片机 ROM 损坏	—	断电 5min 或 15s 重试，如仍不正常则检查室外主板单片机相关主要部件；电源电压低或电源线过细过长
E9	压缩机传感器异常	13	传感器短路 / 断路、传感器电路有问题

续表

代码	故障代码含义	室外故障灯闪次数	备注
EA（E10）	电源过压保护	6	电源电压过低、电源线不良、电压检测电路有问题
EC（E12）	室外制冷过载	—	环境温度过高、外风机异常、外管温度传感器不良或相关电路有问题
EE（E14）	室外机 EEPROM 异常	1	电源电压低或电源线过细过长、室外主板单片机相关主要部件有问题
EF	室外回气传感器异常	11	传感器短路或断路、传感器电路相关元器件损坏
E16	室外压缩机吸气温度过高	14	—
E17	室外直流风机异常	9	—
E18	室外电脑板与模块通信故障	4	—
E19	室内直流风机异常	—	—
ED（E20）	压力保护	5	制冷剂泄漏或不足、排气温度传感器及其相关电路有问题、系统回气不良

注：此表适用于海尔 KFR-50LW/U（DBPZXF）、KFR-60LW/V（BPZXF）等机型。

二十二、海信科龙变频空调故障代码

适用产品型号：KFR-26W/VNFDBp-3（41）、KFR-26W/VNFDBpJ-3（B1）、KFR-26W/VPFDBp-3（B1）、KFR-26W/VPFDBpJ-3（B1）、KFR-26W/08FZBP-3（B1）、KFR-26W/08FZBPJ-3（B1）、KFR-26W/02FZBP-3（42）、KFR-26W/02FZBPJ-3（42）、KFR-26W/27FZBpJ-3（B1）、KFR-26W/27FZBP-3（B1）、KFR-26W/VGFDBpJ-3（B1）、KFR-26W/12FZBP-3（41）、KFR-26W/12FZBPJ-3（B1）、KFR-26W/VGFDBp-3（42）、KFR-26GW/18FZBpH-3（D1）、KFR-26GW/08FZBpH-3（D2）、KFR-26GW/VUFDBp-3（D）、KFR-50LW/VNFDBp-3、KFR-50LW/VNFDBp-3（A0）、KFR-72LW/VNFDBp-3、KFR-50LW/VNFDBp-2、KFR-72LW/VNFDBp-2 等机型。

1. 室外机主板上三个 LED 指示灯指示代码

LED1	LED2	LED3	代码含义	备注
灭	灭	灭	正常	在压缩机停止运转时，室外的 LED 用于显示故障的内容
灭	灭	亮	保留	
灭	亮	灭	室外盘管制冷防过载保护	
亮	灭	灭	压缩机排气温度传感器故障（传感器短路、开路或相应检测电路故障）	
亮	灭	亮	室外盘管温度传感器故障（传感器短路、开路或相应检测电路故障）	
亮	亮	灭	室外环境温度传感器故障（传感器短路、开路或相应检测电路故障）	
闪	亮	灭	电流互感器故障（CT 短路、开路或相应检测电路故障）	
闪	灭	亮	电压互感器故障（室外电压检测电路故障）	
灭	灭	闪	室内外机通信故障	
灭	闪	灭	IPM 模块保护	
亮	闪	亮	最大电流保护	
亮	闪	灭	电流过载保护	
灭	闪	亮	压缩机排气温度过高保护	
亮	亮	闪	过欠压保护	
亮	闪	闪	室外环境温度过低保护	
灭	亮	亮	室外机与驱动通信故障	
闪	亮	亮	冷媒泄漏	
灭	亮	闪	压缩机壳体温度过高保护	
亮	亮	亮	室外机 EEPROM 故障	
灭	闪	闪	室内制冷防冻结或者制热防过载保护	
闪	灭	灭	PFC 保护	
闪	闪	灭	直流压缩机启动失败	
闪	灭	闪	直流压缩机失步（对 BLDC64 驱动为驱动故障）	
闪	亮	闪	压缩机预加热状态	
闪	闪	亮	室外风机堵转保护（直流风机故障）	

2. 室内机显示代码

代码	故障含义（室外机）	代码	故障含义（室内机）	备注
0	无故障	31	按键 AD 转换错误	如果室内机使用 LCD 或 VFD 显示屏，并能显示数字时，连续按遥控器上高效按键或睡眠键（具体由 EEPROM 数据选择）4 次，有故障则显示相应的故障码（其中有些故障在特定机型中才存在），否则显示零，显示时间为 10s
1	室外盘管温度传感器故障	32	面板驱动故障或面板光电开关故障	
2	压缩机排气温度传感器故障	33	室内环境温度传感器故障	
3	电压互感器故障	34	室内盘管温度传感器故障	
4	电流互感器故障	35	室内机排水泵故障	
5	IPM 模块保护	36	室内外机通信故障	
6	过欠压保护	37	室内机与线控器通信故障	
7	室内外机通信故障	38	室内机 EEPROM 故障	
8	电流过载保护	39	室内风扇电动机故障	
9	最大电流保护	40	格栅保护状态报警（柜机）	
10	室外机与驱动通信故障	41	室内机过零检测故障	
11	室外机 EEPROM 故障	ER	显示通信故障（显示屏接收错误）	
12	室外环境温度过低保护	FC	室内机滤尘网清洁提示	
13	压缩机排气温度过高保护			
14	室外环境温度传感器故障			
15	压缩机壳体温度过高保护			
16	室内制冷防冻结或者制热防过载保护			
17	PFC 保护			
18	直流压缩机启动失败			
19	直流压缩机失步（BLDC64 驱动故障）			
20	室外风机堵转保护（室外直流风机故障）			
21	制冷室外盘管防过载保护			
22	压缩机预加热状态			
23	冷媒泄漏			

二十三、美的变频空调故障代码

代码	代码含义	代码	代码含义
E 系列、M 系列、H 系列、G 系列、N 系列、W 系列、I 系列、J 系列、K 系列、L 系列、R 系列直流变频挂机；U 型全直流变频、V 型全直流变频分体机系列		C 系列全直流变频挂机	
E0	EEPROM 参数错误指示	E1	EEPROM 参数错误指示
E1	室内外机通信故障	E2	室内外机通信故障
E2	过零检测出错	E3	过零检测出错
E3	风机速度失控	E4	风机速度失控
E4	温度保险丝断开保护	E5	室外温度传感器故障（室外机 EEPROM 故障）
E5	室外温度传感器故障（室外机 EEPROM 故障）	E6	室内温度传感器故障
E6	室内温度传感器故障	E7	室外风机速度失控故障
E7	室外风机速度失控故障	E8	显示板通信故障
E8	除尘复位故障（I 系列）、模式冲突（J、K、L、R、K 系列）	E9	IPM 模块故障
P0	模块保护	P0	模块保护
P1	电压过高或过低保护	P1	电压过高或过低保护
P2	压缩机顶部温度保护	P2	压缩机顶部温度保护
P3	室外温度过低保护	P3	室外温度过低保护
P4	直流变频压缩机位置检测故障	P4	直流变频压缩机位置保护
50FBPY、50BPY 变频柜机		Q1、Q2、Q3 系列柜机、U（U1）系列、P 系列、K 系列柜机、V 系列、J 系列、R 系列柜机、V2 系列、W 系列、GA 系列、N 系列、Q 系列，R1、R、S3、S2、S1、S6 系列柜机	
E01	1h 4 次模块保护	E1	T1 传感器故障
E03	1h 3 次排气温度保护	E2	T2 传感器故障
P01	室内外机通信故障	E3	T3 传感器
P02	IPM 模块保护	E4	T4 传感器故障（变频机用）
P03	高低电压保护	E5	网络通信故障
P04	室内温度传感器开路或短路	E6	室外机故障
P05	室外温度传感器开路或短路	E7	加湿器故障
P06	室内蒸发器温度保护关压缩机	E8	静电除尘故障
P07	室外冷凝器高温保护关压缩机	E9	自动门故障（柜机）、EEPROM 出错（Q 系列，R1、R、S3、S2、S1 系列柜机）
P09	室外排气温度过高关压缩机	P3	高低电压保护（变频机用）
P10	压缩机顶部温度保护	P4	室内蒸发器保护关压缩机（高温或低温）
P11	化霜或防冷风	P5	室外冷凝器高温保护关压缩机
P12	室内风机温度过热	P7	室外排气温度过高关压缩机（变频机用）
P13	室内机主板与开关板通信故障	P8	压缩机顶部温度保护（变频机用）
		P9	化霜保护或防冷风关风机
		PAU	进风格栅保护（柜机）

续表

代码	代码含义	代码	代码含义
E2 系列、E3 系列、DC 系列、DE 系列、HA 系列、F 系列、I 系列、G 系列、GC 系列、IA 系列、IB 系列柜机		R 型交流变频系列、S 型交流变频系列、V 型交流变频分体机系列	
E1	T1 传感器故障	E0	EEPROM 参数错误指示
E2	T2 传感器故障	E1	室内外机通信故障
E3	T3 传感器故障	E2	过零检测出错
E4	T4 传感器故障	E3	风机速度失控
E5	负载板与显示板通信故障	E4	温度保险丝断开保护
E8	室内外通信故障	E5	室外温度传感器故障
E9	开关门故障	E6	室内温度传感器故障
EA	压缩机低压故障	P0	模块保护
Eb	室内直流风机失速	P1	电压过高或过低保护
Ed	压缩机缺相故障	P2	压缩机顶部温度保护
EE	压缩机相序反接故障		
PAU	进风格栅保护		

二十四、志高变频空调故障代码

代码	代码含义	备注
E0	柜机门没关紧	
E5	柜机升降门故障	
F1	室内外机通信故障	室内外机联机线是否有问题，室外机保险管及变频模块、整流桥、IGBT 等元件是否有问题
F2	室内环境温度传感器故障	温度传感器是否线插松脱或传感器损坏，室内主控板是否有问题
F3	室内盘管温度传感器故障	温度传感器是否线插松脱或传感器损坏，室内主控板是否有问题
F4	室内风机故障	风机是否卡轴、堵转或损坏，室内控制板是否有问题
F5	室外机模块故障	室外机主控板和驱动间连接线接插部位是否松脱、接触不良，室外机电控板是否有问题
F6	室外环境温度传感器故障	传感器线插是否松脱、传感器是否损坏、室外机电控板是否有问题
F7	室外盘管温度传感器故障	传感器线插是否松脱、传感器是否损坏、室外机电控板是否有问题
F8	压缩机吸气温度传感器故障	传感器线插是否松脱、传感器是否损坏、室外机电控板是否有问题

续表

代码	代码含义	备注
F9	压缩机排气温度传感器故障	传感器线插是否松脱、传感器是否损坏、室外机电控板是否有问题
FA	电流、电压互感器故障	检查系统是否完全无冷媒
FC	压缩机驱动异常故障	压缩机三相绕组是否异常，压缩机 U、V、W 接线是否松脱，模块板上 P、N 线的连接线是否松脱，室外机电控板是否有问题
FD	电源相序错或缺相故障	
FE	回气传感器故障	温度传感器是否脱落或损坏
FF	其他故障	检查系统压力，看是否漏冷媒
FH	室内机 EEPROM 错误	EEPROM 装配是否良好、EEPROM 是否损坏、室内控制板是否有问题
FH	室外直流风机故障	
P1	蒸发器温度保护	室内盘管温度传感器是否松脱、温度传感器是否损坏、室内外机电控板是否有问题
P2	变频模块过热、过流保护	室外机主控板和驱动间连接线接插件是否接触良好、室外机电控板是否有问题
P3	交流输入电流过大保护	室外机电控板是否有问题
P4	压缩机排气温度保护	温度传感器线插是否接触良好、温度传感器是否损坏、室外机电控板是否有问题、是否缺制冷剂
P5	压缩机壳顶过热保护	保护器连接线端子是否开路或短路、系统是否缺制冷剂、室外机电控板是否有问题
P6	压缩机吸气温度保护	
P7	电源过、欠压保护	市电电压是否正常、室外机电控板是否有问题
P8	回气低压保护	
P9	排气高压保护	
PA	冷凝盘管高温保护	运行环境是否恶劣、室外风扇电动机是否坏或系统异常
PC	室外环境温度超温保护	室外环境温度传感器是否有问题，室外机电控板是否有问题
PE	外机 EEPROM 读写错误	
PF	缺制冷剂或换向阀保护	是否缺制冷剂、四通阀有无换向
PH	缺制冷剂或换向阀保护	室内盘管探头是否安装到位、是否缺制冷剂、四通阀有无换向